# 灾害人口统计学
## ——对人口和地域的影响

大卫·卡拉克松伊　安德鲁·泰勒　迪恩·伯德　主编

陈　厦　潘绪斌　吴娟娟　译

气象出版社
China Meteorological Press

**图书在版编目（ＣＩＰ）数据**

灾害人口统计学：对人口和地域的影响／（ ）大
卫·卡拉克松伊等主编；陈厦，潘绪斌，吴娟娟译. --
北京：气象出版社，2021.12
书名原文：The Demography of Disasters
ISBN 978-7-5029-7635-4

Ⅰ．①灾⋯ Ⅱ．①大⋯ ②陈⋯ ③潘⋯ ④吴⋯ Ⅲ.
①灾害管理－人口统计学－研究 Ⅳ．①X4

中国版本图书馆CIP数据核字(2021)第271795号

Zaihai Renkou Tongjixue——Dui Renkou he Diyu de Yingxiang

灾害人口统计学——对人口和地域的影响

| | | | |
|---|---|---|---|
| 出版发行：气象出版社 | | | |
| 地　　址：北京市海淀区中关村南大街 46 号 | | 邮政编码：100081 | |
| 电　　话：010-68407112（总编室）　010-68408042（发行部） | | | |
| 网　　址：http://www.qxcbs.com | | E-mail：qxcbs@cma.gov.cn | |
| 责任编辑：张盼娟 | | 终　　审：吴晓鹏 | |
| 责任校对：张硕杰 | | 责任技编：赵相宁 | |
| 封面设计：地大彩印设计中心 | | | |
| 印　　刷：北京建宏印刷有限公司 | | | |
| 开　　本：710 mm×1000 mm　1/16 | | 印　　张：15.25 | |
| 字　　数：331 千字 | | 彩　　插：6 | |
| 版　　次：2021 年 12 月第 1 版 | | 印　　次：2021 年 12 月第 1 次印刷 | |
| 定　　价：180.00 元 | | | |

本书如存在文字不清、漏印以及缺页、倒页、脱页等，请与本社发行部联系调换。

ISBN 978-3-030-49919-8        ISBN 978-3-030-49920-4（电子书）

https://doi.org/10.1007/978-3-030-49920-4

本书的施普林格版本由注册公司 Springer Nature Switzerland AG 出版。注册公司地址：Gewerbestrasse 11，6330 Cham，Switzerland。

# 本书编委会

## 主编

**大卫·卡拉克松伊(Dávid Karácsonyi)**,2009 年进入匈牙利科学院(布达佩斯)地理研究所工作任研究人员。他是专门研究人文和区域地理学的地理学者,对周边和农村地区的地理学感兴趣,曾在乌克兰和白俄罗斯研究农村空间和人口问题。最近,他在东亚待了两年半,先是在日本东北大学国际灾害科学研究所(International Research Institute of Disaster Science,Tohoku University)比较了切尔诺贝利(Chernobyl)和福岛(Fukushima)等灾害对地区人口趋势的影响,然后在中国台湾大学地理系做研究。目前,他也是查尔斯·达尔文大学北部地区研究所的研究助理。

**安德鲁·泰勒(Andrew Taylor)**,澳大利亚达尔文市查尔斯·达尔文大学北部地区研究所人员。安德鲁广泛研究澳大利亚北领地和北部地区人口变化的原因和影响。他从事定量和定性研究,以了解政策、经济和结构变化对社区的影响。在攻读博士学位期间,他研究了土著居民迁移方式改变的政策和理论影响。在进入学术界之前,安德鲁在澳大利亚统计局工作了十年。

**迪恩·伯德(Deanne Bird)**,冰岛大学生命与环境科学学院的专家。她专门评估与应急准备、响应和恢复有关的社会韧性和脆弱性。她与社区团体、政府和非政府组织合作开展了一系列项目,是莫纳什大学灾害韧性倡议的成员。迪恩还在拉特罗布健康创新区(Latrobe Health Innovation Zone)的维多利亚卫生与人类服务部(Victorian Department of Health and Human Services)担任高级顾问,负责当地的项目领导、协调、监控,汇报 2014 年黑泽尔伍德(Hazelwood)矿井火灾发生后的具体行动。通过她在冰岛大学的职位,以及作为本书主编之一,迪恩得到了北欧社会安全项目资助的北欧韧性和社会安全卓越中心 NODRESS 的支持。

## 参编人员

**佩尔·阿克塞尔松(Per Axelsson)**,瑞典于默奥大学历史、哲学和宗教研究系副教授,人口与老龄化研究中心和萨米人研究中心(Vaartoe)研究人员。佩尔出版了大量 18 和 19 世纪萨米人人口和健康状况的书籍。他对萨米人健康和人口统计学数据来源极有兴趣,并在澳大利亚、新西兰和加拿大等地进行了对比研究。

**杰西卡·L·巴恩斯(Jessica L. Barnes)**，2018年毕业于新奥尔良杜兰大学的灾害韧性领导学院。她现在是一家美国景观设计公司第三海岸协作(Third Coast Collaborative)的创始人和负责人，致力于通过设计促进社区韧性和公共空间的包容性。

**多丽丝·A·卡森(Doris A. Carson)**，经济和人类地理学家，对人口稀少、农村和偏远地区社区的社会经济发展很有兴趣。2011年，她在澳大利亚詹姆斯·库克大学(James Cook University)拿到了博士学位，研究的是偏远资源周边地区的区域旅游创新系统动态。她还拥有奥地利克雷姆斯应用科学大学的旅游和休闲管理硕士学位。2014年，多丽丝搬到瑞典北部的于默奥，从事北极地区旅游和生活方式流动性及其对小型农村社区创新能力影响的研究。她现在是于默奥大学地理和经济史系的研究人员和讲师，专门研究旅游、生活方式的流动性和迁移，以及人口稀少地区的小型社区发展。

**迪安·B·卡森(Dean B. Carson)**，过去20年里一直研究谁在人口稀少地区居住、工作和访问，以及随着时间变迁这些模式如何及为什么改变。迪安曾在澳大利亚、加拿大、英国和瑞典工作过。他目前是于默奥大学北极研究中心的访问教授，也是瑞典农村医学中心的客座教授。他的主要研究兴趣是小城镇和村庄的人口变化。

**谢尔希·乔利(Serhii Cholii)**，乌克兰伊戈尔·西科尔斯基基辅理工学院历史系的副教授(讲师)。他是一位历史学家，研究欧洲现代时期不同军事战略在欧洲的实施过程和军民关系的演变，也对19世纪和20世纪的强制迁移过程感兴趣。在过去几年中，他在欧洲波里西亚(Polesia)的不同地点进行了实地考察和采访，研究1986年切尔诺贝利核电站灾难后的人口迁移案例。

**斯蒂芬·T·加内特(Stephen T. Garnet)**，澳大利亚查尔斯·达尔文大学环境与生计研究所的保护与可持续生计专业教授。他的大部分研究都是关于濒危物种的，尤其是鸟类，但也研究过各种各样的环境问题并撰写相关文章。他对生物多样性保护和以自然资源为基础的生计，特别是本土的生计结合所产生的协同作用感兴趣。

**耶塔·古特纳(Yetta Gurtner)**，澳大利亚詹姆斯·库克大学的人类地理学者、讲师和研究人员。她拥有东南亚的多学科研究背景，主要研究领域包括综合灾害管理、旅游危机管理、可持续发展规划和灾害风险降低。相关的研究兴趣包括社会影响评估和对脆弱性、能力、适应性、减缓和韧性的动态背景评估，特别是发展中国家。

**花冈一正(Kazumasa Hanaoka)**，日本立命馆大学地理系副教授。2012年至2016年，他在日本东北大学国际灾害科学研究所担任助理教授，2018年起担任立命馆大学城市文化遗产减灾研究所副所长。他的主要研究领域是人文地理和地理信息科学，特别是利用大数据开展空间分析。他的研究活动涉及空间微观模拟建模、使用移动数据进行时空分析、日本外来人口普查数据分析、大规模自然灾害后人口减少与恢复等多个主题。此外，他还在日本、菲律宾、孟加拉国、白俄罗斯和乌克兰进行了大量的田野研究。

**大卫·金（David King）**，澳大利亚詹姆斯·库克大学科学与工程学院的地理学副教授，灾害研究中心和热带城市与区域规划中心的主任，也是澳大利亚规划研究所的职员。他在詹姆斯·库克大学从事 28 年教学和研究工作，之前在巴布亚新几内亚大学工作了 10 年。他的职业生涯开始于在塞拉利昂钻石矿区担任教师，这段经历促使他攻读了研究"钻石潮"社会影响的博士学位。他的研究重点是规划、自然灾害脆弱性、气候变化适应和韧性、减灾和恢复等领域的社会影响和评估，以及采矿项目、发展项目和普查分析的社会影响。

**松本美智（Michimasa Matsumoto）**，日本仙台东北大学国际灾害科学研究所人员。

**村尾修（Osamu Murao）**，日本仙台东北大学国际灾害科学研究所教授。该研究所是为了吸取 2011 年日本东部地震和海啸灾难的经验而建立。他也是国际减灾战略实验室（ISDM）的创始人，目前主要研究灾后恢复过程与城市设计、物理环境（建筑与城市设计）与灾害的关系。到目前为止，在研究资助下，他已经调查了中国台湾、土耳其、斯里兰卡、泰国、印度尼西亚、秘鲁、菲律宾和美国纽约世贸中心受损地区的灾后重建过程。特别是自 1999 年台湾集集地震以来，2005 年他作为台湾大学的访问研究人员，一直在跟踪集集镇的恢复过程。他也在世界范围内参与了一些灾后城市恢复重建和减少灾害风险的研究项目。

**塔蒂阿娜·内菲多娃（Tatiana Nefedova）**，俄罗斯科学院地理研究所的首席研究员。她对农业与农村的空间结构和问题、城市与乡村的互动、俄罗斯的郊区与别墅郊区化、俄罗斯地区的社会与经济问题感兴趣。

**冈田哲也（Tetsuya Okada）**，澳大利亚麦考瑞大学人文地理学博士研究生。他的博士研究项目是在澳大利亚和日本的四个案例研究区调查灾后恢复社区发展，以便更好地了解当地的社会文化、经济和政治因素及其对当地社会的影响。他曾参与多项研究项目，包括为国家气候变化适应研究机构（NCCARF）编写关于灾后恢复的报告，为澳大利亚新南威尔士州应急服务局编写关于山洪暴发影响的报告，以及其他学术出版物。此外，哲也在澳大利亚是一名注册的专业翻译，翻译了大量关于自然界危害和相关灾害的英日和日英技术文章。

**卡门·理查扎根（Carmen Richerzhagen）**，位于德国波恩的德国发展研究所高级研究员，也是农业和环境经济学家，重点研究气候和生物多样性政策以及基于生态系统的适应性。

**伊森·沙林（Ethan Sharygin）**，美国加州财政厅人口研究中心研究主管。他的研究重点是对生育率、死亡率和迁移率进行建模，以及与住房和人口估算及预测相关的其他主题。在到加利福尼亚州之前，伊森是华盛顿大学健康指标与评估研究所

(IHME)全因死亡率研究小组的博士后,之前的研究涉及婚姻市场、出生时性别比例失衡以及饥荒的人口统计学后果,并拥有宾夕法尼亚大学的人口统计学博士学位。

**艾玛·A·辛格(Emma A. Singh)**,澳大利亚新南威尔士麦考瑞大学环境科学系人员,研究风险前沿学科。

**加布里埃尔·舍尔德(Gabriella Sköld)**,瑞典于默奥大学北极研究中心的协调员。2010年,她在于默奥大学获得博士学位,研究了19世纪瑞典北部萨米人的生育模式。从那以后她在于默奥大学萨米人研究中心开展博士后工作,研究了20世纪中期瑞典北部与水利发展有关的人口变化模式。

**皮特·舍尔德(Peter Sköld)**,瑞典于默奥大学(Arcum)北极研究中心主任。皮特是一位专注于研究瑞典北部萨米人历史的历史学者。他攻读博士学位时研究了瑞典殖民时期天花对萨米人的影响。彼得曾任于默奥大学萨米人研究中心主任,并在北极和巴伦支地区担任过许多学术和政治领导职务,包括国际北极社会科学家协会主席。

**耶利扎韦塔·斯克里日夫斯卡(Yelizaveta Skryzhevska)**,美国俄亥俄州迈阿密大学地理学副教授。她的专业领域是人文地理和地理信息系统,研究兴趣主要集中在乌克兰、俄罗斯等后苏联国家的区域发展和地理教育领域。她发表了大量关于乌克兰地区区域发展不平衡和农村人口分布不均、俄罗斯气候变化适应作为地区发展的工具以及美国大学地理教育的文章。目前担任迈阿密大学(Miami University Regionals)人文与应用科学学院(College of Liberal Arts and Applied Science)负责学术事务的副院长。

**克斯汀·K·詹德(Kerstin K. Zander)**,澳大利亚查尔斯·达尔文大学北部地区研究所副教授。她对包含迁移在内的气候变化影响和适应经济学感兴趣。她是洪堡学者,也是波恩德国发展研究所的兼职研究人员。

# 序

我很荣幸向读者介绍这本名为《灾害人口统计学——对人口和地域的影响》的书。书名显示本书从人口统计学角度对灾害进行社会科学探究,而副标题清楚地反映了在分析灾害时地理学者的观点是不可或缺的。地理学在理解人地系统的复杂相互作用中扮演着重要的角色,并能帮助和协调政策制定,解决我们技术社会中熵增带来的挑战。地理学的这些优势来源于对世界的整体理解,从而使地理学者能够从空间的角度来看待灾害,并有助于解决全球气候变化问题。

气候事件对澳大利亚影响极大,因为它正面临着更长、更强的森林火灾季节。然而,气候变化最近也影响了灾害较少的国家,比如匈牙利。匈牙利某些地区的塌方、洪水、极端降雨以及荒漠化构成了影响数千人生计的重大危险。我们经历了很长一段时间的蒂萨河洪水,它是匈牙利继多瑙河之后的第二大主要水道。洪水破坏了整个村庄,有时甚至波及位于洪泛区的城市,改变了匈牙利大平原的区域前景。工程设计失误和技术维护不善,往往与极端降雨相互作用,使人员伤亡更加严重。2010年,匈牙利铝厂水库发生了事故,这是匈牙利近代史上最重大的技术灾害。这场灾害造成了红泥泄漏,造成10人死亡,数百人受伤,并使大量地区受到腐蚀性物质的污染。匈牙利科学院,特别是地理研究所,在调查这些灾害和提供减灾战略方面发挥了重要作用,同时在灾害研究方面我们乐于进行更广泛的国际合作。

你们手中的这本书是匈牙利天文和地球科学研究中心地理研究所与澳大利亚查尔斯·达尔文大学北部研究所合作的第一份成果。来自亚太地区、美国和后苏联国家的学者组成了一个大型国际团队,为本书提供了对灾害的广泛理解。本书共有13章,内容包括从灾害人口统计学理论研究到切尔诺贝利事故等技术事故的讨论。其中两章关于2011年的日本东北地震。它被认为是第二次世界大战以来对日本影响最大的灾害。本书还讨论了2005年的卡特里娜飓风、加州和俄罗斯的森林火灾、澳大利亚的热浪等,这些都与气候变化有直接关系。

为更好地理解灾害与人群的相互作用,每章的作者都为本书作出了独特而有价值的贡献。我要特别感谢安德鲁·泰勒(Andrew Taylor)。从一开始,他就为学术合作投入了巨大的精力,保障资金并准备手稿。我真诚地期待灾害人口学研究领域的未来前景,本书可被视为向前迈进的重要一步。

卡洛里·科西斯博士(Dr. Károly Kocsis)

匈牙利科学院院士,天文和地球科学研究中心地理研究所所长

于匈牙利布达佩斯

# 自　序

　　本书是匈牙利天文和地球科学研究中心地理研究所、澳大利亚查尔斯·达尔文大学北部研究所和冰岛大学生命和环境科学学院的合作成果。这本书是我第一次访问达尔文做研讨会演讲时与安德鲁·泰勒（Andrew Taylor）研究员探讨灾害的人口统计学时由他提出的。从那以后，安德鲁投入了大量的精力和热情来促成这本书的出版。除了作为主编和作者的贡献，他还慷慨地支持我们机构之间的合作，特别是我访问达尔文时，我们审查和讨论了来自不同背景的作者提供的章节手稿。与此同时，目前往返于雷克雅未克和墨尔本的负责减灾工作的迪恩·伯德（Deanne Bird）也加入了我们的主编团队，用她在灾害研究领域的经验帮助我们，并与本书的出版商施普林格协商。她还邀请其他作者加入并审阅提交的书稿。

　　这本书讨论了将人口统计学和灾害研究联系起来的一个新的更广阔的领域。传统上，人们认为灾害是对日常生活的冲击，是意外自然灾害事件的结果，或者是工程故障，因此属于技术领域而不是社会科学领域。在这些范式下，灾害和人口统计学之间的联系似乎是相对简单和单向的，重点是灾后人口评估、死亡率测算或人口迁出影响。然而，灾害有能力从根本上改变地方和区域一级的人口状况。影响因灾害的类型、速度和强度而异，也因原有的人口状况及其与经济和社会的关系而异。在所有情况下，在灾害发生前和发生后理解灾害和人口变化之间的关系是评估影响并在未来规避的关键。

　　本书旨在对发生灾害时的人群脆弱性和韧性以及灾害对弱势群体影响的人群风险进行全面的讨论。人口统计学方法有助于灾后人口评估、管理和了解人口信息。在很多情况下，人类迁移是对灾害的一种共性响应，因此，也与空间人口动态有关。基于减灾政策和实践的人口统计学，以及对未来风险和机遇的描述，也是本书的重要组成部分。气候变化的人口统计学以一种特定的方式突出了灾害与人口统计学的联系。鉴于灾害人口统计学联系的多样性，本书采用了跨学科的方法，章节涉及从地理学到对灾害韧性的性别差异认识。

　　《灾害人口统计学——对人口和地域的影响》从理论和实践两方面的视角，推进我们理解人口统计学在发达国家的减灾规划制定和影响方面的作用。我们希望这本书能为政策制定者、灾害恢复专家、规划制定者和学者提供广泛的例子，从而展示在区域和空间上人口统计学和灾害相互作用的重要性，将会引起各个领域社会科学家的兴趣，对政策制定者、规划制定者、灾害管理从业者以及对灾害的人口统计学视角感兴趣的环境机构也有所帮助。人口统计学、灾害管理、气候变化、社会政策和人类研究等领域的学者和学生也是本书的目标读者。

这本书的大部分贡献者来自学术界，涉及多国，包括但不限于日本、德国、美国、瑞典、乌克兰和俄罗斯。要协调这样一个拥有不同观点和科学背景的广泛而多样化的团队是一项艰巨的任务。希望通过这本书，作者团队能够成为理解灾害与人口统计学耦合做出进一步贡献的学术团体。

作者们认为，人文地理学与灾害人口统计学关系密切，因此，我们大量使用地图这一最常见的地理学交流语言。我希望通过整本书中呈现的统一制图设计和布局能在视觉上对读者更有吸引力。

在此，我要感谢雪莉·沃辛顿（Shelly Worthington）给予我们的巨大帮助，她不知疲倦地帮助我们校对和编辑所有的章节手稿。我还要特别感谢匈牙利布达佩斯罗兰大学名誉教授费伦茨·普罗瓦尔德（Ferenc Probáld），我之前攻读博士学位的导师，他总是乐于对我的工作进行检查和评论。我也非常感谢张康聪（Karl Chang）所做的严谨而有帮助的评论，以及每一章的其他审稿者，包括托尼·巴恩斯（Tony Barnes）、西格德·迪琳（Sigurd Dyrting）、凯特·海恩斯（Kat Haynes）、里奇·霍伊特（Richie Howitt）、安妮塔·梅尔滕斯（Anita Maertens）、简·穆莱特（Jane Mullet）和简·萨尔蒙（Jan Salmon）。本书的完成离不开布达佩斯天文和地球科学研究中心地理研究所所长卡洛里·科西斯（Károly Kocsis）博士和拉斯洛·基斯（László Kiss）总干事从匈牙利科学院获取的相关资金支持。我也要感谢日本科学促进会让我在日本东北大学国际灾害科学研究所度过了一年的时间，使我更好地对灾害这一卓越的学术领域有所了解。

我希望你喜欢阅读这本灾害与人口统计学耦合的多视角书籍。不可否认，接下来的章节不能包含所有解决问题的方法，有时我们提出的问题还要多于答案。但我相信，此次合作将会进一步推动对灾害人口统计学的讨论。

大卫·卡拉克松伊（Dávid Karácsonyi）
2020 年 1 月于澳大利亚达尔文

# 目　录

# 第1章 引言:灾害人口统计学概念

大卫·卡拉克松伊(Dávid Karácsonyi)　　　　安德鲁·泰勒(Andrew Taylor)

**摘要**:理解和记录灾害和人类人口变化之间的交互是一个新兴的学术领域。无论是对灾害还是对人口问题的研究,其本身都是一种宽泛的概念。尽管这两者之间的联系似乎是显而易见的,但正如本书提到的,灾害也会以多种多样、迟缓而复杂的方式影响和改变人口。在本书中,我们的目标是通过增进人口与灾害耦合的知识,来扩展这一新兴领域,从而改进灾害政策和规划过程。在本章中,我们概述了灾害研究领域当下的争论和范式转变,以提供其与人口统计学之间的概念联系。最后,我们概述了各主题和案例研究,它们构成了本书各章节的基础。

**关键词**:灾害-人口耦合;危害;脆弱性;社会嵌入性;非常规事件

## 1.1　介绍

理解和记录灾害和人类人口变化之间的交互是一个新兴的学术领域。伴随着不断努力建立体系的和紧密的规划以预防和减缓预期和现实均在增加的极端事件,人口与灾害耦合正变得越来越重要(Coleman,2006;Eshghi et al.,2008;Okuyama et al.,2009)。根据 Donner 等(2008)的研究,如今脆弱地区和区域的人口密度增加,特别是发展中国家的大规模城市化,是增加与人口有关的危害暴露的最重要因素。而且,由于气候变化,极端天气事件的频率和强度增加(Katz et al.,1992;Easterling et al.,2000;Frich et al.,2002;Coumou et al.,2012;Jakab et al.,2019)已经造成人口脆弱性的增加,并将很快造成进一步的增加。此外,由于技术改变,全球熵增(Ellul,1964),核、化学、生物技术工业和人工智能等复杂的系统性问题,以及流行病、暴力、战争和饥荒等"传统"威胁,可能引发灾难性事件(Quarantelli et al.,2007)。这些因

大卫·卡拉克松伊(Dávid Karácsonyi,通讯作者),匈牙利科学院(布达佩斯)地理研究所。地址:Geographical Institute,CSFK Hungarian Academy of Sciences,Budaörsi út 45,Budapest 1112,Hungary。E-mail:karacsonyi. david@csfk. mta. hu。

安德鲁·泰勒(Andrew Taylor),澳大利亚查尔斯·达尔文大学北部地区研究所。地址:Northern Institute,Charles Darwin University,Ellengowan Dr.,Darwin,Casuarina NT 0810,Australia。E-mail:andrew. taylor @cdu. edu. au。

素中的每一个都有可能通过灾害改变人口状况并对人们的生活产生负面影响。

灾害发生时的人口构成决定了谁会受到影响以及对居民和其他人的影响程度。改进技术、改进预警系统、投资减灾基础设施以及改善社区在面对灾害时的准备和响应,都是尝试降低灾害影响的例子。虽然有一系列研究着眼于单个灾害对人口的影响,但这些研究一般都是短期的,并且集中于事后分析和评估。本书的目标是通过增进人口与灾害联系的知识,来扩展这一新兴领域,从而改进灾害政策和规划过程。

无论是对灾害还是对人口问题的研究,其本身都是一种宽泛的概念。尽管这两者之间的联系似乎是显而易见的,但正如本书提到的,灾害也会以多种多样、迟缓而复杂的方式影响和改变人口。人口可能是局部灾害的根本原因,或者说是主要的"受害者"。灾害可以通过直接的影响和人类对此类事件的反应,加速已有的人口变化或创建新的人口结构(可以从第 2 章、第 5 章以及第 7 章中了解更多)。它们对人口变化的影响可能发生在复杂的时空连续区上,有些涉及反馈循环。最明显的是死亡和受伤、居民和受影响地区的其他人向外迁移和临时搬迁,能迅速且显著改变一个城镇或地区原有的人口结构。更脆弱的群体(如老年人)往往不成比例地受到影响。正如第 9 章所讨论的,灾害也可能影响地域的性别人口统计学。灾害可能会促使未立即受到影响的人群调整人口行为,例如生育或移民。这样的反馈循环可能是复杂、未知和不可预测的,不仅改变了人口状况,而且会在未来改变城镇和地区的经济和社会结构(见第 5、6、8 章)。

本章讨论了灾害研究领域的范式转变,为我们对灾害-人口耦合的研究提供了重要的理论背景,也是本书的核心理论贡献。在本章的后半部分,我们将概述本书的结构,易于读者理解。

## 1.2　灾害研究:从"上帝的行为"到一个明确的科学领域

传统观念认为,灾害是"上帝的行为"(Robinson,2003),即混乱、随机的状态伴随着无序和恐慌(Quarantelli et al. ,1972;Webb,2007),如今大多数灾害专家认为灾害从来不是"偶然的"(Quarantelli et al. ,2007;Lavell et al. ,2013)。因此,有必要进行系统的研究和分析,以提高预防灾害的能力。塞缪尔·普林斯关于 1917 年哈利法克斯爆炸①的博士论文(Prince,1920)被许多人认为是第一个系统的灾害研究(Drabek et al. ,2003;Perry,2007)。然而,灾害研究的真正繁荣始于冷战早期,是关于第二次世界大战中轰炸对平民士气影响的研究(United States Strategic Bombing Survey,1947)。许多这样的研究试图解决美国社会如何应对可能的核战争。因此,他们具有强大的战略军事来源和目标,以及武装部队提供的充足资金(Bolin,2007;Perry,2007;Rodríguez

---

　①　一艘装载弹药的货船在世界大战中爆炸,造成大约 2000 人死亡。

et al. ,2007)。1963 年,美国俄亥俄州州立大学(Ohio State University)建立了第一个灾害研究中心,这是民用灾害研究机构化的重要一步。该学院出版了几部关于灾害研究的综合著作,并在根植于社会科学领域的理论框架发展方面发挥了先锋作用(Dynes, 1970;Mileti,1975;Quarantelli,1978;Oliver-Smith,1979;Drabek,1986)。半个多世纪前的灾害与社会科学的这个新结合点可以说是我们今天所认识的研究领域开端。

虽然灾害研究和社会科学之间的早期联系是明显的,但灾害研究是多方面的,本质上有很强的多学科性(Quarantelli,2006)。正因为如此,灾害研究并不局限于一个明确的领域(Perry et al. ,2005)。例如,Alexander(2005)提出,灾害研究包括地理学、人类学、社会学、社会心理学、发展研究、健康科学、地球物理科学和工程等领域。因此,具有不同背景的风险、危害和灾害研究人员往往采取差别很大的方法,正如 Cutter(2005)提出的,很难发展出一个具有被普遍理解的内在逻辑和框架的可识别和独特的学术领域。

灾害研究领域不断涌现和重塑带来了很多好处。尤其重要的是,可以从广泛的学科中获得和考虑关于灾害风险和影响的知识和理解,包括本书所反映的。因此,理论和应用知识的"存量"不受本体论范式的限制,其不断发展的本质使灾害研究避免了在单一和集中领域普遍存在的危险。灾害研究在概念、理论和应用意义上是多元的。带来的好处很多,但也带来了挑战。我们现在将试图准确界定是什么构成灾害以及灾害研究。

# 1.3　灾害：一种非常规事件还是根植于社会?

为了有意义地考虑灾害与人口耦合,有必要就什么构成了灾害展开辩论和文字讨论。作为例证,Dynes(1970)、Rodríguez 等(2007)和 Webb(2007)强调,灾害通常被许多人理解为是对物理环境、人类系统和社会产生影响的厄运。然而,现在人们普遍认为,灾害是社会和人口与个别灾害的起因和后果错综复杂地联系在一起的复杂事件,而不仅仅是受害者或被动的行动者。

有两本试图定义灾害的书影响深远:Perry 等(2005)出版的 *What is a Disaster? New Answers to Old Question* 以及 Blaikie 等(1994)出版的 *At Risk*(2004 年 Wisner 等出版新版)。前者中,大多数作者强调灾害通常可以被理解为"偏离正常"的一个"非常规事件",正如 Kreps(1989)和 Drabek(1989)所认为的那样。在 Wisner 等的著作中,作者们认为灾害嵌入社会"正常"运行之中,尤其是根植于社会不平等中。对于此类"非常规"立场的主要批判是,如果灾害在发生严重的环境变化造成社会无法正常运转时,在没有外部危害压力下社会成员通常能够处理日常问题和需求(Donner et al. ,2008)。

McEntire(2013)将灾害研究归为两个主要学派:社会脆弱性学派(强调社会、政治和经济结构)和整体学派(将灾害视为与非常规社会问题相关的非常规事件)。在整体学派中,灾害的定义与规模和速度有关。Quarantelli(1998,2006)和 Bissel(2013)都强调了规模,Quarantelli 将灾难与灾害区分开来,而 Bissel 则根据受影响地区和人口的规模将紧急情况、危害、灾害和灾难区分开来。定义难题中的另一要素是基于不同的灾害影响速度(Alexander,2001;Robinson,2003;Quarantelli,2006;Bissel,2013),如那些缓慢出现的灾害(如海平面上升、工业污染、景观退化,Kertész et al.,2019)和快速发生的灾害(如飓风、地震和洪水)。

此外,在整体学派(非常规视角)中,关于定义的争论集中在灾害的根源上,包括它们可能是突然的、意外的且不被希望发生的事件(Gencer,2013),是自然或人为灾难的结果(Robinson,2003)。Alexander(2001)根据地球物理因素对灾害进行分类,如地震、火山爆发、荒漠化和土壤侵蚀。Kapuchu 等(2013)也强调,自然灾害和人为灾害通常是不同的。他们强调,灾害是指人们面临由自然现象或外部人类活动引起的突然且无法控制的灾难性变化的情况。因此,Kapuchu 等(2013)指出,自然危害引起的灾害在一定程度上可以预测,但不可能预防。

与 Alexander、Kapuchu 等对灾害的立场相反,大多数灾害专家(Quarantelli et al.,2007)认为,每一场灾害都受人类的影响,因此是可以预防的。这一观点强调,人类活动具有减少灾害影响的潜力。相反,糟糕或错误的决定会使情况恶化。为了支持这一观点,Perry(2007)在术语"危害"和"灾害"之间引入了定义上的差异。在他看来,当一种危害(一种极端的物理事件,如极端降雨、热浪或地震)与社会系统(脆弱的人群)相作用时,灾害就发生了。因此,从实际意义上讲,在偏远、无人居住的地区发生滑坡,如果没有人员伤亡或财产损失,就只是一种地质现象。需要强调的是,只有非常少的一部分危害会导致灾害(Quarantelli et al.,2007),因为通常情况下这对人群没有影响(见 Alexander(2001)对 1964 年人口稀少的阿拉斯加谢尔曼岩屑崩落的分析)。

Robinson(2003)、Wisner 等(2004)和 Cutter(2005)认为,灾害是人类社会根源和危害事件之间的相互作用,因此可以导致多种事件组合,如冲突导致的饥饿、疾病和流离失所。Blaikie 等(1994)和 Wisner 等(2004)使用"压力和释放模型"来说明当自然危害影响脆弱人群时,灾害是如何发生的。在该模型中,脆弱性和自然危害被视为产生系统压力的交叉力量,并以灾害的形式释放。压力和释放模型表明,即使触发事件是自然的,其根源始终是基于社会的。这一观点有助于将注意力转移到人类社会系统的脆弱性上。正如 Cutter(2005)所说,这个问题不是关于灾害,而是关于环境威胁和极端事件脆弱性的。Cutter 强调,脆弱性根植于相互关联的人类、自然和技术系统,这种相互作用对于把握脆弱性至关重要。

Alexander(2001)推测,人类的脆弱性往往是由于低估了技术和经济系统在减轻自然灾害方面的有限程度。换句话说,自然危害事件有能力对现代社会产生实质性的、持续的影响。因此,在 Alexander 看来,由这些事件引发的灾害实际上是"自然"灾害。最近灾害研究中的文化转向进一步支持了 Alexander 的观点(Webb,2007;

Ekström et al.，2015）。与这一范式相一致的是，有些研究是关于生活在危害频发地区的社区如何被持续的灾害经历影响，这些地区包括日本（Bajek et al.，2008；Kitagawa，2016）和菲律宾（Bankoff，2003）。Paton 等（2010）进行的一项跨文化研究比较了日本和新西兰（两个灾害频发的国家），发现尽管两国存在根本的文化差异，但两国在危害观念和社会特征相互影响方面存在一些普遍的相似性。

　　尽管最近文化研究的发现和 Alexander 提出了基于地球科学的批评，但 Wisner 的"社会嵌入"观点被具有社会学背景的灾害研究专家广泛接受。因此，这些学者倾向于避免使用"自然灾害"一词（O'Keefe et al.，1976；Cannon，1994；Cohen et al.，2008）。尽管如此，"自然灾害"一词仍然很常见，特别是在经济学、人口统计学和地理学文献中（UN General Assembly，1989；Cavallo et al.，2011；Cavallo et al.，2013）。一些作者得出结论，他们研究的"自然灾害"事件对发展中国家（Kahn 2005；Toya et al.，2007；Loayza et al.，2012；Chen et al.，2013）、女性（Enarson，2000；Neumayer et al.，2007）或低收入人群（Masozera et al.，2007）具有不同的影响。这些都强调了灾害的严重程度与社会而不是自然特征有关，支持 Wisner 和他的同事（2004）的观点，即灾害根植于"社会"而不是"自然"原因。

　　Wisner 等（2004）进一步提出了一种更"激进"的社会嵌入观点，指出甚至自然本身也可以被认为是由社会过程分配的资源的一部分，这样，在日常社会功能下，人们变得或多或少受到危害的影响。因此，对自然危害的脆弱性是一种社会建构（Lavell et al.，2012）。根据 Wisner 的说法，脆弱性描述了人们从其历史、文化、社会、环境、政治和经济背景以及社会经济地位中获得的一系列条件。在 Wisner 等的定义中，脆弱性是"个人或群体和其处境的具有影响其预测、应对、抵抗和从自然危害事件影响中恢复的能力的特征"。

　　Wisner 等的假设已经被 Oliver-Smith（2009）进一步阐述，认为"社会系统产生了将人们按照阶级、种族、民族、性别和年龄分化为不同类别，遇到同一危害时处在不同的风险级别，遇到相同事件时遭受不同形式苦难的条件"。这种观点是根据人口特征，如年龄、种族、性别和社会经济地位，第一次标明人群及其特征的直接联系。因此，弱势群体处于危险之中，不仅是因为他们暴露在危害中，还因为他们的边缘化、日常社会互动和组织模式以及他们对资源的有限获取（Cardona et al.，2012）。Wisner 等（2004）强调，脆弱性层级会随着生命的过程而变化（例如结婚、生育和老去），个人的脆弱性可能是暂时的，会根据生活中的一系列因素如职业变化、移居状况或者住所变化而不断变化的，与人口统计学的联系会变得明显。

　　当然，在学术论述中，对灾害的探讨不仅包括根源和触发事件，还包括后果。"社会嵌入"方法强调社会条件是灾害的根本原因和后果，而"非常规性"观点则从社会科学角度强调了被理解为由灾害产生的"非常规"社会状况的后果。这些后果可能包括严重的资源损失和生命威胁（Frankenberg et al.，2014），造成严重的身体伤害、情绪困扰和重大财产损失（Flanagan et al.，2011）。根据 Robinson（2003）和

Smith(2005)的观点,灾害以负面的方式改变了社会和人类的生活和生计,因为某些群体直接或间接地受到事件的冲击,导致社会功能严重被干扰和破坏。此外,Lindell(2013)将灾害后果归纳为两大类:物理影响(如人员伤亡、破坏)和社会影响(心理、人口、经济和政治影响)。

总之,对灾害定义、辩论和理解的文献分析突出了灾害科学中一些连续的范式转变(图1.1),即不再将灾害视为非常规循环事件,这意味着简单地偏离后回归"正常"。即使这种"正常"与初始阶段相比往往是不同的、恶化的或改善的。因此,Mileti(1975)、Baird 等(1975)和Drabek(1986,1999)提出了灾害生命周期,它是灾害研究的基本框架(Coetzee et al. ,2012;Lavell et al. ,2012),被联合国国际减灾战略(UNISDR,2009)和美国联邦应急管理署(FEMA)等重要机构广泛使用,但因过于简单被批评(Lewis,1999)。灾害是复杂多维的事件,其根源和后果根植于社会运行,与政策和政治管理失败、社会不公和排斥有关。最终,灾害概念注重理解、管理和灾害恢复方面的灾害-人口相关性。

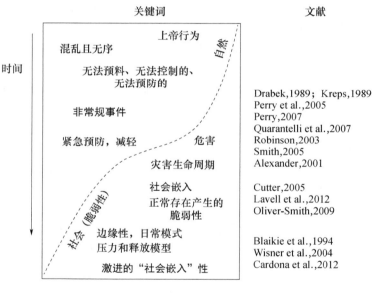

图1.1 灾害研究的范式转变

# 1.4 本书的方法和结构

本书共13章,大多数章节由多位作者撰写,旨在从不同案例的多领域比较并提供多种见解。这些案例包括技术、自然危害事件和人群脆弱性。必须强调,除自然危害、技术事故、传染病或气候变化外,其他一些冲击事件也可能暴露脆弱性,从而导致人口的灾害性后果。动乱、战争和种族清洗以及流行病或经济危机也可以理解为灾害人口统计学的一部分(Drabek,1999;Wisner et al. ,2004),因为它们改变了受影响人群的人口结构,导致大规模人员流离失所。全球灾害(核战争、气候变化)也是灾害文献术语的一部分(Giddings,1973),因此,Wisner 等(2004)和 Cutter(2005)引入了"风险社会"或"全球风险社会"的概念。此外,Wisner 等(2004)认为,与暴力冲突或饥荒相互作用使灾害影响更加严重相比,由自然危害造成的灾害并不是对人类的最大威胁。当然,本书所介绍的案例范围有限,这就是为什么我们在第 13 章中总结了灾害-人口联系的其他方式。因此,最后一章不仅是本书的总结,同时也是一个扩展的文献综述。

本书包含了重要的空间地理分析,这是其副标题"对人口和地域的影响"的基础。例如,第 2 章通过永久的大规模流离失所着重强调空间性;第 3 章和第 4 章中的比较例子让我们注意到森林火灾如何影响加州的人口迁移,在第 4 章中,我们还了解到缺乏森林维护对俄罗斯灾难性森林火灾的影响。本书案例研究区域涵盖欧洲、亚洲、北美洲等的空间变化(图 1.2),也体现了地理分析。本书讨论的灾害案例大多数发生在 21 世纪。

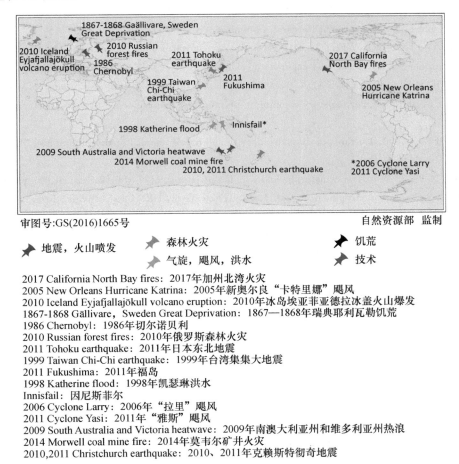

审图号:GS(2016)1665号　　　　　　　　　　　　　　　自然资源部　监制

🪶 地震,火山喷发　　🪶 森林火灾　　　　　　　　🪶 饥荒
　　　　　　　　　　🪶 气旋,飓风,洪水　　　　　🪶 技术

2017 California North Bay fires:2017年加州北湾火灾
2005 New Orleans Hurricane Katrina:2005年新奥尔良"卡特里娜"飓风
2010 Iceland Eyjafjallajökull volcano eruption:2010年冰岛埃亚菲亚德拉冰盖火山爆发
1867-1868 Gällivare,Sweden Great Deprivation:1867—1868年瑞典耶利瓦勒饥荒
1986 Chernobyl:1986年切尔诺贝利
2010 Russian forest fires:2010年俄罗斯森林火灾
2011 Tohoku earthquake:2011年日本东北地震
1999 Taiwan Chi-Chi earthquake:1999年台湾集集大地震
2011 Fukushima:2011年福岛
1998 Katherine flood:1998年凯瑟琳洪水
Innisfail:因尼斯菲尔
2006 Cyclone Larry:2006年"拉里"飓风
2011 Cyclone Yasi:2011年"雅斯"飓风
2009 South Australia and Victoria heatwave:2009年南澳大利亚州和维多利亚州热浪
2014 Morwell coal mine fire:2014年莫韦尔矿井火灾
2010,2011 Christchurch earthquake:2010、2011年克赖斯特彻奇地震

图 1.2　本书讨论的灾害位置和引发事件(见彩图)

以下各章旨在扩大人口统计学与灾害之间的联系。第2~8章关注人群与灾害的整体联系,包括危害事件改变人口趋势(灾害引起的大规模流离失所、作为热适应策略的迁徙、灾害对人口稀少地区的长期影响)或人口变化产生灾害风险。第9~11章关注与人口有关的更广泛问题,例如作为关键基础设施要素的救生网络的破坏、构建韧性城市的性别视角以及社区在灾后恢复方面的作用。第12章是关于灾害研究领域的国际合作和重点,从作者的个人经历方面介绍如何通过各国的案例研究交流科学思想和方法,建立新的联系。

## 参考文献

ALEXANDER D,2001. Natural disasters[M]. New York:Taylor & Francis Group.

ALEXANDER D,2005. An interpretation of disaster in terms of changes in culture,society and international relations[R]//PERRY R W,QUARANTELLI E L. What is a disaster? New answers to old questions. International Research Committee on Disasters.

BAIRD A,O'KEEFE P,WESTGATE KN,et al,1975. Towards an explanation and reduction of disaster proneness[R]. Occasional paper no. 11,University of Bradford,Disaster Research Unit.

BAJEK R,MATSUDA Y,OKADA N,2008. Japan's Jishu-bosai-soshiki community activities:analysis of its role in participatory community disaster risk management[J]. Natural Hazards,44:281-292.

BANKOFF G,2003. Cultures of disaster. Society and natural hazard in the Philippines[M]. London:RoutledgeCurzon.

BISSEL R,2013. What is a catastrophe and why is this important? [M]//BISSEL R. Preparadness and response for catastrophic disasters. London,New York:CRC Press,Taylor&Francis Group:185-224.

BLAIKIE P T,CANNON T,DAVIS I,et al,1994. At risk:Natural hazards,people,vulnerability,and disasters[M]. London,UK:Routledge.

BOLIN B,2007. Race,class,ethnicity,and disaster vulnerability[M]//RODRÍGUEZ H,QUARANTELLI E L,DYNES R R. Springer:Handbook of disaster research:113-129.

CANNON T,1994. Vulnerability analysis and the explanation of 'natural' disasters[R]//VARLEY A ED. Disasters,development and environment. John Wiley&Sons.

CARDONA O D,VAN AALST M K,BIRKMANN J,et al,2012. Determinants of risk:exposure and vulnerability[M]//FIELD C B,BARROS V,STOCKER T F,et al. Managing the Risks of Extreme Events and Disasters to Advance Climate Change Adaptation. A Special Report of Working Groups Ⅰ and Ⅱ of the Intergovernmental Panel on Climate Change(IPCC). Cambridge,New York:Cambridge University Press:65-108.

CAVALLO E,NOY I,2011. Natural disasters and the economy -asurvey[J]. International Review of Environmental and Resource Economics(5):63-102.

CAVALLO E,GALIANI S,NOY I,et al,2013. Catastrophic natural disasters and economic growth

[J]. Review of Economics and Statistics,95(5):1549-1561.

CHEN S,LUO Z,PAN X,2013. Natural disasters in China:1900-2011[J]. Natural Hazards,69: 1597-1605.

COETZEE C,VAN NIEKERK D,2012. Tracking the evolution of the disaster management cycle:a general system theory approach[J]. Journal of Disaster Risk Studies,4(1):9.

COHEN C,WERKER E D,2008. The political economy of"natural"disasters[J]. Journal of Conflict Resolution,52(6):795-819.

COLEMAN L,2006. Frequency of man-made disasters in the 20th Century[J]. Journal of Contingencies and Crisis Management,14(1):3-11.

COUMOU D,RAHMSTORF S,2012. A decade of weather extremes[J]. Nature Climate Change (2):491- 496.

CUTTER S L,2005. Are we asking the right question? [R]//PERRY R W,QUARANTELLI E L. What is a disaster? New answers to old questions. International Committee on Disasters:39-48.

DONNER W,RODRÍGUEZ H,2008. Population composition,migration and inequality:the influence of demographic changes on disaster risk and vulnerability[J]. Social Forces,87(2): 1089-1114.

DRABEK T E,1986. Human systems responses to disaster:an inventory of sociological findings [M]. New York:Springer.

DRABEK T E,1989. Disasters as nonroutine social problems[J]. International Journal of Mass Emergencies and Disasters,7(3):253-264.

DRABEK T E,1999. Revisiting the disaster encyclopedia[J]. International Journal of Mass Emergencies and Disasters,17(2):237-257.

DRABEK T E,MCENTIRE D A,2003. Emergent phenomena and the sociology of disaster:lessons,trends and opportunities from the research literature[J]. Disaster Prevention and Management:An International Journal,12(2):97-112.

DYNES R,1970. Organized behaviour in disaster[M]. Lexington:Lexington Books,Lexington.

EASTERLING DR,EVANS JL,GROISMAN PYa,et al,2000. Observed variability and trends in extreme climate events:a brief review[J]. Bulletin of the American Meteorological Society,81 (3):417-426.

EKSTRÖM A,KVERNDOKK K,2015. Introduction:cultures of disaster[J]. Culture Unbound, 7:356-362.

ELLUL J,1964. The technological society[M]. New York:Vintage Books.

ENARSON E,2000. Gender and natural disasters. Working paper. Recovery and Reconstruction Department,Geneva[R/OL]. https://www. ilo. int/wcmsp5/groups/public/---ed_emp/---emp_ent/---ifp_crisis/documents/publication/wcms_116391. pdf*.

ESHGHI K,Larson RC,2008. Disasters:lessons from the past 105 years[J]. Disaster Prevention

---

* 译注:因无处可查,未标注引用日期,后同。

and Management,17(1):62-82.

FLANAGAN BE,GREGORY EW,HALLISEY EJ,et al,2011. A social vulnerability index for dis-
aster management[J]. Journal of Homeland Security and Emergency Management,8(1):3.

FRANKENBERG E, LAURITO M, THOMAS D, 2014. The demography of disasters [M]//
SMELSER N J,BALTES P B. International encyclopedia of the social and behavioral sciences,
2nd edition(Area 3). Amsterdam: North Holland.

FRICH P,ALEXANDER L V,DELLA-MARTA P,et al,2002. Observed coherent changes in cli-
matic extremes during the second half of the twentieth century[J]. Climate Research, 19:
193-212.

GENCER E A,2013. Chapter 2: Natural disasters,urban vulnerability,and risk management: a
theoretical overview[R]//The Interplay between Urban Development,Vulnerability,and Risk
Management. SpringerBriefs in Environment,Security,Development and Peace,7:7-43.

GIDDINGS J C,1973. World population,human disaster and nuclear holocaust[J]. Bulletin of the
Atomic Scientists,29(7):21-50.

JAKAB G,BÍRÓ T,KOVÁCS Z,et al,2019. Spatial analysis of changes and anomalies of intense
rainfalls in Hungary[J]. Hungarian Geographical Bulletin,68(3):241-253.

KAHN M E,2005. the death toll from natural disasters:the role of income,geography,and institu-
tions[J]. Review of Economics and Statistics,87(2):271-284.

KAPUCHU N,ÖZERDEM A,2013. Managing emergencies and crises[R]. Jones&Bartlett Learn-
ing,Burlington,USA.

KATZ RW,BROWN BG,1992. Extreme events in a changing climate: variability is more important
than averages[J]. Climate Change,21(3):289-302.

KERTÉSZ Á,KŘECEK J,2019. Landscape degradation in the world and in Hungary[J]. Hungar-
ian Geographical Bulletin,68(3):201-221.

KITAGAWA K,2016. Disaster preparedness,adaptive politics and lifelong learning: a case of Ja-
pan[J]. International Journal of Lifelong Education,35(6):629-647.

KREPS G A,1989. Future directions in disaster research: the role of taxonomy[J]. International
Journal of Mass Emergencies and Disasters,7(3):215-241.

LAVELL A,OPPENHEIMER M,DIOP C,et al,2012. Climate change: new dimensions in disaster
risk,exposure,vulnerability,and resilience[M]//FIELD C B,BARROS V,STOCKER T F,et al.
Managing the Risks of Extreme Events and Disasters to Advance Climate Change Adaptation A
Special Report of Working Groups I and II of the Intergovernmental Panel on Climate Change
(IPCC). Cambridge,New York: Cambridge University Press.

LAVELL C,GINNETTI J,2013. Technical paper: the risk of disaster-inducted displacement. Cen-
tral America and the Caribbean[R]. Internal displacement monitoring centre(IDMC). Geneva,
Norwegian Refugee Council,54.

LEWIS J,1999. Development in disaster-prone places: Studies of vulnerability[M]. London:Inter-
mediate Technology Publications.

LINDELL M K,2013. Disaster studies[J]. Current Sociology,61(5-6):797-825.

LOAYZA N V,OLABERRÍA E,RIGOLINI J,et al,2012. Natural disasters and growth: going beyond the averages[J]. World Development,40(7):1317-1336.

MASOZERA M,BAILEY M,KERCHNER C,2007. Distribution of impacts of natural disasters across income groups:a case study of New Orleans[J]. Ecological Economics,63(2-3):299-306.

MCENTIRE D A,2013. Understanding catastrophes. A discussion of casuation,impacts,policy approaches,and organizational structures[M]//BISSEL R. Preparadness and response for catastrophic disasters. Boca Raton,London,New York: CRC Press,Taylor&Francis Group.

MILETI D S,1975. Human systems in extreme environments:a sociological perspective[R]. Colorado,Institute of Behavioural Sciences,the University of Colorado.

NEUMAYER E,PLÜMPER T,2007. The gendered nature of natural disasters: the impact of catastrophic events on the gender gap in life expectancy,1981-2002[J]. Annals of the Association of American Geographers,97(3):551-566.

OKUYAMA Y,SAHIN S,2009. Impact estimation of disasters:a global aggregate for 1960 to 2007 [R]. World Bank Policy Research Working Papers.

OLIVER-SMITH A,1979. Post disaster consensus and conflict in a traditional society:the 1970 avalanche of Yungay,Peru[J]. Mass Emergencies,4:39-52.

OLIVER-SMITH A,2009. Climate change and population displacement: Disasters and diasporas in the twenty-first century[R]//CRATE S A,NUTTAL M. Anthropology and climate change: from encounters to actions. Left Coast Press Walnut Creek,CA.

O'KEEFE P,WESTGATE K,WISNER B,1976. Taking the naturalness out of natural disasters [J]. Nature,260(April):566-567.

PATON D,BAJEK R,OKADA N,et al,2010. Predicting community earthquake preparedness: a cross-cultural comparison of Japan and New Zealand[J]. Natural Hazards,54:765-781.

PERRY R W,2007. What is a disaster? [M]//RODRÍGUEZ H,QARANTELLI E L,DYNES R R. Handbook of disaster research. New York:Springer.

PERRY R W,Quarantelli E L,2005. What is a disaster? New answers to old questions[R]. International Research Committee on Disasters.

PRINCE S H,1920. Catastrophe and social change[D]. New York: Columbia University.

QUARANTELLI E L,1978. Disasters: theory and research[R]. Sage,Beverly Hills,CA.

QUARANTELLI E L,1998. What is a disaster? Perspectives on the question[M]. London: Routledge.

QUARANTELLI E L,2006. Catastrophes are different from disasters: Some implications for crisis planning and managing drawn from Katrina[R/OL]. https://understandingkatrina. ssrc. org/ Quarantelli/

QUARANTELLI E L,DYNES RR,1972. When disaster strikes[J]. Psychology Today,5(Feb. ): 66-71.

QUARANTELLI E L,LAGADEC P,BOIN A,2007. A heuristic approach to future disasters and crises: new,old,and in-between types[M]//RODRÍGUEZ H,QUARANTELLI E L,DYNES R R. Handbook of disaster Research. New York:Springer.

ROBINSON C,2003. Overview of disaster[R]//ROBINSON C,HILL K. Demographic methods in emergency assessment a guide for practitioners. Center for International Emergency,Disaster and Refugee Studies (CIEDRS) and the Hopkins Population Center; Johns Hopkins University Bloomberg School of Public Health,Baltimore,Maryland.

RODRÍGUEZ H,QUARANTELLI E L,DYNES R R,2007. Handbook of disaster Research[M]. New York:Springer.

SMITH D,2005. In the exes of the beholder? Making sense of the system (s) of disaster (s)[R]// PERRY R W,QUARANTELLI E L. What is a disaster? New answers to old questions. International Research Committee on Disasters.

TOYA H,SKIDMORE M,2007. Economic development and the impacts of natural disasters[J]. Economics Letters,94:20-25.

UN General Assembly,1989. International decade for natural disaster reduction,Session 44 Resolution 236,22 December 1989[R/OL]. https://www. un. org/ga/search/view_doc. asp? symbol= A/RES/44/236.

UNISDR,2009. United Nations International Strategy for Disaster Reduction(UNISDR),UNISDR Terminology on disaster risk reduction[R/OL]. https://www. unisdr. org/files/7817 _ UNISDRTerminologyEnglish. pdf.

United States Strategic Bombing Survey,1947. The effects of bombing on health and medical care in Germany[R]. US Government Printing Office,Washington.

WEBB G R,2007. The popular culture of disaster: Exploring a new dimension of disaster research [M]// RODRÍGUEZ H,QUARANTELLI E L,DYNES R R. Handbook of disaster research. New York: Springer.

WISNER B,BLAIKIE P,CANNON T,et al,2004. At Risk. Natural hazards,people's vulnerability and disasters[M]. London-New York: Routlege.

# 第 2 章　长期大规模迁移
## ——核灾害的主要人口影响结果？

大卫·卡拉克松伊(Dávid Karácsonyi)　　　花冈一正(Kazumasa Hanaoka)

耶利扎韦塔·斯克里日夫斯卡(Yelizaveta Skryzhevska)

**摘要:**人类历史上曾发生过多次重大灾害,影响了所在地区的经济、社会和环境状况。切尔诺贝利(1986 年,乌克兰,当时为苏联)和福岛(2011 年,日本)的核灾害看起来是在很长一段时间内对其人口产生负面影响最严重的灾害。尽管如此,与健康或辐射相关问题相比,对这些灾害的社会经济后果分析的科学关注要少得多。虽然核事故被认为是罕见的事件,但福岛核灾害在切尔诺贝利核事故发生 25 年后就发生了。这些灾害突出表明,需要对这些事故进行详细的长期社会经济分析,以获得足够的知识在考虑新的核电站建设地点时加以应用。本章重点讨论核灾害造成的永久安置问题及其对区域人口轨迹和空间转移的影响。基于本研究的结果,我们认为,核灾害后的大规模迁移对受影响人群的健康、自然生育和经济效益的恶性影响比辐射本身更显著。此外,鉴于辐射生态条件、重建政策和时间框架的不同,福岛事件可能显示出与切尔诺贝利事件不同的人口后果。

**关键词:**切尔诺贝利;福岛;辐射暴露;大规模迁移;空间人口影响;城市化

## 2.1　引言

　　人类历史上曾发生过多次重大灾害,影响了所在地区的经济、社会和环境状况。切尔诺贝利(1986 年,乌克兰,当时为苏联)和福岛(2011 年,日本)的核灾害看起来

　　大卫·卡拉克松伊(Dávid Karácsonyi,通讯作者),匈牙利科学院(布达佩斯)地理研究所。地址:Geographical Institute,CSFK Hungarian Academy of Sciences,Budaörsi út 45,Budapest 1112,Hungary。E-mail:karacsonyi. david@csfk. mta. hu。

　　花冈一正(Kazumasa Hanaoka),日本立命馆大学地理系。地址:Department of Geography,Ritsumeikan University,56-1 Tojiin-kita-machi,Kita-ku,Kyoto 603-8577,Japan。E-mail:kht27176@fc. ritsumei. ac. jp。

　　耶利扎韦塔·斯克里日夫斯卡(Yelizaveta Skryzhevska),美国俄亥俄州迈阿密大学。地址:Miami University,202 Mosler Hall,1601 University Boulevard,Hamilton,OH 45011-3316,USA。E-mail:skrzhy@miamioh. edu。

是在很长一段时间内对其人口产生负面影响最严重的灾害。尽管如此，与健康或辐射相关问题相比，对这些灾害的社会经济后果分析的科学关注要少得多（UNDP，2002a；Lehman et al.，2009，2011）。虽然核事故被认为是罕见的事件，但福岛核灾害在切尔诺贝利核事故发生 25 年后就发生了。这些灾害突出表明，需要对这些事故进行详细的长期社会经济分析，以获得足够的知识在考虑新的核电站建设地点时加以应用（Lehman et al.，2011）。本章重点讨论核灾害造成的永久安置问题及其对区域人口轨迹和空间转移的影响，而第 11 章则研究两个核灾害事件中疏散和安置过程以及后续的社区参与情况。

乍一看，鉴于两地社会经济条件的巨大差异，切尔诺贝利和福岛可能没有可比性。地球上任何两点之间的地理、文化和社会经济距离都不可能比 21 世纪 10 年代的日本和 20 世纪 80 年代的苏联之间的距离更大。然而，根据 Oliver-Smith（2013）的研究，地理距离和文化差异很大的社会在类似的灾害事件中也会出现相似的问题。例如，切尔诺贝利和福岛都采取了类似的政策来管理大规模的人口迁移。在最初的应急疏散之后，有组织或自发地重新安置了受威胁人群，以避免进一步的辐射风险。辐射威胁既应被视为一场迅速爆发的灾害（因为疏散的迫切需要），也应被视为一场缓慢爆发的灾害（因为其影响长期存在，使复原变得困难甚至不可能）。

切尔诺贝利和福岛灾害展示了长期紧急大规模迁移如何引发人口变化。这不是人类历史上规模最大的疏散，然而，它们也属于和平时期由事前未预见和未计划的情况而造成的最大规模的永久安置。

要了解福岛和切尔诺贝利灾害后大规模迁移造成的空间动荡，需要详细的地理数据。本研究以人口普查为基础，使用超过 30 年的数据序列，为切尔诺贝利事件后的长期人口变化提供深刻见解。在福岛事件中，移动电话位置数据与人口普查数据一起在精细的空间尺度上解释人口变化。这提供了短期但包括空间和结构上关于大规模迁移影响的详细数据。这一细节用于探讨实际人群和理论人群之间的差异，在灾后疏散阶段可能具有重要意义。因此，通过分析这两个数据集得出的结果可以相互补充。

核心分析中的地理信息系统（GIS）使用了详细的空间单元，包括白俄罗斯、乌克兰、俄罗斯西部 9 个省的领土和位于日本主岛本州岛北部的东北地区。

## 2.2　大规模迁移对空间人口的影响

受灾人口的搬迁和重新安置是减灾政策中采用的一项共同战略（Oliver-Smith，1996）。一般来说，迁移是脆弱人口由于受到冲击或压力造成的灾害影响，迫使其为了生存而搬迁（Lavell et al.，2013）。迁移一直是人们面对自然危害或人为灾害时所采取的最重要的生存策略之一（Hugo，2008）。

除了在灾害事件中直接造成的人口损失(死亡和受伤),人口迁移可以被视为灾害的另一个人口后果。大规模迁移也有直接影响,如死亡、受伤、生病(Robinson,2003),并可能造成社会不安,破坏生活前景。迁移的人口和社会影响往往会被低估,这可能是比直接死亡人数更严重的灾害后果。

大量关于切尔诺贝利事件对健康和自然生殖的后果研究主要解释了完全由辐射造成的人口损失,往往忽略了大规模迁移本身的影响。在切尔诺贝利灾害后的 30 年间,间接受害者(因癌症、心血管疾病等造成的死亡)的人数仍然存在广泛争议(TORCH,2006,2016;Peplow,2006;Greenpeace,2006),因为癌症在人群中随机发生,其与辐射之间的联系无法被证明(WHO,2006,2016;IAEA-WHO-UNDP,2005;IAEA,2006)。唯一的两个例外是,在灾害期间,年轻人和青少年的甲状腺癌病例有所增加(根据国际原子能机构 IAEA 2006 年的数据,到 2002 年有 4000 例,OECD,2002);1990 年以后,之前在现场紧急清理的工作人员(likvidators)出现了白血病(Hatch et al.,2005;Balonov et al.,2010;European Commission,2011)。

尽管有大量的健康研究,科学上仍然缺乏关于切尔诺贝利的医疗和生物影响充分、最终和客观的资料(UNDP,2002b;Hatch et al.,2005;Baverstock et al.,2006)。调查核灾害造成健康问题的研究是受限的,因为从最初暴露到出现症状可能长达事故发生后的 10~20 年(Lehman et al.,2011)。当分析大量人口时,个体暴露的极端差异导致的悲剧性结果不可能被长期跟踪。同时还需要考虑到,对受影响地区的人口进行严格的健康控制导致发现了原本永远不会被发现的疾病,从而大幅增加了健康统计数据(UNDP,2002a)。据估计,间接死亡人数为 4000(Peplow,2006;IAEA,2006)到 60000 人(TORCH,2006)。

对自然人群繁殖趋势的研究往往没有证明切尔诺贝利事故后辐射暴露的数学关系(IAEA,2006)。根据 Linge 等(1997)的研究,1986—1996 年期间的出生率和死亡率与未受影响地区相似。然而,他们的调查是基于更大区域的人口,可能掩盖了极端的局部差异。其他研究(Omelianets et al.,1988,2016;Lakiza-Sachuk et al.,1994;Voloshin et al.,1996;Rolevich et al.,1996)声称,辐射暴露发生后,受影响地区的出生率立即短暂降低。然而,这种减少可以归结为人们在切尔诺贝利事故后重新安置导致的生活前景迷茫情况下不愿生育孩子(Abbott et al.,2006)。这也可以解释为人们对怀孕期间辐射暴露影响的恐惧,而非辐射影响本身(Jaworowski,2010)。这一观点得到了 Lehman 等(2011)的支持,他们指出,污染水平对生育、婚姻行为和教育表现的影响很小或没有影响。辐射暴露与染色体畸变或出生缺陷之间缺乏统计相关性进一步说明了这一点(OECD,2002;Baverstock et al.,2006)。根据 Rolevich 等(1996)、Libanova(2007)和 Mesle 等(2012)的研究,生活在受影响地区的人死亡率更高。然而,死亡率的增加不能仅仅用辐射来解释(Shestopalov et al.,1996)。在重新安置期间,由于社会混乱而造成的心理问题增加,对人员健康造成了严重的后果(Brenot et al.,2000;Balonov et al.,2010)。此外,随着年轻一代人员离开灾区（Voloshin et al.，1996；Omelianets et al.，2016），死亡率增加的统计结果仅仅是因为年龄结构向老龄化转变。

虽然上一段所引用的方法似乎常常是相反的，但必须强调，即使结果是片面的，大多数科学家也同意，在20世纪90年代切尔诺贝利灾害整体上在自然生育减退中发挥了重要作用。自然生育率的下降也与苏联解体期间和解体后的普遍社会经济衰退有关，例如贫困和失业加剧，酗酒增多，医疗服务较差等（Ioffe，2007；Baranovsky，2010；Marples，1993，1996）。因此，很难区分这两种不同的效应。

在健康和自然生育研究之外，只有少数研究关注更广泛的人口影响。Lehman等（2011）强调了那些暴露于高辐射下的人市场表现较差。然而，这种影响是基于低收入人群对健康状况的自我评估，而不是直接来自辐射。这些人的流动性也较低。Abbott等（2006）在分析糟糕的经济环境时，通过风险和不确定性观点探讨了切尔诺贝利的社会经济影响。联合国开发计划署（UNDP）印发了与切尔诺贝利事故有关的社会和经济问题的重要文件（2002a，2002b，2002c），呼吁采取新的发展方式。根据该文件，需要一种综合健康、辐射生态和经济方面的整体办法才能充分了解切尔诺贝利事故的后果。

参考相关文献我们认为，切尔诺贝利事故对人口的主要直接负面影响不是死亡或患病的人数，甚至也不是心理后果（Rumyantseva et al.，1996；Lochard，1996；Brenot et al.，2000；Jaworowski，2010），而是由于长期的辐射威胁，迫切需要重新安置上百万人。由于灾后的不确定性和社会不安全感，这种重新安置导致了日常生活的扭曲和自然生育的改变。切尔诺贝利事故和福岛事故后的人口迁移造成的人口变化比辐射本身更严重。因此，在解释人口统计结果时，永久性大规模流离失所的影响应是重点。

灾害造成的永久性安置是相对罕见的事件，因此尽管有长期的人口影响，在一般的灾害文献（Oliver-Smith，2013）中较少讨论。洪水、地震和火山爆发会造成大规模的疏散，但很少会造成长期的流离失所。然而，在自然危害事件期间或之后的临时安置可能导致长期的人口变化，这和在第5章与第6章中讨论的一样。如果由自然危害造成的流离失所成为永久性的，表明补救政策失败了（Oliver-Smith，2013）。然而，在相关文献中，暂时（短期）和永久（长期）流离失所之间并没有明确的区别。如前所述，这种区别通常是由政策引起的。在福岛，政策文件将被疏散者称为临时流离失所的人，以保持返回的希望，并保持社区的团结（见第11章）。流离失所可以持续数年，甚至终身，但它仍然被描述为"暂时的"。

此外，事实上大规模流离失所往往不能解决灾害本身造成的问题，而是产生了新的挑战（Robinson，2003）。在很多情况下，重新安置会导致二次灾害（Oliver-Smith，2013），进而对计划糟糕或计划外的重新安置造成严重后果（Cernea，2004）。在新的地点，需要建立适当的居住设计、住房、服务和经济基础，使人群能够自我恢复，并达到适当的韧性水平（Oliver-Smith，2009）。大规模流离失所造成的这些挑战也应被视为切尔诺贝利和福岛灾难的组成部分。我们认为,缺乏整体视角导致过度强调辐射对健康的危害,而忽视了核灾害的主要后果:永久性的大规模流离失所以及由此造成的不确定性和干扰。

# 2.3　核灾害改变地区和人口

核辐射水平在很大程度上决定了疏散和安置政策,而不应理解为上节中的关键发现:辐射暴露本身对一般人口趋势有较小的直接影响。辐射不是一种同质现象,它的水平、成分和特征随着时间的变化而变化,因此,疏散和安置措施也随着这种变化而变化,以应对不断变化的辐射威胁。在此基础上,可以随着时间的推移区分某些辐射阶段,从而在灾害后调整安置政策。因此,辐射水平和人口趋势的变化通过重新安置政策而不是通过健康后果密切相连。福岛和切尔诺贝利事故所释放的同位素组成有很大的不同,导致疏散和安置政策略有不同。在接下来的章节中,我们将介绍这些辐射的不同和变化特征,以便更好地理解这两个事件的疏散和安置政策。

## 2.3.1　切尔诺贝利事件

1986 年,在切尔诺贝利核电站,操作失误和糟糕的工程设计导致 4 号反应堆堆芯的爆炸[1]破坏了屏蔽层,释放出的 3%～4%(5～6 t)碎片核燃料[2]进入周围环境,随后发生了为期 10 天的石墨火灾。事故导致裂变产物释放到环境中,这是在苏联以外的大片地区高初始有效剂量[3]的主要来源。然而,具有较短半衰期的同位素[4]迅速衰减(UNDP,2002b),例如$^{131}$I(碘-131)被发现是灾害后甲状腺癌病例增加的根本原

---

[1]　一个失控的核链式反应在反应堆压力外壳内引起了蒸汽爆炸,几秒钟后氢气-空气或一氧化碳-空气燃烧又发生了一次更大的化学爆炸。在福岛、三里岛和温德斯凯尔等历史核事故中,反应堆堆芯爆炸及其导致的燃料泄漏的量级是前所未有的。

[2]　切尔诺贝利爆炸的反应堆使用的是浓度为 2% $^{235}$U 和 98% $^{238}$U 的低浓缩氧化铀燃料。用过的燃料仍然含有约 96% $^{238}$U、小于 1% $^{235}$U 和$^{236}$U 以及约 1%的嬗变同位素,例如$^{239}$Pu、$^{240}$Pu 和其他反式铀元素,在衰变时释放 α 辐射(高能$^4$He 的原子核)。这些同位素在少量吸入(会导致肺癌)或摄入时都是有害的,但人类皮肤会阻止 α 辐射。

另一方面,在正常的反应堆运行期间,大多数可裂变同位素 82% $^{235}$U、62%～73% $^{239}$Pu 和 72% $^{241}$Pu,约占总燃料质量的 2%～3%,在捕获一个中子时将发生裂变而不是蜕变,产生短半衰期和中等半衰期产物,如$^{131}$I(β发射器)、$^{90}$Sr(β发射器)和$^{137}$Cs(β 和 γ 发射体是寿命非常短的$^{137}$Xe 的衰变产物)。尽管这些物质释放的总量少于 0.5 kg 的$^{131}$I 和少于 25 kg 的$^{137}$Cs,它仍然是一种严重的危险,因为 β 辐射(发射高能电子或正电子),特别是 γ 辐射(高能光子)可以穿透人体组织,即使没有实际摄入这种同位素,也会造成危害。

[3]　有效剂量以西弗(Sv)计量,西弗定义为人体从电离辐射吸收的总能量,单位为 J/kg。

[4]　这些释放的同位素半衰期分别为:$^{132}$Te,78 小时;$^{133}$Xe,5 天;$^{131}$I,8 天。这意味着在这段时间里,每一种同位素的初始量有一半会衰减。如$^{131}$I 第一天为 100%,第 8 天为 50%,第 16 天为 25%,第 24 天为 12.5%。

因,事故发生一年后,总有效剂量水平下降到事故发生时的 2%,两年后下降到 1% (IAEA,2006)。在那些存留了很长时间的同位素[1]中,污染面积最大(表 2.1)的是 $^{137}Cs$,这是灾害发生第三年后造成健康风险的剩余剂量水平[2]的主要来源。

切尔诺贝利灾害发生后,两种解决方案或两种方案的组合被用来减轻对当地居民的影响:辐射净化和重新安置居民到未受污染的地区。建立新的安置家园显然是更昂贵的,但也是更安全的解决办法(Tykhyi,1998)。

污染最严重的地区是核电站周围半径为 30 km 的区域,即所谓的"禁区",包括核电站本身、拥有 5 万人口的普里皮亚特市(1986 年)、切尔诺贝利镇和几个村庄。该地区的总人群(116000 人)(表 2.1)在 1986—1987 年期间被疏散到(UNSCEAR, 2000;IAEA,2006)如基辅、明斯克、切尔尼希夫、日托米尔等大城市后(Lehman et al.,2011),他们的社区迅速解散(Voloshin et al.,1996;IOM,1997)。他们中的许多人后来定居在斯拉沃蒂奇镇——1988 年为从普里皮亚季疏散者建立的城镇(Voloshin et al.,1996;Mesle et al.,2012)。直到今天,"禁区"仍然关闭。它只在特殊情况下开放,例如对少数老年人和自愿遣返者(samosyoli)开放(Lochard,1996)。

**表 2.1　切尔诺贝利与福岛的分区(IAEA,2006;UNDP,2002)**

| 污染程度<br>(1986/2011 年) | 切尔诺贝利分区 | 受切尔诺贝利影响的领土面积<br>(1986 年) | 生活在切尔诺贝利灾区的人口(千人)<br>(1986/2010 年) | 福岛受影响领土的规模<br>(2011 年) |
|---|---|---|---|---|
| $Cs^{137}>37$ kBq/m² <br> $Cs^{137}>1$ Ci/km² <br> 或 $>0.25\ \mu SV/h$ | 污染区/辐射监测区 | 总共 191560 km²,俄罗斯 57900 km²,白俄罗斯 46500 km²,乌克兰 41900 km²,其他国家 45260 km² | 6000/5000 | |
| $Cs^{137}>185$ kBq/m² <br> $Cs^{137}>5$ Ci/km² <br> 或 $>1\ \mu SV/h$ | 自愿/保障安置区 | 总共 29000 km²,白俄罗斯 16000 km²,俄罗斯 8000 km²,乌克兰 5000 km² | | 1700 km² |
| $Cs^{137}>555$ kBq/m² <br> $Cs^{137}>15$ Ci/km² <br> 或 $>4\ \mu SV/h$ | (强制/义务)安置区 | 白俄罗斯 6400 km²,俄罗斯 2440 km²,乌克兰 1500 km² | 400/200 | |
| 各级 | 禁区 | 乌克兰 2230 km²,白俄罗斯 2162 km² | 116/0 | 最初 600 km²,减至 207 km²(2018 年) |

---

①　$^{137}Cs$ 的半衰期为 30 年,$^{90}Sr$ 为 29 年,$^{239}Pu$ 为 2.4 万年,$^{240}Pu$ 为 6500 年。

②　$^{137}Cs$ 易溶于水,因此,它的含盐成分更容易与食物链的某些部分结合,也更容易吸附在人体软组织(特别是心血管系统)中。其生物半衰期只有 2 个月,因此,摄入它后迅速排出体外。不像 $^{137}Cs$,$^{90}Sr$ 的生物半衰期为 20 年,可被骨骼吸收,导致在疏散区长期接触的清洁工人患白血病(Balonov et al.,2010)。

1988 年,根据[137]Cs 表面活度水平[①]的调查结果对同心圆分区进行了调整(图 2.1)。

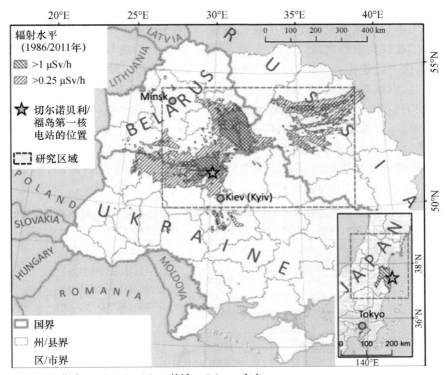

Minsk: 明斯克　　Kiev (Kyiv): 基辅　　Tokyo: 东京

图 2.1　受切尔诺贝利和福岛灾害影响的地区(作者和制图:Karácsonyi;
[137]Cs 污染数据来源于联合国核辐射效应科学委员会(UNSCEAR)2000 年的数据)

与此同时,明确了"污染区"([137]Cs 活度高于 37 kBq/m²)[②]以及"安置区"([137]Cs 活度超过 555 kBq/m²)的范围(UNSCEAR,2000;IAEA,2006)。后者必须进一步强制疏散和重新安置。一般情况下,在农业无法再生产健康食品的主要农村地区,强迫当地居民留下是徒劳的。在这些区域,暂停去除污染的努力使得当地居民接受了 70 年("终身")至少 350 mSv(毫西弗)的额外有效剂量[③]。20 世纪 90 年代,这些地区

<hr/>

① 活度用贝克勒尔(Bq)或居里(Ci)表示,是对某一定量放射性物质每秒发生的核衰变总数的测量。放射性物质的重量活度可表示为 Bq/g,平均表面活度水平可表示为 kBq/m² 或 Ci/km²。1 Ci=3.7×10¹⁰ Bq。

② 在[137]Cs 活度为 37 kBq/m² 的区域停留,相当于接受每小时 0.25 μSv 的有效剂量(人体每小时从 β 和 γ 衰变中吸收约 0.25×10⁻⁶ J/kg)。一天的有效剂量相当于做一次牙科 X 光检查(约 5 μSv),或者每小时吃 2.5 根香蕉(0.1 μSv)(香蕉含有天然的[40]K)。一次标准空中飞行接受的平均剂量是 2～4 μSv/h,而一次协和式飞机飞行的剂量是 9～10 μSv/h。

③ 地球表面的平均每日全球本底辐射剂量是 100 μSv,也就是说,人一生中暴露在 350 μSv 额外剂量下,至少在比切尔诺贝利的本底辐射高 10%。

的 22 万居民被重新安置到无污染地区（UNSCEAR，2000；IAEA，2006）。350 mSv 的概念成为尖锐批评的主题（Malko，1998），因为不可能确定每个人的剂量，导致对整个居住人口的计算产生疑问。这不可避免地造成了人们之间的不信任。

此后大部分的重新安置都发生在白俄罗斯，直到 1996 年这些措施才在那里完成。在第二波移民浪潮之后，20 世纪 90 年代末发生了一场较为温和的移民潮。直到 2005 年这一进程正式结束，乌克兰又重新安置了 5 万人（IAEA，2006）。

乌克兰、白俄罗斯和俄罗斯这三个受影响国家的迁移总人数没有确切的记录，数字为 30 万～50 万，还包括自愿重新安置人员（326000—IAEA，2006；350000—UNDP，2002a；IAEA-WHO-UNDP，2005；492000—UN，2002）（表 2.2）。"重新安置区"之外，在$^{137}$Cs 活度水平为 185～555 kBq/m$^2$ 的地区，人们可以自由决定停留或离开。法律规定要为流离失所者提供住所。这些地区实行了经济限制，例如农业方面的限制，并加强了卫生和粮食控制。

表 2.2　按国家和时间范围分列的切尔诺贝利事件后重新安置/疏散影响的人数估计
（UNDP，2002a；UN，2002；IOM，1997；UNSCEAR，2000；IAEA，2006；Lehman，2011）

| 重新安置/疏散 | 整个时期（1986—2005 年） | 1986—1987 年 | 1990—1996 年 | 1996—2005 年 |
|---|---|---|---|---|
| 国家 | 163000 乌克兰（UNDP）<br>135000 白俄罗斯（UNDP）<br>52000 俄罗斯（UNDP） | 24000 白俄罗斯<br>（国际移民组织 IOM）<br>（其余在乌克兰） | 131000 白俄罗斯<br>（国际移民组织 IOM）<br>52000 俄罗斯（UNDP）<br>（其余在乌克兰） | 50000 乌克兰<br>（IAEA） |
| 乌克兰、白俄罗斯、俄罗斯合计 | 326000（IAEA）<br>350000（UNDP）<br>492000（UN） | 115000<br>（UNSCEAR/IAEA）<br>120000（Lehman） | 220000<br>（UNSCEAR/IAEA） | |

据报告，截至 2005 年，仍有 500 万～600 万人（IAEA-WHO-UNDP，2005；Balonov et al.，2010）居住在"污染区"，有 20 万人（IAEA，2006；Balonov et al.，2010）居住在"重新安置区"。估计到 2010 年，仍有大约 500 万人生活在辐射暴露超过 0.25 Sv/h（$^{137}$Cs 活度超过 37 kBq/m$^2$）的地区（表 2.1）。由于同位素的自然衰变和净化，暴露从 1986 年大大减少，使分区得以重新调整（IOM，1997；UNDP，2002b）。唯一的例外是"禁区"内事故现场周边的区域。它被一种半衰期相对较短的$^{241}$Pu 污染，并衰变为放射性毒性更强的同位素$^{241}$Am[①]。

## 2.3.2　福岛——事故、分区、监管和后果

2011 年 3 月 11 日，日本东部大地震（矩震级为 9.0）和随后的大海啸袭击了福岛

---

　①　$^{241}$Pu（β 发射器）的半衰期相对较短（14 年），但它的衰变产物$^{241}$Am（α 和 γ 发射器，半衰期为 400 年）具有更强的放射性毒性。与其他同位素相比，随着时间的推移，$^{241}$Am 的活度将自然增加。到 2058 年，$^{241}$Am 的活度将超过所有反式铀同位素的累积活度（UNDP，2002b），并在事故发生 100 年后达到最大浓度（IAEA，2006）。由于它的半衰期较长，事故发生 300 年后，它的活度将超过$^{137}$Cs，显著减缓了"禁区"内的自然净化。

县的两座核电站(福岛第一核电站和第二核电站)。根据官方的政府报告(NAIIC,2012),所有的核反应堆在地震后安全停止。然而,地震发生后不久,高过 14 m 的海啸波浪越过海堤涌入核电站。在福岛第一核电站,六个核反应堆中有四个失去了冷却功能,因为所有的应急备用发电机都被巨大的海啸摧毁或耗尽。随后,三个核反应堆发生了核熔毁,反应堆容器外发生了氢气-空气化学爆炸。

由于这次事故,大量的裂变产物,主要是$^{131}$I、$^{134}$Cs 和$^{137}$Cs,被释放到海洋和大气中。日本核工业安全局估计,泄漏的放射性物质总量为 770000 TBq,核安全委员会(TEPCO,2011)估计为 570000 TBq。Steinhauser 等(2014)报道,切尔诺贝利事故泄漏的放射性物质总量约为 5300000 TBq,福岛事故约为 5200000 TBq。这些数字意味着福岛事件的长期影响明显低于切尔诺贝利。然而,事故造成的威胁几乎相当,尤其是从核电站向西北方向扩散的放射性物质使一大片地理区域受到高度污染。3月 11 日晚,日本政府宣布进入核紧急状态。当天,疏散令最初发布到核电站 3 km半径内的地区,直到 3 月 15 日,疏散令才扩大到 30 km 半径。3 月 12 日上午,市政办公室对居民进行了集体撤离。与此同时,许多可以开车的居民也独自撤离。

核事故发生后,政府机构开始用飞机、直升机和汽车精确测量空中的辐射水平。此外,还在福岛县安装了至少 1600 个监测站,持续监测辐射水平。与切尔诺贝利事件相比,福岛高污染地区的地理范围是有限的(Imanaka,2016;Steinhauser et al.,2014)。然而,$^{137}$Cs 预计将保持很长一段时间(图 2.1)。

2012 年 4 月,核反应堆被确认冷却后,根据截至 2012 年 3 月的年度辐射剂量,疏散区被重组为三个区域:①预计居民长期难以返回的区域(超过 50 mSv/年);②不允许居民居住的区域(20～50 mSv/年);③疏散令已准备解除的地区(低于 20 mSv/年)。日本政府根据 ICRP 出版物第 111 号(ICRP,2009)的建议,接受了在恢复期 20mSv/年的规则,而切尔诺贝利事故后引入的是 5 mSv/年(或 70 年 350 mSv)规则。在疏散区内 1150 km$^2$ 的区域内,总人口为 81291 人。其中,24814 人居住在污染最严重的地区(50 mSv/年以上),面积为 337 km$^2$(Team in Charge of Assisting the Lives of Disaster Victims,Cabinet Office,2013)。2015 年,部分疏散地区解除了疏散令,但 5 个城市仍完全在疏散区内,另有 3 个城市部分被纳入疏散区。在所有疏散地区,以前的居民未经特别许可不得过夜。在污染最严重的地区,所有通往该地区的入口道路都被封锁,以前的居民现在也不允许进入。

在受福岛灾害影响的地区,大规模的净化正在进行中(Ministry of Environment,2017)。事实上,由于自然退化和灾后清除污染的工作,部分疏散地区符合取消疏散命令的标准;年空气剂量已降至 20 mSv 以下时,与各城市密切协商,可以重建超市、医院、邮局等基础设施和基本设施(Nuclear Emergency Response Headquarters,2015)。在解除疏散命令的地区,允许以前的居民返回。另一方面,在污染水平最高的地区,预计居民将在很长一段时间内不被允许进入。然而,日本政府修改了立法,试图通过选择优先地点进行密集净化和重建,并命名为"重建基地",以鼓励居民在 5 年左右的时间里回到那里。

# 2.4 数据与方法

这项研究分析并绘制了切尔诺贝利(1979—2010)和福岛(2005—2015)受灾地区的人口普查数据。切尔诺贝利受灾地区在地区一级的人口趋势是根据灾害发生后 30 年的人口普查得出的。除了苏联的最后两次人口普查(1979 年和 1989 年),也使用了苏联解体后[①]的国家人口普查,不过要注意到它们在时间和方法上的差异。这些国家包括 1999 年和 2009 年的白俄罗斯、2001 年的乌克兰、2002 年和 2012 年的俄罗斯。为了进一步了解乌克兰 2001 年的人口普查数据,还包括了 2010 年登记的居民人口数量和组成数据,因为乌克兰在 2001 年以后直到本书[②]出版之前没有再进行人口普查。

这项调查使用了一个统一的空间系统,包括 846 个基于地区级数据的单元。该数据没有涉及乌克兰和白俄罗斯全境以及俄罗斯西部 9 个地区(州)的行政边界变化(图 2.1)。这一范围更广的地区包括疏散区以及疏散者接收地点,切尔诺贝利事故后的疏散和安置可能对人口统计进程产生根本影响。为准确确定灾害影响,每个空间单元(地区)面积中$^{137}$Cs 污染区域所占的份额被考虑在内,并使用 ArcGIS 进行计算。辐射水平数据由 UNSCEAR(2000)提供。

福岛受灾地区的疏散工作仍在进行,了解事故后的流离失所情况是一项艰巨的任务。居民登记和疏散人员问卷调查是重要的数据来源。然而,在撰写本章时,前者仅提供有关已登记居民的信息。后者的回复率目前在 50%~60%,而公布的表格数据不足以进行人口统计分析。日本公布的 2015 年人口普查结果中,调查表询问了人口特征以及五年前的居住地,提供了从高污染地区迁出的信息。这项研究的地理单位为市级。

由于人口普查数据的不足,该数据只能捕捉到在其现居住地连续居住至少三个月的夜间人口。尽管在此之后,疏散区域每年都在减少,临时游客也在增加,但我们无法利用普查数据来了解周边人口的变化。在日本,作为一种新的数据集形式,基于 7000 万手机用户位置的周边人口数据集被称为"移动空间统计",在 500 m 的网格单元水平上发布。数据集的技术细节在 Terada 等(2013)和 Oyabu 等(2013)的研究中进行了说明。周边人口数据集显示了 2015 年 6 月和 2016 年 6 月每小时人口的平均值。由于没有事故前的周边人口数据,因此通过在相同的 500 m 网格单元水平上结合 2010 年人口普查数据来了解 2010—2015 年人口地理分布变化。

---

① 苏联于 1991 年解体。
② 指本书原版。

## 2.5　人口对区域尺度的影响

### 2.5.1　切尔诺贝利灾害——三十年的转变

切尔诺贝利灾害发生地 Polesye 地区的人口自 1970 年（Khomra，1989）以来一直在减少，先是适度减少，然后自 1986 年以来以较高的比率减少。灾害发生后 30 年的系列数据显示，尽管疏散措施可以追溯到 80 年代，切尔诺贝利事故的后果最典型地反映在 90 年代的人口变化趋势上（图 2.2）。一定程度上是因为在 1989 年的人口普查期间，也就是灾害发生三年后，许多人仍然待在疏散区，并在之后的几年里得到了永久住房。

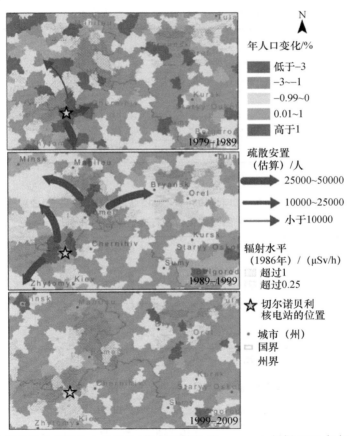

图 2.2　按地区分列的年平均人口变化（作者和制图：Karacsonyi，根据 1979 年与 1989 年苏联、2001 年乌克兰、1999 年与 2009 年白俄罗斯和 2002 年与 2010 年俄罗斯人口普查以及 2010 年乌克兰的法定人口计算，见彩图）

20 世纪 80 年代,乌克兰的人口年增长仅为 20 万。因为重新安置的浪潮 1986—1987 年调动了 10 万人,在接下来的十年里又调动了 10 万人,彻底改变了整个国家大部分地区的总人口格局。在白俄罗斯,80 年代人口每年增长大约 30000 人,而由于切尔诺贝利灾害,1986—1987 年有 25000～30000 人重新定居,90 年代又有 10 万～13 万人口重新定居,而整个国家人口不过 1000 万。由于疏散影响了全国 1%～1.6% 的人口,所以影响更为显著。乌克兰和俄罗斯的对应数字分别为 0.4% 和 0.04%。即使在 2010 年,白俄罗斯居住在污染区的人口比例也最高(表 2.3 和表 2.4)。没有其他国家经历过如此严重的核事故影响。考虑到大量人口被重新安置,接受安置的地区,特别是主要城镇及其周边地区,在 90 年代出现了相对有利的人口趋势。

**表 2.3　2010 年统计的切尔诺贝利(1986 年)和福岛(2011 年)核事故中辐射剂量高于 0.25 μSv/h 的行政单位居民**

| 国家 | 受影响行政单位人口(2010 年)/人 | 受影响行政单位面积/km² |
|---|---|---|
| 白俄罗斯 | 2388700(34.4%) | 60463(46.3%) |
| 日本ª | 1875210(27.0%) | 9812(7.5%) |
| 乌克兰 | 1407811(20.2%) | 33860(25.9%) |
| 俄罗斯 | 1281781(18.4%) | 26400(20.2%) |
| 总计 | 6973502(100%) | 130535(100%) |

注:ª他们在灾害发生一年后才受到影响。

**表 2.4　2010 年统计的切尔诺贝利(1986 年)和福岛(2011 年)灾害后放射性污染高于 0.25 Sv/h 的国家人口和行政区划所占比例**

| | 国家 | 行政区划级别 | 占全国总人口/% | 占全国总面积/% |
|---|---|---|---|---|
| 1 | 白俄罗斯 | 区 | 25.1 | 29.1 |
| 2 | 乌克兰 | 区 | 3.1 | 5.6 |
| 3 | 日本ª | 直辖市 | 1.5 | 2.6 |
| 4 | 俄罗斯 | 区 | 0.9 | 0.2 |

注:ª他们在灾害发生一年后才受到影响。

在调查这三个国家的受影响地区时,只有在 20 世纪 90 年代才明显看出人口变化取决于放射性污染地区的比例(表 2.5)。1989—2001 年,整个乌克兰和白俄罗斯的内部人口变化在很大程度上受到安置措施的影响,而不是自然变化或其他类型的内部迁移。俄罗斯受影响地区的人口减少并不显著。由于苏联解体,大量来自其他共和国的俄罗斯民族政治难民来到这些地区并定居,抵消了灾害造成的向外移民(Veselkova et al.,1994)。

表 2.5　污染表面份额(>1 μSv/h)与行政单位及选择人口指标的相关性

| 调查区域 | 行政单位的数量/个 | 1989—2000年人口变化率/% | 2000—2010年人口变化率/% | 2000—2010年城市人口变化率/% | 2000—2010年农村人口变化率/% | 2000—2010年城市化水平的变化率/% | 2010年人口密度变化率/% | 2010年农村人口密度变化率/% |
|---|---|---|---|---|---|---|---|---|
| 所有地区 | 846 | −0.23 | −0.15 | 0.19 | −0.12 | 0.28 | −0.30 | −0.41 |
| 白俄罗斯 | 119 | −0.88 | −0.13 | 0.31 | −0.27 | 0.52 | −0.37 | −0.49 |
| 俄罗斯[a] | 177 | −0.21 | −0.08 | 0.06 | −0.09 | 0.05 | −0.24 | −0.05 |
| 乌克兰[a] | 239 | −0.74 | −0.35 | 0.15 | −0.46 | 0.64 | −0.31 | −0.67 |

注:[a]只计算存在超过 1 μSv/h 的污染点或距离最近的污染点 200 km 以内的地区。

从 21 世纪初开始,并没有发现人口变化与污染区比例之间有显著相关性。人口安置的"浪潮"在 21 世纪初趋于平静,甚至可以发现有移民回到原来的地方。白俄罗斯污染区的几个小城镇人口原已清空,如 Naroulia 和 Brahin 等,但又再次开始增长(表 2.6)。在这些经历了复杂重建的城镇,人们得到了国家的大量援助以及政府资助建造的公寓。在这样的小镇上,有小孩的年轻家庭数量惊人。因此,在污染区,人口城市化的速度比其他地区更快。这些地区已经成为白俄罗斯"城市化速度最快"的地区(表 2.5)。乌克兰的城市人口比例也在增加,但这也是由于它靠近基辅聚集区。

表 2.6　污染区部分城镇人口总量变化情况

| 国家 | 城镇 | 1989 年总人口/人 | 2000 年总人口/人 | 2010 年总人口/人 | 1989—2000 年的变化率/% | 2000—2010 年的变化率/% |
|---|---|---|---|---|---|---|
| 乌克兰 | Ovruch | 19121 | 17031 | 16792 | −11 | −1 |
| | Ivankiv | 10282 | 10563 | 9768 | 3 | −8 |
| | Poliske | 13786 | 0 | 0 | −100 | 0 |
| 白俄罗斯 | Lelchitsi | 8600 | 9700 | 8900 | 13 | −8 |
| | Hoyniki | 17100 | 15000 | 13100 | −12 | −13 |
| | Brahin | 5900 | 3400 | 3954 | −42 | 16 |
| | Naroulia | 11000 | 7200 | 8400 | −35 | 17 |
| | Vetka | 11000 | 7700 | 8200 | −30 | 6 |
| | Elsk | 9600 | 10400 | 9600 | 8 | −8 |
| | Chechersk | 9700 | 7400 | 7700 | −24 | 4 |
| | Petrikov[a] | 11800 | 11200 | 10200 | −5 | −9 |
| | Turov[a] | 15300 | 17100 | 16700 | 12 | −2 |
| 俄罗斯 | Novozubkov | 44845 | 43038 | 41745 | −4 | −3 |
| | Starodub | 18906 | 18643 | 18445 | −1 | −1 |

注:[a]污染区外。

切尔诺贝利事件没有改变区域人口动态的方向。即使没有切尔诺贝利事件,人口的减少也将是显著的,但它确实加快了这一进程。其实在灾害发生之前,这里的人口密度就很低,疏散只是加剧了这种状况。2010 年前后的自然人口数据(粗出生率和粗死亡率比)不再反映出与较高辐射水平的任何关联,说明灾后出生率的下降只是暂时的,与安置带来的不确定性有关。然而,这场灾害从根本上改变了城市化进程和村庄网络。偏远地区的小村庄大量消失,而小城镇和次级城市中心则变得相对"稳定"。

Polesye 地区的负人口过程,加上灾害造成的外迁和安置,使该地区的人口空间出现一个巨大的空洞,尤其是农村地区人口密度的变化非常大。疏散区以外的地区也成为白俄罗斯和乌克兰人口最稀少的地区(图 2.3)。

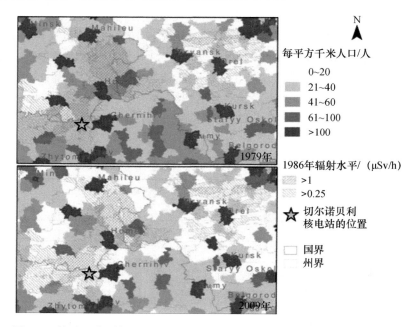

图 2.3  按地区分列的人口密度(作者和制图:Karácsonyi,基于 1979 年苏联、2009 年白俄罗斯、2010 年俄罗斯人口普查以及 2009 年乌克兰法定人口计算,见彩图)

## 2.5.2  福岛——最近的人口变化过程

福岛县沿海地区核电站建设后,区域人口结构发生了根本性的变化。Kajita (2014)在富冈镇进行的案例研究显示,居民构成有三部分:①在核电站建设之前就居住在这里的人;②为建筑和电力行业工作而移民的"新来者",已经定居很长一段时间;③东京电力公司和其他相关公司派驻的短期居住者。总的来说,在 20 世纪 70 年代,随着人们外出工作,人口总数有所增长。然而,在 1990—2000 年又逐渐下降或趋于稳定。随着人口总数的下降,老年人(65 岁及其以上)的比例在 2010 年上升到

20%～30%。

核事故对区域人口结构的影响几乎是不可逆转的。如上所述，集体疏散是由市政府组织的，被疏散者暂时住在磐城、福岛、郡山和二本松等附近主要城市的市政厅、学校和酒店。双叶是一个例外，选择了位于它南部约 200 km 处的琦玉县作为疏散地。可以理解的是，一些在疏散区外的人走得更远，暂时住在朋友或亲戚家里，然后自己找新房子。据官方统计，2012 年 5 月，包括强制疏散和自愿疏散在内的疏散总人数达到最高值（16.4 万人），截至 2017 年 2 月，仍有 7.9 万人被疏散（Asahi，2017a）。

在日本，市政当局为疏散人员提供了两种临时房屋：事故后专门建造的预制房屋和市政当局租赁的现有出租房屋。福岛县 2013 年最多提供 16800 套预制房屋，2012 年最多提供 25554 套出租房屋（Fukushima Prefecture，2017）。来自同一个城市的撤离者被安排住在同一个预制房屋综合体中，以保持原有的社区和人际网络（图 2.4）。从地图上可以看出，他们大部分都位于有基础设施且生活必需品易于购买的大城市。相比之下，租房家庭的具体空间分布情况没有公开报道，但根据事故前住房供给的位置，可以认为租房家庭分布较为分散，并且更靠近大城市。

2015 年，日本人口普查提供了事故发生后人们迁移的情况（图 2.5）。表 2.7 列出了居住在福岛县内外 5 个市区的疏散人口比例。这些市区在事故发生后几乎完全没人居住了。对于那些有人员不离开的县，给出了其现有居民的占比。通过分析年龄分组比例发现，越年轻的人越有可能离开福岛县。年龄在 40 岁以下的人中，约有30%～40%的人选择在福岛县以外的地方寻找新的居住地，比如东京市区和宫城县的仙台市。年轻人选择一个远离家乡的新地方，是因为他们没有足够多的经济和社会资本留在前居住地的附近地区（Isoda，2015）。

对于那些留在福岛县的人来说，他们可能会选择最近的大城市。以饭馆村为例，留在福岛县的居民中有60%～70%选择了 35 km 外的福岛市。富冈约有 40%的居民选择了磐城市。这些结果部分反映出 2015 年 9 月底（福岛县 2017 年）日本进行人口普查时，约有 55239 人仍居住在临时住房中。表 2.7 中的数字部分包括已经安置的人口。根据重建机构在 2015—2016 年的问卷调查（Asahi，2016），大约30%～40%的受影响家庭购买了新房，并在新的社区定居。此外，根据获得住房购置特别规定资助的人数来看，85%的人似乎在福岛县拥有了新房（Asahi，2016）。由于福岛市、磐城市等地的地价已经上涨或至少趋于平稳，新房的选址可能会在大城市。

大规模流离失所造成的人口突然增加无意中引起了接收城市居民的若干抱怨。例如，当地报纸报道，交通拥堵变得更加频繁，医院排队更长，房租上涨。还应该注意到，从福岛受影响地区疏散的初中生和高中生在学校经历了因核事故而受到的霸凌。不幸的是，核事故后的安置也使被疏散人员在新环境中也遇到了各种困难。图2.6 显示了被疏散人员所在的城市（红色），改变了 2010—2015 年这些定居点的人口

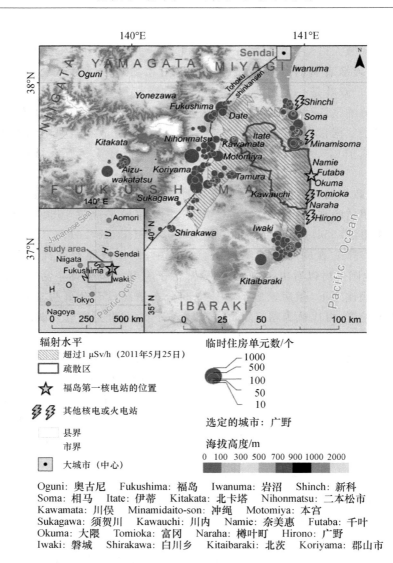

图 2.4　福岛县临时住宅综合体的分布（作者：Hanaoka；制图：Hanaoka 和 Karácsonyi，
数据来源 www. pref. fukushima. lg. jp/sec/41065d/juutakutaisaku001. html，见彩图）

变化趋势。

　　在福岛，受影响的市政当局正在规划疏散区外的几个安置点，但这似乎只是暂时的，而不是永久的安置。这是因为，首先，一些被疏散者希望回到自己的家乡；其次，在日本现行的地方政府体制下，受影响的市政当局在接收城市管理永久安置点方面实际上非常困难。有几个问题需要解决，比如是否允许双重居民登记，以及如何在各城市之间分享税收和公共服务（Tsunoda，2015）。因此，原则上，受影响的市政当局正在尽一切努力通过消除污染使居民能够返回家园。一些疏散区的疏散命

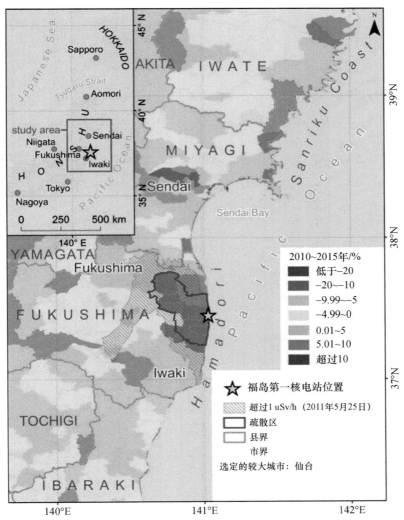

Sapporo：札幌市　　Aomori：青森县　　Niigata：新潟市　　Nagoya：名古屋
Fukushima：福岛　　Iwaki：岩城　　Tokyo：东京　　Sendai：仙台

图 2.5　各城市人口总量变化（作者及制图：Karácsonyi,
基于 2010 年、2015 年日本人口普查计算，见彩图）

令已经取消，由于自然降解和净化，辐射水平也有所下降。2017 年春，除污染最严重
地区外，饭馆村、川俣镇、浪江镇和富冈镇的大部分疏散区都解除了疏散令。事故发
生前，大约有 32000 人住在那里（Asahi,2017b）。截至 2017 年 4 月，被解除的疏散区
占事故发生后立即发布的初始疏散区的 70%。然而，许多人决定不回去了。他们不
仅担心辐射水平，而且担心便利设施（如商店、医院）和就业机会有限。例如，叶町镇
取消了所有地区的疏散令，覆盖该市 80% 的区域。根据该镇的官方记录（Naraha

表 2.7 按目的地分列的国内迁移者占比（根据 2010 年、2015 年日本人口普查数据）

| 目的地 | 单位 | 现年龄组/岁 | | | | | | | | |
|---|---|---|---|---|---|---|---|---|---|---|
| | | 5~14 | 15~29 | 30~39 | 40~49 | 50~59 | 60~69 | 70~79 | 80+ | 5+ |
| **富冈镇** | | | | | | | | | | |
| 福岛县外 | % | 31.9 | 35.7 | 30.4 | 28.7 | 23.6 | 23.1 | 19.2 | 20.2 | 26.9 |
| 福岛县 | % | 68.1 | 64.3 | 69.6 | 71.3 | 76.4 | 76.9 | 80.8 | 79.8 | 73.1 |
| 磐城市（43 km） | % | 38.6 | 36.9 | 40.3 | 39.7 | 46.4 | 41.9 | 42.7 | 43.7 | 41.3 |
| 郡山市（77 km） | % | 13.3 | 14.9 | 13.5 | 16.0 | 16.8 | 20.3 | 25.1 | 23.1 | 17.6 |
| 福岛市（95 km） | % | 3.3 | 2.4 | 4.3 | 2.0 | 1.8 | 2.4 | 1.6 | 3.5 | 2.6 |
| 会津若松市（124 km） | % | 2.0 | 0.9 | 1.6 | 1.4 | 0.8 | 0.4 | 0.5 | 0.6 | 1.0 |
| 小计 | 人 | 1137 | 1842 | 1564 | 1795 | 1888 | 2029 | 1255 | 1121 | 12631 |
| **大隈镇** | | | | | | | | | | |
| 福岛县外 | % | 31.5 | 33.2 | 32.0 | 28.7 | 20.8 | 23.3 | 16.8 | 20.5 | 26.4 |
| 福岛县 | % | 68.5 | 66.8 | 68.0 | 71.3 | 79.2 | 76.7 | 83.2 | 79.5 | 73.6 |
| 磐城市（50 km） | % | 36.7 | 37.6 | 36.4 | 37.3 | 45.4 | 42.1 | 43.4 | 41.7 | 40.0 |
| 郡山市（68 km） | % | 7.2 | 8.4 | 8.4 | 7.3 | 8.7 | 8.9 | 8.6 | 8.8 | 8.3 |
| 福岛市（95 km） | % | 2.0 | 2.0 | 2.1 | 3.1 | 3.3 | 2.0 | 1.1 | 2.8 | 2.3 |
| 会津若松市（116 km） | % | 13.1 | 10.7 | 9.1 | 13.5 | 11.2 | 14.3 | 20.4 | 16.1 | 13.1 |
| 小计 | 人 | 1105 | 1363 | 1273 | 1227 | 1378 | 1480 | 852 | 782 | 9460 |
| **双叶镇** | | | | | | | | | | |
| 福岛县外 | % | 52.6 | 49.6 | 48.8 | 41.6 | 32.9 | 39.2 | 30.4 | 34.3 | 40.7 |
| 福岛县 | % | 47.4 | 50.4 | 51.2 | 58.4 | 67.1 | 60.8 | 69.6 | 65.7 | 59.3 |
| 磐城市（58 km） | % | 27.0 | 25.5 | 26.0 | 29.8 | 36.0 | 27.6 | 31.6 | 32.3 | 29.5 |
| 郡山市（73 km） | % | 6.6 | 8.8 | 8.7 | 9.0 | 10.8 | 11.1 | 13.4 | 8.9 | 9.8 |

续表

| 目的地 | 单位 | 现年龄组/岁 | | | | | | | | |
| --- | --- | --- | --- | --- | --- | --- | --- | --- | --- | --- |
| | | 5~14 | 15~29 | 30~39 | 40~49 | 50~59 | 60~69 | 70~79 | 80+ | 5+ |
| 福岛市 (85 km) | % | 1.7 | 3.1 | 3.3 | 2.9 | **6.2** | **6.4** | **7.8** | **7.7** | 5.1 |
| 会津若松市 (120 km) | % | **1.9** | 1.0 | 1.1 | **2.0** | 0.6 | 0.5 | 1.4 | **1.6** | 1.2 |
| 小计 | 人 | 534 | 718 | 642 | 652 | 776 | 996 | 629 | 685 | 5632 |
| **浪江镇** | | | | | | | | | | |
| 福岛县外 | % | **40.0** | **38.8** | **36.5** | **30.9** | 23.6 | 23.9 | 20.5 | 22.1 | 28.8 |
| 福岛县 | % | 60.0 | 61.2 | 63.5 | 69.1 | 76.4 | 76.1 | **79.5** | **77.9** | 71.2 |
| 磐城市 (63 km) | % | 14.1 | 13.0 | **15.5** | 14.4 | **17.3** | 13.8 | 10.7 | 12.3 | 14.0 |
| 郡山市 (75 km) | % | 7.7 | 7.2 | **7.9** | 6.9 | **8.1** | 7.2 | 6.0 | 6.9 | 7.3 |
| 福岛市 (79 km) | % | 12.7 | 14.5 | 11.6 | **17.0** | **18.3** | 17.2 | **22.9** | **20.2** | 17.0 |
| 会津若松市 (126 km) | % | **2.9** | 1.0 | **2.7** | 1.4 | 0.5 | 0.8 | 1.2 | 1.3 | 1.3 |
| 小计 | 人 | 1499 | 2207 | 1868 | 1936 | 2567 | 2973 | 1994 | 1864 | 16908 |
| **饭馆村** | | | | | | | | | | |
| 福岛县外 | % | **12.4** | **12.7** | **9.4** | **7.3** | 3.4 | 3.0 | 3.7 | 4.8 | 6.6 |
| 福岛县 | % | 87.6 | 87.3 | 90.6 | 92.7 | **96.6** | **97.0** | **96.3** | **95.2** | 93.4 |
| 磐城市 (101 km) | % | 0.0 | **0.6** | 0.2 | 0.2 | 0.5 | 0.2 | 0.2 | 0.0 | 0.3 |
| 郡山市 (64 km) | % | 0.7 | 2.0 | **0.9** | 0.7 | 1.1 | 0.5 | 0.9 | 0.6 | 0.9 |
| 福岛市 (35 km) | % | **69.3** | **68.1** | 60.5 | **65.6** | 58.5 | 62.0 | **62.8** | 57.0 | 62.4 |
| 会津若松市 (104 km) | % | 1.4 | 0.6 | 1.2 | 0.2 | 0.0 | 0.0 | 0.0 | 0.0 | 0.3 |
| 小计 | 人 | 476 | 624 | 469 | 477 | 754 | 838 | 575 | 691 | 4904 |

注：1. 高于平均值（除 5+ 年龄组）的数值用黑体表示。

2. 括号中的距离是基于谷歌地图计算的两个市政办事处之间的最短路径。

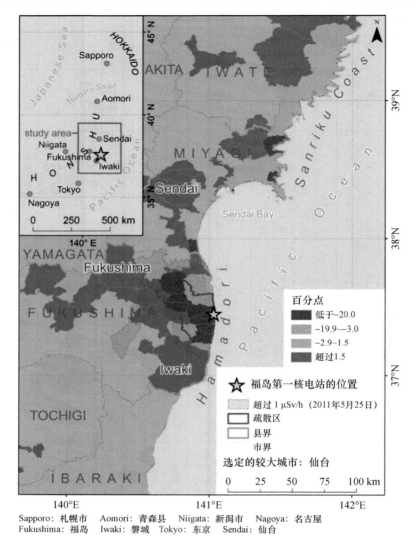

Sapporo：札幌市　　Aomori：青森县　　Niigata：新潟市　　Nagoya：名古屋
Fukushima：福岛　　Iwaki：磐城　　Tokyo：东京　　Sendai：仙台

图 2.6　2011 年后人口变化动态（2005—2010 年与 2010—2015 年人口变化差异）

（作者及制图：Karácsonyi，基于 2005 年、2010 年、2015 年日本人口普查数据计算，见彩图）

Town，2016），只有 781 人返回，相当于事故前总人口的 10.6％。其中，65 岁及以上老年人口的比例达到 53％（2010 年老年人口比例为 24％）。

年轻人在福岛县外重新定居，返回的移民大都是老年人。在年轻的家庭通常和他们的父母住在一起的地区，这一趋势伴随出现代际地理分离。此外，自 20 世纪 70 年代以来，核工业吸引了许多外来移民。很多第一代移民已经达到或即将达到退休年龄（65 岁）。因此，这些曾经从外地移民并定居了很长一段时间的人是否会选择再次返回，是一个难题。以农村和工业化地区混合为特征的灾前人口结构，使得对福岛受影响地区未来人口趋势的估算变得困难。

利用空间移动电话统计，我们绘制了 2016 年 6 月每 500 m 网格单元内每小时人口的平均值，并将其与 2010 年人口普查数据进行对比，分析其变化（图 2.7）。通过比较这两张地图，我们发现，在两个时间段内，高人口密度的网格单元疏散区域外地理分布基本保持不变，而在疏散区域内则几乎完全消失。特别是靠近火车站的城镇中心，没有出现人口密度分布高峰，意味着事故发生后人口密集的居民区不复存在。

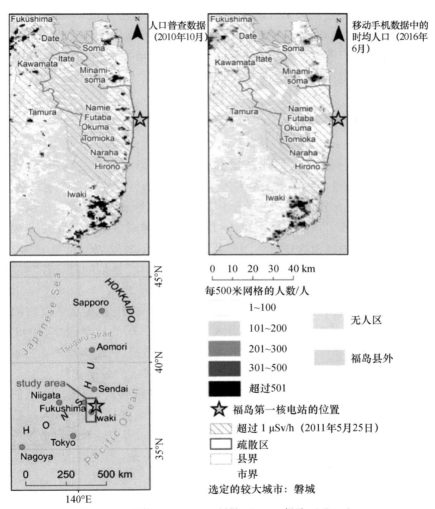

Fukushima: 福岛　Itate: 伊蒂　Kawamata: 川俣　Soma: 相马　Minamisoma:
Tamura: 田村　Namie: 奈美惠　Futaba: 千叶　Okuma: 大隈　Tomioka: 富冈
Naraha: 叶町　Hirono: 广野　Iwaki: 磐城　Sapporo: 札幌市　Aomori: 青森县
Niigata: 新潟市　Nagoya: 名古屋　Tokyo: 东京

图 2.7　人口普查和移动手机数据中的人口分布（作者：Hanaoka；
制图：Hanaoka 和 Karácsonyi，见彩图）

然而,在靠近核电站的大隈镇和富冈镇有几个人口密度较高的网格单元。这种人口分布与普查数据没有很好地重叠,表明大多数人是临时访客,比如核电站的工程和技术工人。

位于核电站周围 20 km 范围内的叶町镇,80% 的区域以前都被纳入疏散区。如前所述,2015 年 9 月解除了这些地区的疏散令后,叶町镇 472 个网格单元中,人口密度在 100 人以上的网格单元总数从 2015 年 6 月的 32 个网格单元增加到 2016 年 6 月的 41 个网格单元。这一结果可能表明,人们已经返回这些地区,或者人们可以比以前更频繁地进入这些地区,可能是为返回做准备。日本的人口普查每五年进行一次,它无法捕捉到人口变化的这种时间动态。利用移动手机空间统计,可以持续监测和探索疏散令解除后的疏散区重建进度。

# 2.6 讨论和建议

核灾害后的大规模流离失所比核辐射本身,对受影响人口的健康、自然生育和经济表现的影响要大得多。根据文献和本研究的结果,可以将相关影响总结如下:

(1)在福岛和切尔诺贝利事件中,由于事故的区域性影响,导致污染区人口大量流失,并通过疏散加速了周边主要城市人口的集中。被疏散的社区遭受了创伤和破坏,面临着由于援助地区没有任何空间或社会归属感而造成的挑战(第 11 章)。接收社区面临人口增长和迁入的疏散者引起的构成急剧变化,他们的融合往往以社会隔离和边缘化告终。

(2)出现城市化的强烈空间转移,因为城市中心为撤离者甚至是以前的农村居民提供了更好的社会经济恢复和重新融入(就业、更广泛的社交网络)的机会(Voloshin et al.,1996;IOM,1997)。Carson 等(第 5 章)强调,其他类型的灾害也会促进城市化,因为城市地区为人们提供了更多的机会来应对这些后果。

(3)大规模移民在灾害发生后的 5~10 年里,大量疏散人口在迁移,他们通常会暂时待在一个地方,经历多个迁移步骤,直到安顿下来。在某些地区,人口趋势可能在这 10 年中走向完全不同的方向。这给当地住房市场、服务业和政府政策带来了挑战。后来,这些变化变得越来越不重要。一些人留了下来,但大多数人(主要是年轻家庭)在受影响地区以外的城市地区开始了新生活。

(4)10 年后,受影响地区的某些地区迁移已达到正平衡,主要是由于清理工人、科学家,甚至游客和定居者以及返乡老人的出现。因灾造成的人口密度极低的地区短期人口数量的变化可能很大。人口迁移趋势受到就业机会的影响。易受辐射影响的部门,如农业、渔业、食品工业正在减少(IOM,1997;UNDP,2002b);而其他需求较少或可以轮换劳动力的部门,如林业或核废料储存部门则得以维持。卫生保健、工程、科学和建筑领域的新工作也具有代表性。

（5）老人返乡迁移或留在原地更为常见。首先，因为对这个地方有更高的依恋，而且因为年龄原因，他们在其他地方开始新生活的灵活性较差。他们的预期终身暴露量也远低于青少年人口。因此，他们更有可能接受在这些污染地区与生活相随的风险。最近在白俄罗斯也有向污染区移徙的现象，但这是政府吸引新移民的政策造成的，而不是老年人口的回归。

与切尔诺贝利事件不同的是，在福岛，受影响地区以外的永久安置地点没有被组织起来，相反，广泛的去污工作和较高的可接受辐射阈值使疏散者能够在核事故发生后 6 年左右的时间内合法地返回自己的家园。这在 $^{137}$Cs 污染水平较低并且没有高风险的反式铀元素情况下也成为可能。根据一些专家（Hjelmgaard，2016）的说法，在 $^{131}$I 和 $^{137}$Cs 阶段之后（IOM，1997），第三阶段 $^{241}$Pu-$^{241}$Am 相关的放射性物质在切尔诺贝利已经开始衰变，其健康后果尚未被认识和理解。考虑到辐射生态条件、重建政策和时间框架的不同，福岛核事故可能显示出与切尔诺贝利不同的人口后果。相反，福岛返回率很低造成人口密度的大幅度下降，这一点与切尔诺贝利相似。

根据世界核协会（World Nuclear Association，2018）的数据，核事故发生的概率很低，而且还在不断下降。尽管以前无法预见的情况可能会导致核工业发生事故（Labaudiniere，2012），但仍需要进行大规模人群疏散，甚至永久迁移。根据过去流离失所的后果，为未来可能遭受灾害的地区制定安置和再发展政策时应考虑以下几点。以下大部分在切尔诺贝利事件后没有被考虑，但在福岛事件后的大规模迁移中被遵循，显示出明显的政策改进和更好的决策适应情况。

（1）在快速启动阶段，有必要进行计划良好的短期疏散（$^{131}$I 阶段），这在应对灾难发生时的大量暂时或永久性的住房以及财政和社会援助后果时是必需的。这是灾后 1～2 年内最重大的挑战。切尔诺贝利以及某种程度上的福岛疏散措施在这一阶段都失败了。

（2）在缓慢启动阶段，必须明确区分临时流离失所和永久流离失所，并相应地规划社区未来（$^{137}$Cs 阶段，灾难发生后的 2～50 年）。永久的大规模迁移只能被看作是应对核灾害后果的最终解决办法。与低水平辐射暴露造成的健康问题导致的人口改变相比，它可能造成更大、更长的人口变化。如果人们决定搬迁，应向他们提供有关威胁的可靠信息和援助。另一方面，如果人们决定这样做，应该允许他们承担风险，但有必要给予补偿。

（3）迁移、停留或返回的意图具有很强的年龄特异性，返回迁移应得到相应的支持。基础设施重建应根据人口向老龄化群体的转变进行规划，例如建立更多的养老院、医院而不是托儿所。低返回率、人口密度下降、定居系统向人口集中和城市化方向转移也是常见的后果。因此，基础设施的更新、重建（公路、铁路连接）应该以这些区域为目标。

总之，从这项研究中得到的最重要的教训是，计划不周的大规模流离失所会造成比灾害本身更大的经济损失。在这方面，切尔诺贝利和福岛的灾害管理有明显的不同。切尔诺贝利事件后人口流离失所的政策缺乏以往关于辐射对大量人口健康影响的经验。分区制的行政僵化和基础设施重建和再发展缺乏财政来源(第 11 章)进一步加速了切尔诺贝利的人口减少和经济损失。切尔诺贝利事件中获得的知识和经验帮助了福岛的决策。近年来,或许由于福岛灾区的辐射水平较低,而且没有反式铀同位素的排放,许多乡镇向返乡者开放。切尔诺贝利区的长期存在很大程度上助长了一种错误的观点,即所有的人口后果是由"死亡区"内及其周围出现的看不见的辐射威胁造成的。这造成整个地区的负面形象,使得区域再开发更加困难。

## 参考文献

ABBOTT P,WALLACE C,BECK M,2006. Chernobyl: living with risk and uncertainty[J]. Health,Risk& Society,8(2):105-121.

Asahi,2016. Genpatsu hinan fueru teiju: baisho susumi fudosan shotoku nanasenken cho(in Japanese)(Resettlements of evacuees from the nuclear accident are increasing: compensationprogressed and house acquisitions exceeded 7000 cases)[N]. (2016-02-21). Asahi Newspaper,Morning 21st February 2016.

Asahi,2017a. Hinan kenmin 8man nin kiru(in Japanese)(The number of evacuees from Fukushima prefecture dropped below 80000 people)[N]. (2017-02-21). Asahi Newspaper,Morning 21st February 2017.

Asahi,2017b. Genpatu hina,konshun 4 choson 3. 2 man nin kaijo: konnan kuiki nao 2. 4 man nin(in Japanese)(Evacuation from the nuclear accident,4 municipalities will be lifted this spring and the total number of evacuees are 32000 people. Still 24000 evacuees of "difficult-to-return"zone)[N]. (2017-02-28). Asahi Newspaper,Morning 28th February 2017.

BALONOV M,CRICK M,LOUVAT D,2010. Update of impacts of the chernobyl accident: assessmentsof the Chernobyl forum(2003-2005)and UNSCEAR(2005-2008)[R]. Proceedings of Third-European IRPA Congress 2010 June 14-16,Helsinki,Finland.

BARANOVSKY M O,2010. Silski depresivni teritorii Polissia: osoblivosti rozvitku ta sanacii(in U-krainian)(Rural depressive areas in Polissia: development characteristics and improvement)[D]. Nizhin: Nizhin Gogol State University.

BAVERSTOCK K,WILIAMS D,2006. The Chernobyl accident 20 years on:an assessment of the health consequences and the international response[J]. Environmental Health Perspectives,114 (9):1312-1316.

BRENOT J,CHARRON S,VERGER P,2000. Mental health effects from radiological accidents and their social management[R/OL]. 10th international congress of the International Radiation Protection Association Hiroshima,Japan. pp. 10-165. Accessed on-line 27. 11. 2019: https://www. irpa. net/irpa10/cdrom/00633. pdf.

CERNEA M,2004. Impoverishment risks,risk management,and reconstruction: a model of population displacement and resettlement[R/OL]. UN Symposium on Hydropower and Sustainable Development，https://commdev. org/pdf/publications/Impoverishment-Risks-Risk-Management-and-Reconstruction. pdf.

European Commission，2011. Recent scientific findings and publications on the health effects of Chernobyl[R/OL]. Radiation protection No. 170. Luxembourg. https://ec. europa. eu/energy/sites/ener/files/documents/170. pdf.

Fukushima Prefecture，2017. Fukushima prefecture [EB/OL]. https://www. pref. fukushima. lg. jp/uploaded/life/256620_601558_misc. pdf.

Greenpeace，2006. The Chernobyl catastrophe consequences on human health[R/OL]. Greenpeace，Amsterdam. https://www. sortirdunucleaire. org/IMG/pdf/greenpeace-2006-the_chernobyl_catastrophe-consequences_on_human_health. pdf.

HATCH M，RON E，BOUVILLE A，et al，2005. The Chernobyl disaster：cancer following the Accident at the Chernobyl nuclear power plant[J]. Epidemiologic Reviews，27(1)：56-66.

HJELMGAARD K，2016. Exiled scientist：Chernobyl is not finished，it has only just begun[N/OL]. (2016-04-17). USA Today. https://www. usatoday. com/story/news/world/2016/04/17/nuclear-exile-chernobyl-30th-anniversary/82896510/.

HUGO G，2008. Migration，development and environment[R]. IOM Migration Research Series. Geneva.

IAEA，2006. Chernobyl's legacy：health，environmental and socio-economic impacts and recommendations to the governments of Belarus，the Russian Federation and Ukraine[R/OL]. IAEA，Vienna. https://www. iaea. org/Publications/Booklets/Chernobyl/chernobyl. pdf.

IAEA-WHO-UNDP，2005. Chernobyl：the true scale of the accident[EB/OL]. https://www. who. int/mediacentre/news/releases/2005/pr38/en/.

ICRP，2009. Application of the commission's recommendations to the protection of people living in long-term contaminated areas after a nuclear accident or a radiation emergency[R]. ICRP(International Commission on Radiological Protection)Publication 111. Ann. ICRP 39(3).

IMANAKA T，2016. Chernobyl and Fukushima：comparison of accident process and radioactive contamination[J]. Kagaku，86(3)：252-257.

IOFFE G，2007. Belarus and Chernobyl：separating seeds from chaff[J]. Post-Soviet Affairs，23(2)：1-14.

IOM，1997. Ecological migrants in Belarus：returning home after Chernobyl[R/OL]? IOM，Geneva. https://publications. iom. int/system/files/pdf/return_chernobyl_0. pdf.

ISODA Y，2015. Fukushima daiichi gennshiryoku hatudensho jiko ni yoru hinansha no seikatu tosentaku teki ido：jinteki shihon ron ni moto duku "Okuma machi fuko keikaku chomin ankeitono bunseki(in Japanese)(Refuge life of evacuees from the Fukushima nuclear accident and their selective migration：analysis of Okuma Town survey based on human capital theory. )[M]//YOSHIHARA N，NIHEI Y，MATSUMOTO M. Records of the Victims' Refuge Lives in the Great EastJapan Earthquake. Tokyo：Rikka Press.

JAWOROWSKI Z，2010. Belarus to repopulate Chernobyl exclusion zone[J]. Nuclear Update，2010 (Summer)：46-47.

KAJITA S,2014. Establishment of nuclear power stations and reconfiguration of local society and e-conomy: a case study of Tomioka,Fukushima Prefecture[J]. Geographical Review of Japan Se-riesA,87(2):108-127.

KHOMRA A U,1989. Rural depopulation trends in the Ukrainian SSR: The delimitation and spa-tial differentiation[R]//STASIAK A,MIRÓWSKI W. The process of depopulation of rural areas in Central an Eastern Europe. Polish Academy of Sciences,Institute of Geography and Spatial Or-ganisation,Warsaw pp. 173-182.

LABAUDINIERE M S,2012. Three Mile island,Chernobyl,and the Fukushima Daiichi nuclear cri-ses[D]. Boston:Boston College.

LAKIZA-SACHUK N N,OMELIANETS N I,PYROZHKOV S I,1994. The significance of the so-ciodemographic consequences of the Chernobyl disaster for Ukraine: current situation and pros-pects[R]. Working Paper No. 20. National Institute for Strategic Studies,Kiev.

LAVELL C,GINNETTI J,2013. Technical paper: the risk of disaster-inducted displacement. Cen-tral America and the Caribbean[R]. Internal Displacement Monitoring Centre(IDMC). Geneva. Norwegian Refugee Council.

LEHMAN H,WADSWORTH J,2009. The impact of Chernobyl on health and labour market per-formance in the Ukraine[R]. Discussion Paper No. 4467. Institute for the Study of Labor,Bonn.

LEHMAN H,WADSWORTH J,2011. The impact of Chernobyl on health and labour market Per-formance[R]. CEP Discussion Paper No 1052. Centre for Economic Performance.

LIBANOVA E M,2007. Chornobyl skaya katastrofa: 25 Rokiv Potomu(in Ukrainian)(Chernobyl Disaster: 25 Years After)[J] Demografiya ta Socialna Ekonomica,2(16):3-18.

LINGE I,MELIKHOVA I,PAVLOVSKI O,1997. Medico-demographic criteria in estimating the consequences of the Chernonyl accident[R/OL]// One decade after Chernobyl: summing up the consequencesof the accident. Poster presentations—Volume 1 International Conference 8-12 A-pril1996, Vienna. https://www. iaea. org/inis/collection/NCLCollectionStore/_ Public/28/073/28073807. pdf.

LOCHARD J,1996. Psychological and social impacts of post-accident situations: lessons from the Chernobyl accident-International Congress on Radiation Protection,Vienna[EB/OL]. https://www. irpa. net/irpa9/cdrom/VOL. 1/V1_10. PDF,pp. 105-111.

MALKO M V,1998. Social aspects of the Chernobyl activity in Belarus-research activities about the radiological consequences of the Chernobyl NPS accident and social activities to assist the suffer-ers by the accident, Kyoto[R/OL]. https://www. rri. kyoto-u. ac. jp/NSRG/reports/kr21/kr21pdf/Malko3. pdf,pp. 24-37.

MARPLES D R,1993. A correlation between radiation and health problems in Belarus[J]? Post So-viet Geography,34(5):281-292.

MARPLES D R,1996. Belarus: from soviet rule to nuclear catastrophe[M]. New York: St Martin's Press.

MESLE F,PONIAKINA S,2012. Prypiat died-long live Slavutych: mortality profile of population evacuated from Chornobyl exclusion zone[EB/OL]. https://cdn. uclouvain. be/public/Exports%

20reddot/demo/documents/MeslePoniakina. pdf.

Ministry of Environment,2017. Decontamination[EB/OL]. https://josen. env. go. jp/en/decontamination/.

NAIIC,2012. The official report of the Fukushima nuclear accident independent investigation commission. National diet of Japan Fukushima nuclear accident independent investigation commission (NAIIC)[R/OL]. NAIIC . https://warp. da. ndl. go. jp/info:ndljp/pid/3856371/naiic. go. jp/en/report/.

Naraha Town,2016. Naraha Town [EB/OL]. https://www. town. naraha. lg. jp/information/genpatu/001261. html.

Nuclear Emergency Response Headquarters,2015. For accelerating the reconstruction of Fukushima: from the nuclear disaster(revised)[R/OL]. https://www. meti. go. jp/earthquake/nuclear/kinkyu/pdf/2015/0612_02. pdf.

OECD,2002. Chernobyl: assessment of radiological and health impacts. 2002 Update of Chernobyl: ten years on[R/OL]. Nuclear Energy Agency. Organisation for Economic Co-operation and Development. https://www. oecd-nea. org/rp/pubs/2003/3508-chernobyl. pdf.

OLIVER-SMITH A,1996. Anthropological research on hazards and disasters[J]. Annual Review of Anthropology,1996(25):303-328.

OLIVER-SMITH A,2009. Climate change and population displacement: disasters and diasporas in the twenty-first century[M]//CRATE S A,NUTTAL M. Anthropology and climate change: from encounters to actions. Walnut Creek: Left Coast Press,CA.

OLIVER-SMITH A, 2013. Catastrophes, mass displacement and population resettlement[M]// BISSEL R. Preparadness and response for catastrophic disasters. London,New York,Boca Raton: CRC Press,Taylor&Francis Group.

OMELIANETS N I,MIRETSKI G I,SAUROV M M,et al,1988. Medical demographic consequencesof the Chernobyl accident. Medical aspects of the Chernobyl accident[R/OL]. A technical document issued by the International Atomic Energy Agency. IAEA-Tecdoc-516. Vienna. https://www-pub. iaea. org/books/IAEABooks/771/Medical-Aspects-of-the-Chernobyl Accident-Proceedings-of-the-All-Union-Conference-Kiev-USSR-11-13-May-1988,pp. 315-325.

OMELIANETS N,BAZYKA D,IGUMNOV S,et al,2016. Health effects of Chernobyl and Fukushima: 30 and 5 years down the line[R]. Greenpeace,Brussels.

OYABU Y,TERADA M,YAMAGUCHI T,et al,2013. Evaluating reliability of mobile spatial statistics[J]. NTT DOCOMO Technical Journal,14(3):16-23.

PEPLOW M,2006. Counting the dead[J]. Nature,440(20):982-983.

Reconstruction Agency,2016. Gensiryoku hisai jichitai ni okeru jumin iko chosa kekka(in Japanese) (Results of questionnaire survey about the residents in municipalities affected by the nuclear accident)[EB/OL]. https://www. reconstruction. go. jp/topics/main-cat1/sub-cat1-4/ikoucyousa/.

ROBINSON C,2003. Overview of disaster[R]//ROBINSON C,HILL K. Demographic methods in emergency assessment. A guide for practitioners. Center for International Emergency, Disaster and Refugee Studies(CIEDRS) and the Hopkins Population Center: Johns Hopkins University

Bloomberg School of Public Health, Baltimore, Maryland.

ROLEVICH I V, KENIK I A, BABOSOV E M, et al, 1996. Report for Belarus[R]//One decade after Chernobyl. Summing up the consequences of the accident. Proceedings of an International Conference Vienna, IAEA.

RUMYANTSEVA G M, DROTTZ-SJOBERG B M, ALLEN P T, et al, 1996. The influence of social and psychological factors in the management of contaminated territories[R]// KARAOGLOU A, et al. The radiological consequences of the Chernobyl accident. Minsk, European Commission, pp. 443-452.

SHESTOPALOV V M, NABOKA M V, BOBYLOVA O A, et al, 1996. Influence of ecological factors on the morbidity among the Chernobyl accident sufferers[R]//"Ten Years after the Chernobyl Catastrophe" Proceedings of International Conference, UNESCO, Minsk. pp. 101-109.

STEINHAUSER G, BRANDL A, JOHNSOM T E, 2014. Comparison of the Chernobyl and Fukushimanuclear accidents: a review of the environmental impacts[J]. Science of the Total Environment (470-471): 800-817.

Team in Charge of Assisting the Lives of Disaster Victims, Cabinet Office, 2013. Kikan konnanchiiki ni tsuite(in Japanese)(About areas where it is expected that the residents have difficulties in returning for a long time)[EB/OL]. https://www. mext. go. jp/b_menu/shingi/chousa/kaihatu/016/shiryo/__icsFiles/afieldfile/2013/10/02/1340046_4_2. pdf.

TEPCO, 2011. Investigation committee on the accident at the Fukushima nuclear power stations of Tokyo Electric Power Company(TEPCO)[R/OL]. Interim Report. https://www. cas. go. jp/jp/seisaku/icanps/eng/interim-report. html.

TERADA M, NAGATA T, KOBAYASHI M, 2013. Population estimation technology for mobile spatial statistics[J]. NTT DOCOMO Technical Journal, 14(3): 10-15.

TORCH, 2006. The other report on Chernobyl[R]. The Greens in the European Parliament. Berlin, Brussels, Kiev.

TORCH, 2016. An independent scientifc evaluation of the health-related effects of the Chernobyl nuclear disaster[R]. GLOBAL 2000/Friends of the Earth, Vienna.

TSUNODA H, 2015. Genpatsu jichitai no chogai komyunithi koso to jichitai saiken no kadai(in Japanese)(Planning a new community outside a municipality affected by the nuclear accident and issues for reconstructing the community)[R/OL]. Kenkyu to Hokoku, Jichiroren Institute of local-Government 107. https://www. jilg. jp/_ cms/wpcontent/uploads/2015/02/6d5b33ffbe0caa1faf28c3d7e50147e2. pdf.

TYKHYI V, 1998. Chernobyl sufferers in Ukraine and their social problems: short outline. Research activities about the radiological consequences of the Chernobyl NPS accident and social activities to assist the sufferers by the accident, Kyoto[EB/OL]. https://www. rri. kyoto-u. ac. jp/NSRG/reports/kr21/kr21pdf/Tykhyi. pdf, pp. 235-245.

UN, 2002. The human consequences of the Chernobyl nuclear accident, a strategy for recovery[R/OL]. United Nations. https://www. un. org/ha/chernobyl/docs/report. pdf.

UNDP, 2002a. The human consequences of the Chernobyl nuclear accident. A strategy for recovery

[R/OL]. Report by UNDP and UNICEF. https://www. iaea. org/sites/default/files/strategy_
for_recovery. pdf.

UNDP,2002b. Belarus national report[R/OL]. UNDP,Minsk. https://chernobyl. undp. org/eng-
lish/docs/blr_report_2002. pdf.

UNDP,2002c. Chernobyl recovery and development program:outcome evaluation[R/OL]. UNDP,
Kyiv. https://erc. undp. org/evaluation/documents/download/646.

UNSCEAR,2000. Sources and effects of Ionizing radiation. Vol. Ⅱ[R/OL]//ANNEX J. exposures
and effectsof the Chernobyl accident. UN,New York. https://www. unscear. org/docs/publica-
tions/2000/UNSCEAR_2000_Annex-J. pdf.

VESELKOVA I N,ZEMLYANOVA E V,SILINA Z D,1994. Some demographic tendencies in the
Russian Federation[J]. Health Care of the Russian Federation,3:30-33.

VOLOSHIN V,GUKALOVA I,RESHETNYK V,1996. Geographic aspects of the socio-economic
consequencesof the Chernobyl catastrophe in Ukraine[R]// UNESCO 1996 Ten Years after the
Chernobyl Catastrophe Proceedings of International Conference,Minsk,Belarus.

WHO,2006. Health effects of the chernobyl accident and special health programmes[R/OL]. Re-
port of the UN Chernobyl Forum. Geneva. https://www. who. int/ionizing_radiation/chernobyl/
who_chernobyl_report_2006. pdf.

WHO,2016. 1986-2016: Chernobyl at 30. An update[R/OL]. https://www. who. int/ionizing_ra-
diation/chernobyl/Chernobyl-update. pdf? ua=1.

World Nuclear Association,2018. Safety of nuclear power reactors[R/OL]. https://www. world-nuclear.
org/information-library/safety-and-security/safetyof-plants/safety-of-nuclear-power-reactors. aspx.

# 第 3 章　评估野火对迁徙的影响：
# 2017 年加州北湾大火

伊森·沙林（Ethan Sharygin）

**摘要**：本章研究了 2017 年 10 月发生在美国加利福尼亚州（以下简称"加州"）北部的一场森林大火。这场大火导致大量房屋损失（6874 座住宅建筑被摧毁或损坏）。为了评估迁移响应和目的地网络的规模，本章提出了一种方法，间接利用纵向学生数据库获得的离校和再注册数据获得公立学校在读学生的家庭数据。分析发现，少数受火灾影响的家庭已经搬离该地区。研究估计，在一个城市因中央火灾建筑群而流离失所的近 7800 人中，街区变化不到 1000 人，其中只有不到 500 人搬离了索诺玛县。这些发现也适用于其他造成大量住房损失但公共基础设施仍然完好无损的野火和局部灾害。

**关键词**：荒地-城市交界；野火；自然危害；迁移；管理数据

## 3.1　介绍

本章研究了 2017 年 10 月发生在加州北部的一场森林大火。这场大火导致大量房屋损失（6874 座住宅建筑被摧毁或损坏）。迁移响应的规模是未知的，时间和可能目的地的网络也是未知的。本章提供了一个标准的理论框架来理解火灾的发生频率和风险地点；还概述了"2017 年 10 月的火灾围困"事件以及引发火灾的条件，并对评估人口影响的可行方法进行讨论。本章提出了一种评估迁徙的方法，间接利用纵向学生数据库获得的离校和再注册数据获得公立学校在读学生的家庭数据。分析发现，少数受火灾影响的家庭已经搬离该地区。研究估计，在一个城市因中央火灾建筑群而流离失所的近 7800 人中，街区变化不到 1000 人，其中只有不到 500 人搬离了索诺玛县。这些方法和结果适用于地区大部分房屋被毁，但公共基础设施仍然完好无损的野火和局部灾害政策及研究。

3.1 节讨论了过去和 22 世纪加州野火风险的增长情况。3.2 节提供了索诺玛湖-纳帕单元（LNU）中心复杂火灾的背景，特别是最大的索诺玛县的塔布斯火灾。在 3.3 和 3.4 节中，评估流离失所人口的规模，并讨论之前关于评估迁移的研究。随

伊森·沙林（Ethan Sharygin），美国波特兰州立大学人口研究中心。E-mail：sharygin@pdx.edu。

后还介绍了一种估算人口迁移的新方法——"学校注册替代法"。最后，概述了上述方法的局限性，并确定了未来研究的方向。

## 3.2　背景

### 3.2.1　加州野火危害

灾害是加州历史的一个主要部分。在美国向加州扩张的过程中，地震、洪水、火灾和其他灾难在该州生活中频繁出现。1906 年旧金山地震和随后发生的火灾是一个悲剧，摧毁了约 28000 栋建筑，至少 20 万居民流离失所，500～3000 人死亡。1938 年洛杉矶的洪水摧毁了约 5600 栋建筑，造成 100 多人死亡。1989 年洛马普列塔地震和 1994 年诺斯里奇地震造成数千人受伤，以及数十亿美元的损失。1923 年伯克利和 1991 年奥克兰的野火摧毁了数千处住宅，证明了野火对加州城市和郊区的持续威胁。

灾害可大致分为两类：渐近性灾害和突发性灾害。渐进性灾害包括干旱、海平面上升、全球变暖等，突发性灾害包括火灾、洪水和地震等。突发性灾害对应用人口统计学家的预测和排序特别重要，主要是由于其破坏性和混乱后果以及人口统计数据在政府响应中起到重要作用。突发性灾害产生的直接后果包括大规模人员和资源调动。

本章以加州索诺玛县 2017 年底发生的一系列火灾为例进行分析。这些火灾导致 1 万多人流离失所。这一事件对计算 2018 年 1 月 1 日每个县和市的人口以及估算受影响人口的规模和因火灾流离失所人群的迁移模式构成了巨大挑战。

虽然应对野火的迁移是目前研究的重点，但更广泛的灾害人口统计学应考虑灾害的结局和脆弱性的差别（见第 4、6 和 10 章）。以野火为例，浓烟可能对公众健康产生重大影响。公平问题也很重要。气候变化扩大了风险的地理范围，并改变了受影响人群的人口结构（第 8 章）。研究不再局限于偏远地区或度假屋，特别是易受野火影响的地区，危害类型可能正在从渐进的危害逆转为回归的危害（Davies et al.，2018；Baylis et al.，2018）。

尽管加州有三分之一的森林，但其中许多森林的健康状况不佳，这是由一系列因素造成的，包括气候变化和森林管理政策的不适、误导或不协调等因素。Abatzogulou 等（2016）发现，1966 年至 2016 年期间，美国西部森林干旱增加因素的一半是由气候变化造成的，如果没有气候变化，火灾的累积面积仅仅是 1984 年至 2016 年间的一半。气候变化影响预计将继续增加火灾发生的频率和强度（Keyser et al.，2017；Moghaddas et al.，2018）。

加州 40% 以上的房屋都位于火灾风险较高的地区。这些房屋紧靠森林，被称为荒地-城市交界（简称 WUI；Hammer et al.，2007）。对受到自然的便利设施吸引的建筑商和潜在的居民来说，丘陵、森林和城镇外围地区都是理想的区域。尽管加州 WUI 地区仅占土地面积的 10%,1990—2010 年间该地区的住房增长率仅每十年约为 20%,而非 WUI 地区每十年的增长率仅为 10%(Radeloff et al.,2018)。这种情况导致出现更多的需要付出灭火努力的问题森林,也使越来越多的居民面临着越来越大的火灾风险。

### 3.2.2　2017 年火灾季和 LNU 综合火灾的条件

2017 年加州火灾最严重,共发生 436 起重大火灾,烧毁面积超过 63 万 hm²(CD-FFP,2019)。然而,2018 年的火灾,尤其是雷丁市附近的卡尔大火和将天堂城夷为平地的营火,成为该州历史上最致命(93 人死亡)和最具破坏性(65 万 hm²)的火灾。这一增长使得有必要开发一套可靠的工具来估计灾害对人口的影响。

特别关注的是包括塔布斯、南斯、阿特拉斯和其他一些火灾的 LNU 综合火灾。这三场火灾都发生在 2017 年 10 月,发生地在 WUI 地区相互邻近。Nauslar 等(2018)指出,这些火灾"以极端的扩散速度、规模和时机,超越了传统火灾知识的界限"。四个县受到影响,但索诺玛县承受了人员伤亡和住房损失的主要影响。

索诺玛县位于旧金山北部沿着太平洋的加利福尼亚海岸。根据海拔高度和靠近海洋的程度来看,该县不同地区的气候变化很大。靠近海洋的地区全年都保持凉爽和潮湿,从下午晚些时候到早上的大部分时间都有雾。内陆地区是典型的地中海气候,夏季炎热干燥,冬季凉爽潮湿。北部沿海山脉位于索诺玛山谷的两侧。它多变的微气候非常适合葡萄栽培,加州的第一批葡萄酒厂于 19 世纪 50 年代在这里建立。圣罗莎是索诺玛县最大的市区,2017 年,该县 50.4 万居民中有 17.8 万人居住在圣罗莎。

2011 年以来,该地区遭受了严重干旱的影响,可能是 1000 多年来最严重的干旱(Griffin et al.,2014)。这些状况导致该州截至 2017 年年底,死亡树木数量达到创纪录的 1.29 亿棵(USFS,2018;Guerin et al.,2017;Buluç,2017)。2010—2018 年,该州调查统计到有 1.47 亿棵树死亡,一般每年有 100 万棵树死亡。然而,在 2016 年干旱最严重的时候,有 6200 万棵树死亡。

截至 2016 年 10 月,该州 83% 的地区处于干旱状态,21% 的地区处于最严重的"异常"干旱状态。2017 年的头几个月,降雨量很大,缓解了干旱状况。2016—2017 年的大部分降水都在 1 月和 2 月,是自 1895 年有记录以来该州最潮湿的冬天和第二潮湿的一年(Liberto,2017)。雨下得如此之快,导致全州洪水泛滥,并破坏了美国最高的大坝奥罗维尔大坝。该州自 2014 年开始宣布干旱,并于 2017 年 4 月解除。巨大的降雨量对耗竭的水库来说是一个可喜的缓解,但也促进了灌木和草的生长,这些灌木和草通常在炎热干燥的夏季枯萎,成为更猛烈大火的燃料(Dudney et al.,2017)。最近的研究发现,在 20 世纪下半叶,加州潮湿的天气和大火活动之间的联系完全破裂,在雨季生长和积累的燃料,在每年气温升高的背景下造成了更大的火灾危害(Wahl et al.,2019)。

该州的季节性风型是加州在年底特别容易发生火灾的另一个因素。夏末风在当地被称为圣安娜风或代阿布洛风,偶尔带来快速的热风会加剧火灾发生。这些风可能会由于气候变化而变得更加猛烈,尽管其影响是有争议的(Jin et al.,2015;

Mass et al.，2019)。这些夏末风或秋风是该州所有最具破坏性的 WUI 火灾发生的一个因素，长期以来被认为是"在这个季节的坏预兆"(Russell et al.，1923)。

2017 年 10 月 8 日，一个多风的晚上，纳帕县拥有约 5000 人口的卡利斯托加镇附近发生了一场小火灾。该州已经发出了"红旗警告"，提醒公众注意火灾条件：32 ℃ 的暖空气加上最高时速 175 km 的强风。圣罗莎周围山区的气象站记录到的风速 99％超过，相对湿度低于 2％(Nauslar et al.，2018)。当地时间晚上 9 点 44 分，一名卡利斯托加居民报告塔布斯路附近发生大火。在报告发布后的 6 个小时内，该地区的火灾已经演变为重大火灾，统称为 LNU 综合火灾(图 3.1)。塔布斯大火虽然不是最大的，但却是最具破坏性的，它从 WUI 蔓延到了圣罗莎城区和周围社区。

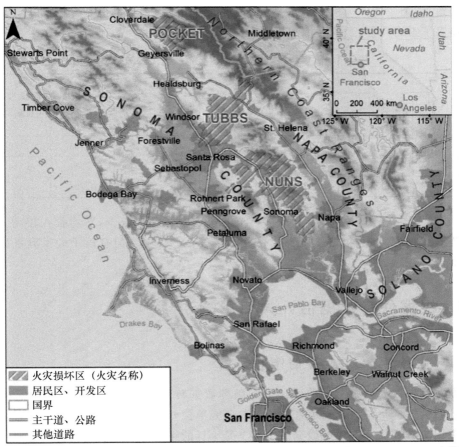

Cloverdale：阿拉巴马州　　Stewarts Point：加利福尼亚州　　Timber Cove：建材小湾　　Geyersville：索诺玛
Healdsburg：希尔兹堡　　Forestville：新南威尔士州　　Windsor：温莎市　　Middletown：米德尔敦
Helena：海伦娜市　　Sebastopol：塞瓦斯托波　　Bodega Bay：博德加湾　　Santa Rosa：圣罗莎
Penngrove：佩塔卢马　　Sonoma：索诺玛　　Petaluma：佩塔卢马　　Novato：诺瓦托　　San Rafael：圣拉菲尔
Bolinas：波利纳斯　　Richmond：列治文　　Concord：康科德　　Fairfield：费尔菲尔德　　Napa：纳帕
Concord：康科德　　Berkeley：伯克利　　Wainut Creek：核桃溪镇　　Oakland：奥克兰　　San Francisco：旧金山

图 3.1　索诺玛县中部 LNU 综合火灾(作者：Sharygin 制图：Karácsonyi))

强风带来的灰烬引发了一连串的火灾,使得无法在大火迅速蔓延的一夜之间追踪火势的范围,从而加大了救援工作的难度。火势在夜间失控蔓延,10月9日凌晨1点已蔓延至圣罗莎市。虽然火势直到10月31日才得到完全控制,大火造成的城市破坏在风力逐渐减弱的前24小时内达到顶峰。塔布斯的大火最终烧毁了近1.5万hm²土地,摧毁了5636座建筑,其中4651座是住宅。LNU综合火灾共烧毁了索诺玛、纳帕和索拉诺县超过5000个住房单元(Hawks et al.,2017)。

以下分析集中于索诺玛县的影响,塔布斯大火使那里的大部分居民流离失所。圣罗莎市损失了3081套住房,约占该市住房存量的5%(CDOF,2018)。火灾发生前,这座城市就已经面临住房短缺:2017年的整体空置率仅为4.2%(出租房空置率为1.6%),6.5%的住房单元被定义为"过度拥挤"(每个房间超过一个居民)[①]。表3.1提供了索诺玛县、圣罗莎市和塔布斯火灾区的数据。

**表3.1 索诺玛县、圣罗莎市和塔布斯火灾区的数据**

| 地理位置 | 总计人口/人 | 家庭/个 | | | 自有住房份额 | 家庭收入中位数/美元 |
|---|---|---|---|---|---|---|
| | | 总计 | 有1名(及以上)子女(<18) | 有1名(及以上)长者(64岁以上) | | |
| 索诺玛 | 500943 | 190058 | 54398(27%) | 62770(33%) | 0.603 | 71769 |
| 圣罗莎 | 174244 | 64709 | 19641(30%) | 19958(31%) | 0.531 | 67144 |
| 塔布斯火灾区 | 33431 | 12590 | 3514(28%) | 4774(38%) | 0.727 | 98479 |

人口普查区域中受到塔布斯火灾影响的家庭中租房者较少,平均收入较高。在火灾发生区的家庭中,很可能至少有一人年龄在64岁以上,但有孩子的家庭占比没有显著差异。

# 3.3 根据住房数据估计人口影响

## 3.3.1 住房在人口评估中的作用

本节将探讨如何将上一节所述的受破坏数据转化为恢复工作计划时所需的人口和迁移数据。每年7月和1月加州人口研究单位开展人口评估。计算人口影响的方法采用多方式计算的住房数据。每年1月1日的年度评估采取免费的自上而下和自下而上的评估步骤。主要的州人口用队列成分法估算(Swanson et al.,2012),其中总人口由最新的人口[②]出生、死亡和迁移计算得出。净移民是由不同年龄组的不

---

① 源自美国人口普查局(ACS)2017年数据,2019年4月1日检索自 https://factfinder.census.gov。
② 一般来说,这将是调整后的最近一次十年人口普查。

同数据集组成的，包括学校注册人数、纳税申报单、驾照、移民数据、养老金和健康保险数据。

县人口估算由总体平均法得出（Clemen，1989），分为三部分：第一部分是一种复合方法。使用不同的方法来估计不同年龄组的人口规模（Bogue et al.，1959）。例如，出生和学校注册是评估儿童人口规模的依据；驾照、死亡和成人的税务信息，以及包括养老金和健康保险数据在内的行政记录，是 65 岁及以上人口变化信息的来源。第二部分是基于"比率相关"的回归方法。它将该县的总人口预测为一个协变量的函数，这些协变量包括该县的人口出生率、住房存量和劳动力数量（Schmitt et al.，1954）。第三部分是一个队列组成模型，其中联邦行政数据中的出生、死亡和净移民都由美国人口普查局测算。这三部分组合成一个模型（采用相同权重均值，尽管权重可以指定不同）来产生一个单一的县估计值，这个估计值将转化为县人口在州总人口中所占的比例，并应用于上述州总数的估算①。

加州 539 个区域包括 482 个城市和未并入的 57 个县，以及旧金山的市、县，都是用住房单位法估算的（Swanson et al.，2012），将总人口数量与住房单元数量、每户人口和空置率进行关联。住房单元法的一个优点是，作为一种会计恒等式，唯一的误差来源是参数估算。但是，由于数据的限制，这些参数的监控和更新非常具有挑战性，特别是对小区域来说。居住在集体宿舍的人口变化②可以从特定的行政数据中予以解释。

住房单位法和比率相关法都依靠住房存量来调整人口数量。就住房单位法而言，住房存量损失的影响可由更新的空置率和密度常数抵销。但是，在突然发生灾害之后，可能没有数据来更新每户人口或空置率，虽然关于住房单位的数据迅速更新，而且质量非常高。比率相关法可能更加脆弱，取决于住房是否是等式的一部分。房屋存量损失的巨大冲击将机械地导致圣罗莎和索诺玛县的人口大幅下降。报告中关于火灾的定性描述表明，许多流离失所的人待在火灾地区附近，期待在清理和重建后回到他们的土地上。该地区较高的收入和住房拥有率与这一观点一致。

## 3.3.2　评估流离失所人数

为了评估索诺玛县流离失所人口的规模，我们测试了两种方法。在灾后不久，由于没有被毁坏房屋的确切位置或地址的数据，我们将县界内被毁坏房屋的总数与最近估算的本市每户人数进行了换算，并按住房被占用的比例进行加权计算。

2017 年 10 月下旬，该州消防局发布了一份关于塔布斯大火所造成的损失报告（Hawks et al.，2017），公布了受火灾影响的地址和地块编号，以及对建筑物损毁程

---

①　只依据过去十年的人口普查数据估算，人口低于 65000 的 14 个县中只有少数县人口增加了（出生）或减少了（死亡），并没有估算净移民。

②　集体宿舍包括住宿照顾设施、医院、学校宿舍、军营、监狱和拘留所，以及其他有共同居住情况的住所。

度的评估和建筑物类型(住宅、商业或附属建筑物)。我们根据人口普查街区组生成了受损和被破坏的住宅结构分布。该分布用于衡量美国社区调查(ACS)估算街区组家庭规模水平,这是一项年度家庭调查①。估算的人口迁移结果如表 3.2 所示。我们更谨慎地使用了街区组特定的住房使用权和空置率数据,表中两个方法的结果差异在 1% 以内。此处,我们采用较为简单的计算方法确定的 11521。

**表 3.2　因图布斯火灾而流离失所人口估算(索诺玛县,2017 年 10 月)**

2017 年 CDOF 住房和人口估算

| 地理位置 | 住宅结构损失 | 空置率 | 每户人口 | 流离失所者 |
| --- | --- | --- | --- | --- |
|  | $A$ | $B$ | $C$ | $A\times(1-B)\times C$ |
| 索诺玛县 | 1569 | 0.083 | 2.59 | 3726 |
| 圣罗莎城 | 3081 | 0.038 | 2.63 | 7795 |
| 总计 | 4650 |  |  | 11521 |

2013—2017 年美国社区调查

| 街区组编码 | 住宅结构损失 | | 出租住房份额占比 | 被占用的单位 | 每户人口 | | 流离失所者② |
| --- | --- | --- | --- | --- | --- | --- | --- |
|  | 频率 | 百分比/% |  |  | 自有 | 租用 |  |
|  | $A$ | $B$ | $B$ | $C$ | $D$ | $E$ | $D\times C\times(1-B)+E\times C\times B$ |
| 152100.1 | 131 | 2.8 | 0.39 | 395 | 1.74 | 1.70 | 226 |
| 152400.1 | 169 | 3.6 | 0.11 | 947 | 2.50 | 1.36 | 402 |
| 152400.3 | 397 | 8.5 | 0.47 | 942 | 1.80 | 1.30 | 538 |
| 152400.4 | 642 | 13.8 | 0.15 | 980 | 2.90 | 2.54 | 1828 |
| 152400.5 | 503 | 10.8 | 0.00 | 630 | 2.89 | 0.00 | 1454 |
| 152502.1 | 2 | 0.0 | 0.35 | 614 | 2.65 | 3.62 | 6 |
| 152600.1 | 500 | 10.8 | 0.13 | 570 | 2.24 | 4.20 | 1180 |
| 152600.5 | 169 | 3.6 | 0.16 | 526 | 2.12 | 1.41 | 241 |
| 152701.1 | 276 | 5.9 | 0.19 | 461 | 2.53 | 3.49 | 649 |
| 152701.3 | 35 | 0.8 | 0.19 | 387 | 2.50 | 1.83 | 83 |
| 152702.2 | 98 | 2.1 | 0.67 | 481 | 2.16 | 2.78 | 252 |
| 152702.3 | 315 | 6.8 | 0.06 | 368 | 2.16 | 2.13 | 665 |
| 152702.5 | 8 | 0.2 | 0.31 | 216 | 2.84 | 2.36 | 22 |
| 152801.1 | 219 | 4.7 | 0.58 | 531 | 2.55 | 2.49 | 551 |

①　火灾地址的地理编码按照人口普查局的地理编码服务开展,对 296 条没有返回匹配的记录赋予手工地理编码。

②　译者注:此处原数据公式有误。

续表

| 街区组编码 | 住宅结构损失 | | 住房租金份额占比 | 被占领的单位 | 每户人口 | | 流离失所者 |
| | 频率 | 百分比 | | | 自有 | 租用 | |
| | $A$ | | $B$ | $C$ | $D$ | $E$ | $D \times C \times (1-B) + E \times C \times B$ |
| 152801.2 | 401 | 8.6 | 0.19 | 412 | 2.78 | 3.97 | 1206 |
| 152801.3 | 275 | 5.9 | 0.35 | 403 | 2.13 | 4.15 | 740 |
| 152801.4 | 166 | 3.6 | 0.18 | 250 | 2.60 | 4.72 | 496 |
| 152801.5 | 207 | 4.5 | 0.22 | 296 | 2.67 | 2.38 | 540 |
| 152905.1 | 92 | 2.0 | 0.44 | 482 | 2.21 | 2.43 | 212 |
| 152906.1 | 1 | 0.0 | 0.40 | 1326 | 2.80 | 2.95 | 3 |
| 153807.2 | 21 | 0.5 | 0.09 | 1016 | 2.93 | 2.50 | 57 |
| 154100.4 | 23 | 0.5 | 0.49 | 357 | 2.57 | 4.19 | 63 |
| 总计 | 4650 | 100.0 | | | | | 11414 |

## 3.3.3　迁移估算

在对因失去家园而流离失所人口进行估算之后,我们需要设计一个系统,可以精确地模拟人们的迁移位置。在此过程中,我们分析了有多少人留在同一个城市,有多少人搬到本县或州的其他地方,还有多少人完全离开了这个州。设计时我们参考了其他评估灾害的文献,以及美国其他州使用的方法。

1992 年"安德鲁"飓风过后,佛罗里达州有一个令人鼓舞的报道,在那里,一项由政府资助的电话和实地调查提供了关于空置率、每户人口和临时地点(如旅馆和汽车旅馆)人口的最新信息。这项调查数据为经典住房单元法(Smith,1996)提供了快速而准确的新输入。然而,成本和后勤方面的挑战意味着这种方法没有得到全面支持。此外,它可能在所有情况下都不成功也是一个原因。例如,这种方法的准确性取决于能获取到多少流离失所者可能的目的地。在"安德鲁"飓风或塔布斯大火的案例中,这种方法显示出了巨大的希望,因为房屋损失很大,但相对于地区的住房容量来说很小。在这些条件不成立的其他情况下,调查可能是不实际或无效的。新的数据收集工作不一定总是可行的,但如表 3.3 所示,仍然可以考虑许多其他私人和公共数据源。

表 3.3　关于迁移的数据来源

| | 数据源 | 覆盖范围 | 注释 |
| --- | --- | --- | --- |
| 1 | 美国联邦应急管理署(FEMA) | 登记人员或住户 | 要求国家灾害公告;保密数据 |
| 2 | 美国邮政总局 | 注册地址更改 | 要求姓名和地址;没有临时迁移的数据 |

续表

| | 数据源 | 覆盖范围 | 注释 |
|---|---|---|---|
| 3 | 身份证、驾驶证或车辆登记 | 驾驶员或身份证持有人；车主 | 延迟登记地址变更；可能是长期的，但很难获得保密数据 |
| 4 | 公共健康保险/养老金数据 | 受益人 | 根据每个项目有不同的覆盖率和更新速度；可能是长期的，但很难获得保密数据 |
| 5 | 交通测量 | 司机 | 难以解析流量数据与总人口的相关性 |
| 6 | 社交媒体(Twitter,Facebook) | 用户 | 未经调整，选定人口的代表性有限；难以解析数据 |
| 7 | 废水 | 使用市政污水系统的住户 | 缺失居住在过渡地点或化粪池附近的人口数据；难以收集和解析/解释数据 |
| 8 | 固体废物 | 使用市政生活垃圾收集的住户 | 缺失居住在商业建筑(如公寓和酒店)的人口数据；难以收集和解析/解释数据；与灾害迁移有间接关系 |
| 9 | 迁移历史模式(普查/调查) | 所有人 | 地理规模可能有限；历史数据或许不能代表灾害迁移模式 |
| 10 | 手机移动 | 移动电话用户 | 快速更新，但专有数据库昂贵 |
| 11 | 遥感 | 所有结构 | 存在图像和其他传感器数据的潜在高成本；与灾害迁移有间接关系 |
| 12 | 公用事业(如电/气) | 公用事业客户 | 缺少居住在过渡地区的人口数据；难以访问和解析/解释数据；长期数据有限 |
| 13 | 住房和城市发展部的逐点计算 | 无家可归的人 | 每年或每两年进行一次 |
| 14 | 选民登记名单 | 登记的选民 | 延迟移动登记；可能是长期的，但难以获得保密数据；有代表性问题 |
| 15 | 信贷局负责人 | 有信用档案的人 | 专有数据昂贵；有许可问题 |
| 16 | 税收数据 | 州或联邦纳税人 | 延迟移动登记和数据发布；通常在小的地理单元不可用 |
| 17 | 公共教育注册 | 公立学校的学生 | 纵向，但潜在代表性有限；是保密数据 |

美国人口普查局与美国联邦应急管理署合作，收集在该机构登记接受灾害援助的人员数据。在发生野火的情况下，联邦政府的行动范围取决于联邦政府是否宣布为"重大灾害""紧急情况"或"火灾管理援助声明"。2018年的营地火灾被宣布为重大灾害；然而，2017年的LNU综合火灾仅被指定为紧急情况，限制了联邦援助的范围和联邦数据的准确性。受LNU综合火灾影响的居民向联邦应急管理署登记申请补助金或贷款的时间有限，这些贷款是为没有保险或保险不足的居民提供的。此

外,许多房主可能已经选择使用私人保险。在索诺玛县,联邦应急管理署仅批准了3200 项登记,最终只有 119 户家庭获得了临时住房安置援助,这使得美国联邦应急管理署对这场灾难的数据覆盖出现了巨大缺口(Morris,2017;Schmitt,2019)。

美国邮政局通过一项名为 NCOALink 的服务,可以更改邮件投递地址的个人、家庭和企业的姓名与地址变更(COA)数据。邮政服务地址数据是美国人口普查局主服务器地址文件的支柱,这是美国所有居住区域的总清单。NCOALink 产品是最全面的家庭搬迁数据来源,但由于一些限制,它并不是“万灵药”。这些数据被授权用于更新邮件列表,出于隐私原因,如果没有在包含姓名和地址的现有邮件列表里,则无法查询。我们从地籍数据集中生成了一个与燃烧地区产权相关的名称和地址数据库,但是,那些受影响地块的合法所有权人的名字不能提供完整的覆盖范围。例如,地籍数据集包括公寓和出租房屋的地址以及房东的姓名,但不包括单个租户的姓名。此外,历史元数据并不与移动相关联。换句话说,如果有一个以上的移动发生,在过去 18 个月内搜索 COA 只会返回最近的地址,而不是一系列的移动数据。另一个局限性是临时的 COA,例如,寄存邮件或临时更改地址的订单可以向邮政服务提交长达一年时间的数据,但这些临时订单无法通过 NCOALink 搜索。人们会因为各种各样的原因而改变居住地,如果只笼统地查询受灾地区的地址,就会夸大向外迁移的情况(同时也会遗漏可能搬到该地区未受损房屋的情况)。由于这些原因,NCOALink 只有在特定的已破坏地址和关联名称列表可用时才有价值。

政府项目,如公共养老金、医疗保险、现金或实物转移以及其他项目,可能是移民数据的来源。覆盖范围将根据受灾地区的社会经济特征以及共享特定地理数据机构的能力或意愿而有所不同。本章还不涉及这些数据,但在未来,需要进一步的探索。收集这些数据的机构应该考虑在不违反有关隐私和泄露敏感信息的法律情况下,将这些数据用于人口统计研究。作为有效来源的各种各样的管理数据具有共同的缺点,即参加这些项目的人数可能很少,而且相对于总人口来说经过了高度筛选。尽管如此,其中一些项目可以比其他来源更快地评估人口迁移,并且有可能对人口选择性的某些方面进行统计控制。

我们从可用的数据源中寻找线索,对新数据的使用持续进行研究。对于 LNU 综合火灾,我们最终倾向于使用公共教育注册数据。我们认为,对于普通人群,公共教育比其他政府项目更具代表性,同时能及时获取迁移家庭重新安排子女注册的数据。和美国许多其他州一样,加州也获得了联邦拨款,用于制作学生纵向数据系统(SLDS)。在加州,SLDS 系统被称为 CalPADS,为每个学生分配单独的标识符。该系统记录所有的注册活动,如转入其他公立学校或转出公立学校系统(转入私立学校或转出本州)。偏差情况仍然存在:安排孩子在圣罗莎学校上学的家庭行为或许不能代表其他人的同样生活决定(孩子独自生活或与他人一起生活在没有孩子的家庭,或居住在集体宿舍)。总的来说,这些数据在及时性、完整性和代表性方面都优于其他备选方案。

# 3.4 用学生注册代理法评估迁移

3.2 节将流离失所人口（N）估算为 11521 人。为了模拟这些人迁移后的新地点，我们开发一种方法，使用纵向的学生注册数据来计算索诺玛县学生的迁移率，并基于他们的行为外推到更广泛的人口。为此，我们收集了以下数据：

(1)火灾周长（GIS 或者地理编码的房屋损失登记）。

(2)人口普查组别界线（GIS）。

(3)人口普查组的人口和住房特征。

(4)入学区（GIS）。

(5)按校园划分的学生注册数据，包括：

①2017 年 10 月按年级（或年龄）划分的学生注册总人数。

②最初与最终校园的学生注册情况变化。

从州消防局下载火灾区边界多边形来计算周长。人口普查组边界线和数据来自于议会联盟管理系统中的国家地理信息系统（Manson et al.，2018）。入学区边界是通过入学边界调查（SABS）获得的，这是美国教育部和美国人口普查局的一个合作项目（Geverdt，2018）。

通过计算火灾区边界周长和入学区之间的重叠百分比，我们使用 SABS 多边形来确定入学区人口普查中因火灾而遭受住房损失的群体。在索诺玛县，我们最终选择了分布在 6 个学区的 41 所学校。我们从州教育部门收到了一份来自 CalPADS 的关于这些地区的学校层面注册变化数据的表格，这些地区的覆盖范围包括所有遭受大量住房损失的街区。我们收到的截至 2018 年 3 月向州教育部门报告的数据包括 2017 年 10 月 1 日至 2017 年 12 月 31 日期间的学生转校总数。该报告包括最初到最终学校转学数量，以及最终学校所在的城市和县，如表 3.4 所示。[①]

表 3.4  按最终地分列的学生转校流离失所人口数据

（N=211：索诺玛县学区；2017 年 10 月 1 日—12 月 31 日）

| 许多（>20） | N | 占比/% | 一些（5~20） | N | 占比/% | 少数（<5） | N | 占比/% |
|---|---|---|---|---|---|---|---|---|
| 圣何塞-旧金山-奥克兰 CSA | | | 萨克拉门托-阿登广场-尤巴城 MSA | | | 贝克尔斯菲尔德 MSA | | |
| 小计 | 138 | 65.4 | 小计 | 18 | 8.5 | 克恩 | 3 | 1.4 |
| 阿拉米达 | 3 | 1.4 | 萨克拉门托 | 10 | 4.0 | 弗雷斯诺-马德拉 CSA | | |
| 康特拉科斯塔 | 4 | 1.9 | 普莱瑟 | 2 | 1.0 | 弗雷斯诺 | 2 | 1.0 |
| 旧金山 | 1 | 0.5 | 内华达 | 4 | 1.9 | 斯托克顿海事局 MSA | | |
| 圣克拉拉 | 1 | 0.5 | 埃尔多拉多 | 2 | 1.0 | 圣华金 | 2 | 1.0 |
| 纳帕 | 3 | 1.4 | 洛杉矶-长滩-河流 CSA | | | 莫德斯托 MSA | | |

---

① 由于处理错误，我们没有收到州外转学数据，只有转到加州其他学校的数据。

续表

| 许多(>20) | N | 占比/% | 一些(5~20) | N | 占比/% | 少数(<5) | N | 占比/% |
|---|---|---|---|---|---|---|---|---|
| 马兰 | 10 | 4.7 | 小计 | 13 | 6.2 | 斯坦尼斯洛斯 | 2 | 1.0 |
| 索拉诺 | 8 | 3.8 | 洛杉矶 | 7 | 3.3 | **维萨拉-波特维尔 MSA** | | |
| | | | 河滨 | 1 | 0.5 | 图拉雷 | 1 | 0.5 |
| 其他城市 | 51 | 24.2 | 圣博娜迪诺 | 3 | 1.4 | **萨利纳斯 MSA** | | |
| 圣罗莎 | 56 | 26.5 | 文图拉 | 2 | 1.0 | 蒙特雷 | 1 | 0.5 |
| 平衡数 | 1 | 0.5 | **清湖 μSA** | | | **圣路易斯-奥比斯波-帕索罗伯斯 MSA** | | |
| **尤凯亚 μSA** | | | 莱克 | 16 | 7.6 | 圣路易斯·奥比斯波 | 1 | 0.5 |
| 门多西诺 | 5 | 2.4 | **雷丁 MSA** | | | **雷德布拉夫 μSA** | | |
| | | | 沙斯塔 | 8 | 3.8 | 蒂黑马 | 1 | 0.5 |

注：1. 资料来源：CalPADS。

2. 由于四舍五入的关系,总数可能不相等。

数据显示,在火灾地区,共有 211 名学生从学校转学。211 名转学生中的大多数并没有走得太远：超过一半的转学学生在圣罗莎的其他学校或索诺玛县的其他辖区重新注册。其他重要的转入学校(约占转移的 5%)在莱克县、马林县和萨克拉门托县。下一步是确定迁移中有风险的人群,根据流离失所的学生总数估计一般人群的迁移率。

本章提出了一种学校注册代理法,用如图 3.2 所示的每个学校上学区、人口普查区和火灾区之间的重叠百分比来计算迁移情况。

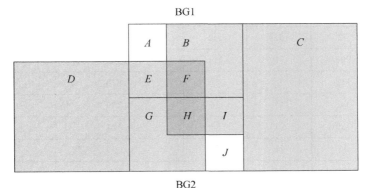

图 3.2 学校注册代理模型的迁移计算

注：用字母标注火灾/学校/街区边界交集的整个区域

在图 3.2 中,区域 $B+C+F+H+I$(以下简称 BCFHI)以火灾区域为界,DEF-GH 以上学区边界为界。两个人口普查组为上图所示的 BG1＝ABEF,BG2＝GHIJ。A 区既不在上学区,也不在火灾区。B 是火灾区,但不是上学区。E 和 F 在上学区,但只有 F 在火灾区。利用 GIS 分析估算 F 和 H 区域内的家庭总数,说明家庭的迁移趋势可以从学校注册数据中获得。以上是一个极端的例子。在大多数情况下,某一特定街区中没有被上学区捕获的面积很小。为此,我们做了简化假设,即 $H \approx HI$,$F \approx FB$。

为了估计面临迁移风险的人口,我们需要进一步假设每个学校的总注册人数中有哪些住在交叉区域。为此,我们使用了由教育部门在网上定期发布的各年级学生注册数据(出于保护隐私的原因,学生的年龄不会被公布)[1]。在街区层面,我们比较了最近五年 ACS 的年级注册数据,从注册变更数据中捕捉到街区中家庭变动的儿童数量[2]。例如,如果学校边界 DEFGH 代表一所小学,则迁移范围或面临迁移风险的人口是 BG1 小学儿童注册总数,用 BG1 内位于 F 区家庭所占比例加权计算获得。在采用面积插值的等面积加权方法中,F 区 BG1 土地面积所占比例也近似于该区域住宅单元所占的比例。学校学生注册数可用更新前几年的 ACS 数据,或用学生缺席时的人数估算。表 3.5 显示了风险人群的估算结果。

表 3.5　根据 ACS 调查数据估算人口迁移风险

| 街区 | 注册学生(按年级)/人 | | | 住房损失占比/% | 有迁移风险的学生群体/人 |
| --- | --- | --- | --- | --- | --- |
| | 小学及学前 | 初中 | 高中 | | |
| | $A$ | $B$ | $C$ | $D$ | $(A+B+C) \times D$ |
| 1521001 | 60 | 5 | 18 | 0.332 | 28 |
| 1524001 | 84 | 82 | 202 | 0.178 | 66 |
| 1524003 | 0 | 0 | 0 | 0.366 | 0 |
| 1524004 | 231 | 63 | 142 | 0.655 | 286 |
| 1524005 | 52 | 62 | 241 | 0.798 | 283 |
| 1525021 | 228 | 72 | 114 | 0.003 | 1 |
| 1526001 | 112 | 0 | 57 | 0.828 | 140 |
| 1526005 | 60 | 14 | 36 | 0.229 | 25 |
| 1527011 | 109 | 21 | 53 | 0.521 | 95 |
| 1527013 | 94 | 21 | 59 | 0.090 | 16 |
| 1527022 | 123 | 10 | 39 | 0.204 | 35 |

①　CDE 数据报告办公室,https://www.cde.ca.gov/ds/sd/sd/。
②　ACS 的 2013—2017 年的 5 年数据:3 年及以上按详细水平划分的学校注册情况(B14007)。

续表

| 街区 | 注册学生（按年级）/人 | | | 住房损失占比/% | 有迁移风险的学生群体/人 |
|------|------|------|------|------|------|
| | 小学及学前 | 初中 | 高中 | | |
| 1527023 | 72 | 8 | 69 | 0.838 | 125 |
| 1527025 | 101 | 8 | 8 | 0.037 | 4 |
| 1528011 | 88 | 0 | 6 | 0.412 | 39 |
| 1528012 | 152 | 18 | 45 | 0.973 | 209 |
| 1528013 | 198 | 28 | 21 | 0.647 | 160 |
| 1528014 | 48 | 0 | 37 | 0.664 | 56 |
| 1528015 | 96 | 66 | 21 | 0.699 | 128 |
| 1529051 | 43 | 20. | 24 | 0.191 | 17 |
| 1529061 | 392 | 167 | 209 | 0.001 | 1 |
| 1538072 | 312 | 112 | 323 | 0.019 | 14 |
| 1541004 | 91 | 38 | 77 | 0.052 | 11 |
| 总计 | | | | | 1739 |

这种新方法依赖于地理编码的结构损坏/损失清单，这在其他类型的灾害中可能不容易得到。对于各种灾害事件，周长数据更容易获得。然而，只使用周长而不考虑街区的结构损失，会大大高估住房单元的损失，因为它隐含地假设，任何给定街区中被烧毁的区域都可能有烧毁住房（这是不符合实际的，而且通常与灭火目标相悖）。我们通过将仅用周长法估算的房屋损失与已知的房屋总损失进行比较，产生基于周长的估算效果。这一过程识别了所有与火灾周界相交的街区（对地理编码的46 个损失数据仅识别出 22 个街区）。因火灾周界的每一个街区组的面积比例与住房存量的相互作用，造成高估了 10490 个住房单元。用独立标准来加权估算受影响的学生，结果可能是低估学生人数（$N=1293$），但这是一个有用的比较点（表 3.6）。

表 3.6　仅用 GIS 方法计算火灾区域的学生流失量

| 街区 | 火灾周长范围内的 BG 区域占比/% | 住房单元/个 | 学生（学龄前到高中）人口数/人 |
|------|------|------|------|
| | $A$ | $B$ | $C$ |
| 1501001 | 0.450 | 610 | 64 |
| 1501003 | 0.034 | 272 | 38 |
| 1502023 | 0.745 | 450 | 115 |
| 1502024 | 0.545 | 803 | 200 |
| 1503032 | 0.002 | 504 | 135 |
| 1503063 | 0.489 | 902 | 257 |

续表

| 街区 | 火灾周长范围内的 BG 区域占比/% | 住房单元/个 | 学生(学龄前到高中)人口数/人 |
|---|---|---|---|
| […] | | | |
| | 独立估算值 | 住房损失模拟 | 加权暴露 |
| | | $B \times A$ | $C \times A \times (D/E)$ |
| 1501001 | | 275 | 13 |
| 1501003 | | 9 | 1 |
| 1502023 | | 335 | 38 |
| 1502024 | | 438 | 48 |
| 1503032 | | 1 | 0 |
| 1503063 | | 441 | 56 |
| […] | | | |
| 总计 | $D=4650$ | $E=10490$ | 1293 |

索诺玛学生的迁移比例现在可以计算为

迁移率＝N 个迁移者(211)/N 个风险人数(1739)＝ 12.13%

我们假设所有的迁移都是与火灾相关的迁移,而没有非火灾造成的迁移,这可能会造成对火灾导致的净迁移估计过高。在估计学生人数时,等面积加权插值假设意味着街区内的同质性。如果街区的平均特征不能准确地描述损失住房单元的特征,则结果会有偏差。例如,我们隐含地假设,被摧毁的房屋中包含学生的可能性跟同一个街区中的房屋相同。

当前使用的方法有一些注意事项。一个重要的不确定性来源是我们对学生迁移率的估计同样适用于非学生群体。没有子女的家庭可能或多或少会根据他们的年龄、住房使用权、在该地区居住的时间长短和就业情况而搬迁。在这些迁移中,他们可能比有孩子的家庭更不可能留在该地区。有孩子家庭的迁移也可能被低估,例如,孩子们可能为了避免转学的压力,不得不从新住所通勤原来的学校。如果没有孩子上学的家庭更有可能搬迁,那么这些结果倾向于低估火灾对外迁的影响。

为了生成 2018 年 1 月 1 日的新估计值,我们遵循住房单元法和县估计值集成的常规步骤。然而,我们偏离了通常的做法,因为当模型运行时,我们保留了因灾害而损失的住房存量。在用这种方法得出与事实相反的估算后,我们将灾害的影响分开考虑。然后,我们明确需要进行人口估算的每个管辖区面临迁移风险的人口。在这种情况下,圣罗莎市的结果如图 3.3 所示。我们将迁移概率应用于面临迁移风险的人群,然后根据学生注册变动数据中最终地的分布情况,将移民分配到新的最终地。

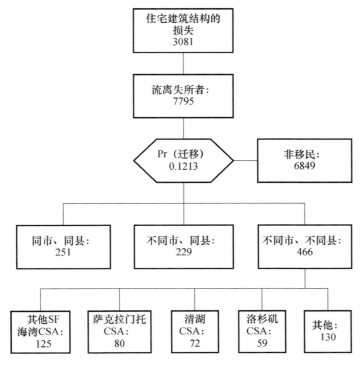

图 3.3 索诺玛县圣罗莎市因火灾流离失所人口的净迁移估算值

## 3.5 结论

结果表明,大多数的圣罗莎居民并没有搬离城市:根据我们的分析,在这个案例中,只有 695 名(9%)流离失所者越过了辖区边界,大多数人去了附近的城市或同一县的未合并地区。地理数据可以用来估算处于风险中的人群,估算框架旨在适用于任何最初-最终二元数据。我们提出的方法适合于公共基础设施发达的国家灾害,即时评估对人口的影响。如果没有政府机构提供和分享有关应急情况的可靠数据,以及来自 ACS 的高质量小区域数据和公共教育系统的纵向记录,我们所做的工作是不可能实现的。

我们提出,依赖于房屋存量的人口估算方法应谨慎使用灾害摧毁后的房屋存量。一种解决方案是将被摧毁的房屋保留在模型中,就像它仍然存在一样,然后将迁移作为一种估计后调整进行分开估计和说明(类似于对人口的处理)。这将提高比率相关或其他回归模型的准确性。住房单位法也可以这样做,但较简单的解决办法是调整空置率和每户人口,以便适应失去的住房单位,同时使人口保持在管辖范围内。虽然我们预期这一方法可以用于研究许多类型的灾害,但应该做出更多的努力,发展一种适用于更广泛的灾害类型和在其他州、其他国家适用的方法。

该方法的未来工作应该集中于识别一般人群和代表人群(如学生)之间的系统差异。这些差异可以用具有可用数据的模型来表示。由于我们主要关注的是对住房单元中迁移人数过高的偏向和比率相关方法进行调整,因此做了一些可接受的处理。

索诺玛县在 2017 年发生的塔布斯火灾与 53 年前发生的火灾——1964 年的汉利火灾非常相似。就像塔布斯的大火一样,汉利火灾是从卡利斯托加附近的山上开始的。在强风的推动下,它在不到 12 小时内到达了圣罗莎市(Kovner,2013)。它造成的破坏要小得多,因为那时 WUI 的居民相对稀少。大火并没有阻止人口的持续增长或住房的不断扩大深入。随着未来几年野火危害在全州范围内的增加,对估算人口影响方法的持续研究将变得越来越有需求。

## 参考文献

ABATZOGULOU J,WILLIAMS A P,2016. Impact of anthropogenic climate change on wildfire across western US forests[R/OL]. PNAS 113(42)11770-11775. https://doi. org/10. 1073/pnas. 1607171113.

BAYLIS P,BOOMHOWER J,2018. Moral hazard,wildfires,and the economic incidence of natural disasters[R/OL]. SIEPR Working Paper 18-044. Retrieved 1 April 2019 from https://siepr. stanford. edu/sites/default/files/publications/18-044. pdf.

BOGUE D,DUNCAN B,1959. A composite method for estimating postcensal population of small areas by age,sex and color[R]. Vital Statistics Special Report,Vol 47 No 6. Washington,DC: National Center for Health Statistics.

BULUÇL,FISCHER C,KO J,et al,2017. Drought and tree mortality in the Pacific Southwest region[R/OL]. A synopsis of presentations and work group sessions from the Science and Management Symposium: Lessons Learned from Extreme Drought and Tree Mortality in the Sierra Nevada: How Can Past Events Inform Our Approach Forward? Symposium held July 2017,Sacramento,CA. Retrieved 1 April 2019 from https://www. fs. fed. us/psw/topics/tree_mort ality/california/documents/DroughtFactSheet_R5_2017. pdf.

CDFFP(California Department of Forestry and Fire Protection,CDFFP/CalFire),2019. Preliminary statistics from annual wildfire activity statistics report[R/OL]. Retrieved 1 December 2019 from https://www. fire. ca. gov/incidents/2017/.

CDOF(California Department of Finance),2018. E-5 Population and housing estimates for cities,counties and the state[R]. January 1,2011-2018. Sacramento,California,May 2018.

CLEMEN R T,1989. Combining forecasts: a review and annotated bibliography[J]. International Journal of Forecasting,5(4): 559-583.

DAVIES I,HAUGO R,ROBERTSON J,et al,2018. The unequal vulnerability of communities of color to wildfire[R/OL]. PLOS ONE. https://doi. org/10. 1371/journal. pone. 0205825.

DUDNEY J,HALLETT L,LARIOS L,et al,2017. Lagging behind: Have we overlooked previous-year rainfall effects in annual grasslands[J]? J Ecol, 105:484-495.

GEVERDT D,2018. School Attendance Boundary Survey(SABS) file documentation: 2015-16(NCES 2018-099) [R/OL]. US Department of Education. Washington,DC: National Center for Education Statistics. Retrieved 1 April 2019 from https://nces. ed. gov/programs/edge/SABS.

GRIFFIN D,ANCHUKAITIS K,2014. How unusual is the 2012-2014 California drought[J/OL]? Geophys Res Lett,41:9017-9023. https://doi. org/10. 1002/2014GL062433.

GUERIN E,2017. Drought kills 27 million more trees in California[R/OL]. KPCC. Retrieved 1 April 2019 from https://www. scpr. org/news/2017/12/12/78804/drought-kills-another-27-million-trees-in-californ/.

HAMMER R B,RADELOFF V C,FRIED J S,et al,2007. Wildland-urban interface housing growth during the 1990s in California,Oregon,and Washington[J]. Int J Wildland Fire,16:255-265.

HAWKS S,GOODRICH B,FOWLER C,2017. Tubbs incident central LNU complex(CALNU 010045) damage inspection report[R]. Sacramento,CA: California Department of Forestry and Fire Protection(CDFFP/CalFire).

JIN Y F,GOULDEN M,FAIVRE N,et al,2015. Identification of two distinct fire regimes in Southern California: implications for economic impact and future change[J/OL]. Env Res Lett,10(9). https://doi. org/10. 1088/1748-9326/10/9/094005.

KEYSER A,WESTERLING A,2017. Climate drives inter-annual variability in probability of high severity fire occurrence in the western United States[J/OL]. Environmental Research Letters 12 (6). https://doi. org/10. 1088/1748-9326/aa6b10.

KOVNER G,2013. Redwood Empire fire history remains visible in wild spots[M/OL]. Santa Rosa: Santa Rosa Press Democrat,September 14,2013. Retrieved 1 April 2019 from https://www. pressdemocrat. com/news/2217177-181/redwood-empire-fire-history-remains.

LIBERTO DI T,2017. Very wet 2017 water year ends in California[R/OL]. NOAA Climate News: October 10,2017. Retrieved 1 April 2019 from https://www. climate. gov/news-features/featured-images/very-wet-2017-water-year-ends-california.

MANSON S,SCHROEDER J,VAN RIPER D,et al,2018. IPUMS national historical geographic information system: Version 13. 0 [DB]. Minneapolis: University of Minnesota. 2018. https://doi. org/10. 18128/D050. V13. 0.

MASS C,OVENS D,2019. The Northern California wildfires of 8-9 October 2017: the role of a major downslope wind event[J/OL]. Bull Am Met Soc, 2019(2): 235-256. https://doi. org/10. 1175/BAMS-D-18-0037. 1.

MOGHADDAS J,ROLLER G,LONG J,et al,2018. Fuel treatment for forest resilience and climate mitigation: a critical review for coniferous forests of California[R]. California Natural Resources Agency. Publication number: CCCA4-CNRA-2018-017.

MORRIS J D,2017. Northern California fire victims must register for FEMA, SBA assistance by Monday[M/OL]. Santa Rosa:Santa Rosa Press Democrat,December 9,2017. Retrieved 1 April 2019 from https://www. pressdemocrat. com/news/7732075-181/northern-california-fire-victims-must.

NAUSLAR N,ABATZOGOLOU J,MARSH P,2018. The 2017 North Bay and Southern California fires: a case study[J/OL]. Fire,1(1),18: https://doi. org/10. 3390/fire1010018.

RADELOFF V,HELMERS D,KRAMER H,et al,2018. Rapid growth of the US wildland-urban interface raises wildfire risk[J/OL]. PNAS,115(13):3314-3319. https://doi. org/10. 1073/pnas. 1718850115.

RUSSELL G,BOYD A,et al,1923. The Berkeley fire: dedicated to the people of Berkeley who have proved themselves great hearted in giving,courageous in losing,and clear eyed in building toward a safer future[M]. Berkeley,CA: Lederer,Street & Zeus Co.

SCHMITT R,CROSETTI A,1954. Accuracy of the ratio-correlation method for estimating postcensal population[J]. Land Economics,30:279-281.

SCHMITT W,2019. FEMA extends housing aid for fire survivors as Santa Rosa offers home loans to eligible Coffey Park fire victims[M/OL]. Santa Rosa: Santa Rosa Press Democrat,March 21, 2019. Retrieved 1 April 2019 from https://www. pressdemocrat. com/news/9412262-181/fema-extends-temporary housing-for.

SMITH S K,1996. Demography of Disasters: Population Estimates after Hurricane Andrew[J]. Population Research and Policy Review,15: 459-477.

SWANSON D,TAYMAN J,2012. Subnational Population Estimates[R/OL]. The Springer Series on Demographic Methods and Population Analysis. Springer Netherlands. https://doi. org/10. 1007/978-90-481-8954-0.

U. S. Forest Service(USFS),2018. 2018 Tree Mortality Aerial Detection Survey Results[R/OL]. Retrieved 1 April 2019 from https://www. fs. usda. gov/Internet/FSE_DOCUMENTS/ fseprd609295. pdf.

WAHL E,ZORITA E,TROUET V,et al,2019. Jet stream dynamics,hydroclimate,and fire in California from 1600 CE to present[J/OL]. PNAS,116(12):5393-5398. https://doi. org/10. 1073/ pnas. 1815292116.

# 第4章 2010年俄罗斯灾难性森林大火：农村人口减少的后果？

塔蒂阿娜·内菲多娃(Tatiana Nefedova)

**摘要**:2010年夏季,俄罗斯联邦欧洲部分发生了灾难性森林大火,原因是在两个月的时间里气温比平均气温高出10℃,加之出现了异常漫长的干旱期。尽管森林大火在俄罗斯很常见,但这些火灾通常发生在人口稀少的亚洲地区。2010年夏天,俄罗斯人口稠密的欧洲地区发生火灾,大众媒体铺天盖地地报道森林、村庄、受害者以及农作物损失。大火产生的浓烟到达莫斯科,进一步加剧了局势的恶化。约1700万人生活在宣布进入紧急状态的地区,还有约1000万人饱受莫斯科烟雾之苦。俄罗斯联邦超过三分之一的人口居住在2010年夏季火灾非常严重的地区。然而,灾难之后的主要问题仍然存在,我试图在这一章回答:炎热是唯一的原因吗?

**关键词**:俄罗斯;森林大火;林业;农村人口减少;土地利用

## 4.1 前言

2010年夏季,俄罗斯联邦欧洲部分发生了灾难性森林大火,原因是在两个月的时间里气温比平均气温高出10℃,加之出现了异常漫长的干旱期。尽管森林大火在俄罗斯很常见,但这些火灾通常发生在人口稀少的亚洲地区。2010年夏天,俄罗斯人口稠密的欧洲地区发生火灾,大众媒体铺天盖地地报道森林、村庄、受害者以及农作物损失。大火产生的浓烟到达莫斯科,进一步加剧了局势的恶化(见第10章的相似案例)。约1700万人生活在宣布进入紧急状态的地区,还有约1000万人饱受莫斯科烟雾之苦。俄罗斯联邦超过三分之一的人口居住在2010年夏季火灾非常严重的地区。然而,灾难之后的主要问题仍然存在,我试图在这一章回答:炎热是唯一的原因吗?

在第3章中,Sharygin强调了加州的森林大火是如何影响受影响地区人群向外

---

塔蒂阿娜·内菲多娃(Tatiana Nefedova),俄罗斯科学院地理研究所。E-mail:trene12@yandex.ru。

基于俄罗斯科学院地理研究所承担的国家任务(Nr.0148-2019-0008)。

迁移的;与此相反,本章试图强调反之亦然的因果关系:人口是否可能是森林火灾的根本原因? 在本章中,我运用了媒体分析和我对俄罗斯乡村空间分布研究(Nefedova,2003;Nefedova et al.,2001)、农村人口问题(Ioffe et al.,2004,2006;Nefedova,2013)以及俄罗斯欧洲部分的土地利用和农业变化已有的知识和经验(Nefedova,2017;Nefedova et al.,2007),以解释 2010 年俄罗斯灾难性火灾的根源。

## 4.2　2010 年俄罗斯森林火灾数据和灾害过程

根据 ADSR(2010)的估计,2010 年俄罗斯因酷热、烟雾和火灾造成的死亡人数超过 5.5 万人。虽然 ADSR(2010)年度报告中公布的死亡人数似乎被高估了,但是在俄罗斯并没有关于火灾及其后果的可靠直接数据。官方统计通常低估了俄罗斯的火灾区域大小。这是有客观原因的——在一个幅员辽阔、人口稀少的国家,并不是所有的森林都可监测和保护。此外,一些官员故意低估了问题的范围和后果。根据紧急事务部和联邦林业局(Rossleshoz)的数据,2010 年的火灾影响了 150 万 hm² 的森林。某独立机构指出,有 600 万 hm² 的土地受到影响,而根据全球火灾监测中心使用的卫星图像数据,这一数字为 1000 万 hm²。因此,不同机构报告的受灾地区大小差异达到 5～10 倍。对欧洲或美国来说,这一比例从未超过 20%。

另一个问题是如何估计灾害规模。是通过热点的数量,还是根据受影响森林的总面积,或者是被摧毁村庄的数量,或者是受害者的数量? 所有这些都可以考虑,但没有关于每一项的确切数据。我分析了大众媒体中关于火灾的出版物信息。大火的强度可根据报道地区、村庄和其他与火灾有关资料的频率来评估。这样的摘要信息并不十分完整和可靠,然而,可以按时间记录 2010 年森林火灾。

当年 4 月和 5 月,关于当地火灾的最初报道并不可怕。春天的时候,居民们通常会烧掉老草,这导致了莫斯科郊区和邻近地区的火灾。而且,像往常一样,俄罗斯的西伯利亚地区开始发生森林火灾。俄罗斯欧洲部分灾难的第一个征兆出现在 2010 年 6 月,当时报道了所谓的黑土地带(图 4.1)大面积火灾,在俄罗斯欧洲部分的核心地区南部最先观测到炎热天气。7 月初,大火席卷了俄罗斯欧洲东南部的乌拉尔和伏尔加地区,并向俄罗斯核心地区蔓延。

自 7 月中旬以来,大火从莫斯科向东蔓延,不仅烧毁了森林,还烧毁了干燥的泥炭沼泽(Nefedova,2010)。当时,媒体报道了村庄被烧毁和相关死亡事件。2010 年 8 月初,据报道存在超过 1.9 万个热点。根据官方数据统计,受火灾影响的地区覆盖了 50 万 hm²。然而,联邦林业局和紧急事务部指出,这一数字比 2009 年减少了 50%～66%。他们的观点是正确的,除了 2010 年夏天西伯利亚的气温较低这一事实,在过去的几年里,那里通常都在蔓延火灾。时任俄罗斯联邦代理总统的德米特里·梅德韦杰夫于 2010 年 8 月 7 日宣布俄罗斯联邦七个地区进入紧急状态(图 4.1)。

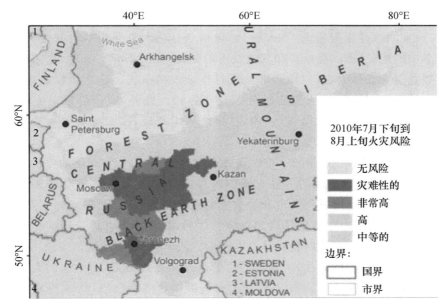

FINLAND：芬兰　BELARUS：白俄罗斯　UKRAINE：乌克兰　White Sea：白海
Arkhangelsk：阿尔汉格尔斯克　Saint Petersburg：圣彼得堡　FOREST ZONE：林区
CENTRAL RUSSIA：俄罗斯中部　Moscow：莫斯科　BLACK EARTH ZONE：黑土区
Varanezh：沃罗涅日　Volgograd：伏尔加格勒州　URAL MOUNTAINS：乌拉尔山脉
Yekaterinburg：叶卡捷琳堡　Kazan：喀山　KAZAKHSTAN：哈萨克斯坦
1-SWEDEN：1-瑞典　2-ESTONIA：2-爱沙尼亚　3-LATVIA：3-拉脱维亚
4-MOLDOVA：4-摩尔多瓦　SIBERIA：西伯利亚

图 4.1　2010 年俄罗斯夏季大火风险（作者：Nefedova；制图：Karacsonyi，见彩图）

　　2010 年夏天的大火摧毁了整个村庄。总共有超过 150 个定居点的 3000 座房屋被烧毁，一些人失去了生命。为处理此事，政府划拨建设基金新建建筑物，以支援因火灾而无家可归的灾民。包括莫斯科在内的大城市都遭受了大火带来的浓烟干扰。到 8 月中旬，局势开始稳定下来。被消灭的火灾数量开始超过新出现的火灾数量。到 8 月底，降雨开始后，俄罗斯中部大部分地区的情况有了显著改善。然而，乌拉尔和西伯利亚南部到当年 9 月时情况仍然很严峻。

## 4.3　俄罗斯大火，特别是 2010 年森林火灾的制度原因

　　政府将火灾按原因分为自然火灾、家庭火灾和工业火灾。这种分类是人为的，因为 2010 年发生的所有森林火灾中，有 90%～95% 是人为因素造成的。火灾的根本原因通常是人为活动和制度体系内的问题，特别是那些法规和政策负责的相关领域。还有另外一组很少被提及的原因与俄罗斯人口空间结构有关，特别是农村人口减少和相关人口集中到大城市及其周边地区。本节将对人和制度因素进行总结，在

下一节介绍另一个因素(Nefedova,2013)。

(1)火灾的主要原因是人类活动。燃烧枯草、生火、丢烟头等引起火灾的活动,在人口集中的地区(例如莫斯科和其他城市的郊区)尤为严重。有时,个人或企业主甚至会故意引发森林火灾,以掩盖非法或过度砍伐的事实。这之所以成为可能,主要是因为俄罗斯对违反防火规定的处罚过于宽松。此外,官员们缺乏主动性和资金,也没有采取基本的防火措施,例如,在村庄周围犁地,维护池塘。一些官员谎报火灾信息,隐瞒真正的危险等。

(2)很多人认为,2010年的灾难性森林火灾是由2007—2009年的立法和森林管理改革引起的(Gricyuk,2010)。在有着广阔森林的俄罗斯,这些变化带来了严重的后果。改革中,根据部分基于欧洲和加拿大的最佳实践,联邦政府颁布了新的《林业法》。在新法规的框架内,取消了联邦森林管理局,并将所有森林管理移交给地方当局,由地方当局雇用少量森林检查员。在改变立法之前,森林的消防安全由7万名林务人员保障,但根据新的立法,对森林的监管由1.2万人负责,而且他们大量从事的是文书工作,几乎没有人在森林中巡查火灾。根据这项新法规,伐木特许经营企业不仅砍伐木材,而且还负责保护和恢复森林。然而,他们只控制了13%的森林区域。而且,小企业既没有办法也不想这样做。对于大公司来说,他们宁愿为不实施森林保护支付小额罚款,也不愿花一大笔钱来实施这些措施。根据新法规,森林的空气保护职责也被移交给各地区实施,此后护林效果急剧下降。将消防力量迅速从一个地区转移到另一个地区已变得不可能。

2010年发生灾害时,梅德韦杰夫总统解除了联邦林业局局长的职务,并将该机构直接移交给政府,负责修正《林业法》。2010年12月,《森林法》中关于监管和控制的立法被匆忙修订,联邦森林管理局在有限的预算下得以恢复(Kuzminov,2011)。库兹米诺夫认为,由于预算有限,《森林法》的修正案只在纸面上进行。

# 4.4  2010年森林火灾的人口根源

如前所述,2010年俄罗斯森林火灾的另一个根本原因是俄罗斯的人口空间结构。俄罗斯人口空间的深度分层中很少在2010年火灾的讨论中提到(见2010年5月至8月期间Rossiyskaya Gazeta杂志的文章)),特别是非黑地、林区外围地区和城市核心郊区的农村人口快速减少。

由于20世纪的城市化加速,俄罗斯欧洲地区的农村人口急剧减少,并集中在城市(Nefedova et al.,2001)。农村人口的减少,是年轻人和最活跃人口离开村庄前往城市而产生的消极社会选择。1959—2017年农村人口急剧减少的地区(图4.2)几乎影响了整个俄罗斯核心区域。20世纪90年代,迁移的趋势发生了变化,不仅大城市,郊区也开始从周边地区吸引农村人口。与此同时,由于郊区化的原因,大城市的城市人口也向郊区转移(Nefedova et al.,2019)。因此,郊区与周边地区的对比也越来越明显。最大的差距存在于北部森林区的边缘地带和城市-郊区中心地带之间。在森林区的外围,村庄和城镇的特点是人口大量向外迁移和减少。举例来说,即使在俄罗斯欧洲部分的核心地区,离莫斯科只有 100 km,你也可以发现周边地区没有可通行的道路。与此同时,许多地区的公共汽车服务由于经济上不允许而被取消。另一方面,其他通信设备(移动电话或互联网)的最新技术发展弥补了道路的缺乏,但拥有这些设备的地域也是有限的。结果,这些外围地区成为大城市核心区的社会和经济"沙漠"。

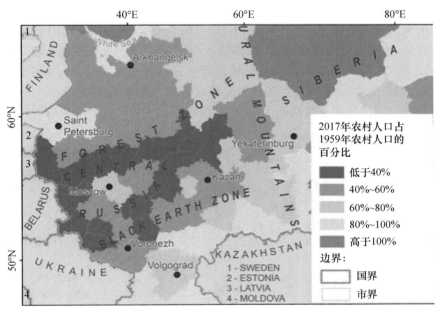

图 4.2　俄罗斯农村人口减少(作者:Nefedova,制图:Karacsonyi,见彩图)

FINLAND:芬兰　BELARUS:白俄罗斯　UKRAINE:乌克兰　White Sea:白海
Arkhangelsk:阿尔汉格尔斯克　Saint Petersburg:圣彼得堡　FOREST ZONE:林区
CENTRAL RUSSIA:俄罗斯中部　Moscow:莫斯科　BLACK EARTH ZONE:黑土区
Varanezh:沃罗涅日　Volgograd:伏尔加格勒州　URAL MOUNTAINS:乌拉尔山脉
Yekaterinburg:叶卡捷琳堡　Kazan:喀山　KAZAKHSTAN:哈萨克斯坦
1-SWEDEN:1-瑞典　2-ESTONIA:2-爱沙尼亚　3-LATVIA:3-拉脱维亚
4-MOLDOVA:4-摩尔多瓦　SIBERIA:西伯利亚

此外,由于全球化和后苏联时代的社会经济发展,城市和偏远农村地区的差异变得更加明显。人口密度越高,人越活跃,大型企业的经营在城市核心区的郊区更成功。这些郊区以外的地区正面临着社会经济的萧条,导致了农业用地的减少。在人力资源不足的地区,吸引农业商业也很困难。无论是大农场还是小农场,都没有足够的力量和数量来处理大面积的废弃土地。大多数周边村庄的居民都是老年妇女和酗酒男子。他们连最基本的消防能力都没有。

因此,农村地区的命运与农业、林业密切相关。俄罗斯欧洲地区的农业在空间上存在很大差异,这取决于自然条件和与城市的距离(Ioffe et al.,2004;Nefedova,2012,2017)。俄罗斯只有14%的土地具有适合农业生产的气候,比如位于莫斯科南部的非常肥沃的黑土带(或黑钙土带)。在苏联时期,林区的集体农场和国有农场得到了高额补贴,因此,农业向北方急剧扩张,进入了自然条件不利、农村人口减少的地区。此外,这种扩张还伴随产生位于森林区的泥炭沼泽的大规模排水。在2010年森林大火中,这些排干和废弃的泥炭沼泽被燃烧。

20世纪90年代的转型时期,随着对无利可图的农场补贴政策的结束,可耕地大幅减少,俄罗斯农业企业陷入萧条。到了21世纪,只有适宜的南部黑土区和城市核心地带的周边地区恢复了生产(Nefedova,2013;Meyfroidt et al.,2016)。然而,由于土地废弃,森林区耕地大量流失,原来的人口密集区野生生物逐渐恢复(图4.3),从而改变了俄罗斯中部森林区的乡村被田野包围的传统乡村景观。新生的森林离村庄更近,担负着火灾的"桥梁"作用。几乎没有树木能在这些废弃的土地上生长,所以这些"长条"地带被非常高的干草覆盖,导致了越来越高的大火风险。

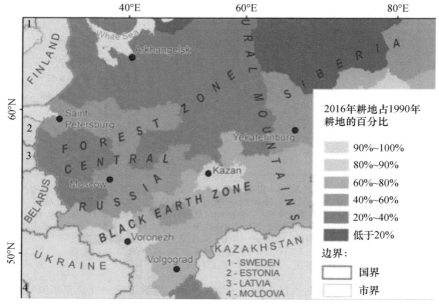

FINLAND:芬兰　BELARUS:白俄罗斯　UKRAINE:乌克兰　White Sea:白海
Arkhangelsk:阿尔汉格尔斯克　Saint Petersburg:圣彼得堡　FOREST ZONE:林区
CENTRAL RUSSIA:俄罗斯中部　Moscow:莫斯科　BLACK EARTH ZONE:黑土区
Varanezh:沃罗涅日　Volgograd:伏尔加格勒州　URAL MOUNTAINS:乌拉尔山脉
Yekaterinburg:叶卡捷琳堡　Kazan:喀山　KAZAKHSTAN:哈萨克斯坦
1-SWEDEN:1-瑞典　2-ESTONIA:2-爱沙尼亚　3-LATVIA:3-拉脱维亚
4-MOLDOVA:4-摩尔多瓦　SIBERIA:西伯利亚

图4.3　俄罗斯土地利用变化(作者:Nefedova,制图:Karacsonyi,见彩图)

相反,对于林区来讲利用木材资源比农业更有前途,但木材工业使用的土地也在萎缩。由于 20 世纪 90 年代大型国有伐木企业的转型,苏联的森林基础设施遭到破坏。木材采收转移到城市核心区附近有路可达的森林。结果,增加了这些地区的伐木强度和火灾风险。

与此同时,在城市核心区的郊区,大量的农业用地被转为建设用地。然而,俄罗斯的郊区化与西方的郊区化不同,它的特点是出现大量所谓的“乡间别墅”,即城市居民的第二住房,只在夏季有人居住。莫斯科郊区只有 20% 的新建住宅被用作永久住宅。此外,超过 70% 的城市居民拥有这样的第二住房。莫斯科郊区居民的集中度很高,使得这些“乡间别墅”在夏季非常拥挤。然而,他们面临着基础设施缺乏的情况,比如垃圾清理设施。当人们焚烧垃圾时,就会增加发生野火的风险。

在这些郊区之外,还有一些偏远的“乡间别墅”。例如,莫斯科和圣彼得堡相距 700 km,但这两个城市的“乡间别墅”区已经融合。在人口减少的农村地区,偏远的“乡间别墅”是完全不同的,那里的夏季居民是当地人口的两倍或更多。它们阻止了房屋和村庄被完全摧毁(Nefedova et al. ,2013; Nefedova et al. ,2018)。尽管每年中的一至两个月,这些城市居民会打理他们的乡间房子,试图割除周围的干草,但消防问题仍然没有得到解决。农村人口失业率很高,但当地仍缺乏愿意工作的劳动力(老龄化和酗酒是一个普遍问题)。此外,地方政府,特别是周边地区的地方政府资金不足,他们甚至无法为当地永久居民或夏季居民维持基本的基础设施。

# 4.5　结论

总之,在与火灾的斗争中,人类活动和森林立法都是重要的。然而,这个问题要复杂得多,涉及许多其他问题,包括农村人口减少、农业经济下降和对当地社区的预算资助减少。理解俄罗斯乡村空间的转变也很重要。根据“俄罗斯绿色和平”的数据,2012 年大约发生了 300 万 hm² 的森林大火,但是一些专家(Delivoria,2019)估计大火面积达到 1000 万 hm²。2012 年发生大火的总面积比 2010 年要大,但并没有在大城市产生烟雾,所以媒体对这种情况的关注较少。2019 年春天,俄罗斯 25 个地区引入了一种特殊的消防系统,但仅限于可能威胁到大城市的地区。在其他地区,比如人烟稀少的西伯利亚,一切都没有改变。因此,2010 年火灾的根源仍然存在。再加上气候变化导致的极端天气条件,任何时候都可能再次发生类似的灾害。

## 参考文献

ADSR,2010. Annual disaster statistical review 2010-the numbers and trends[R]. Centre for Research on the Epidemiology of Disasters,Brussels.

DELIVORIA K,2019. Gorit ono ognem,Ploshchad lesnih pozharov kazhdiy god rastet(in English:

It burns with fire. the first fire area growing every year)[R/OL]. Versiya. Accessed on the 2/10/2019：https：//versia. ru/ploshhad-lesnyx-pozharov-v-rossii-kazhdyj-god-rastyot.

GRICYUK M,2010. Pozharni srok(in English：Fire time)[R/OL]. Rossiyskaya Gazeta Nr. 5186 (106),19th May,2010,Accessed on the 2/10/2019：https：//rg. ru/2010/05/19/les. html.

IOFFE G,NEFEDOVA T,ZASLAVSKY I,2004. From spatial continuity to fragmentation：the case of Russian farming[J]. Annals of the Association of American Geographers,94(4)：913-943.

IOFFE G,NEFEDOVA T,ZASLAVSKY I,2006,The end of peasantry? The disintegration of rural Russia[M]. Pitt Series in Russian and East European Studies. Pittsburgh：University of Pittsburgh Press.

KUZMINOV I,2011. Organizacionnye innovacii v lesnom sektore Rossii i socialno-ekonmicheskie effekti ih vnedreniya (in English：Organisational innovation in the forestry sector of Russia and the socio-economic effect of its introduction)[M]. Innovacionnie in integracionnie processiv regionah i stranah SNG,Moscow：Media-Press.

MEYFROIDT P,SCHIERHORN F,PRISHCHEPOV A,et al,2016. Drivers,constraints and trade-offs associated with recultivating abandoned cropland in Russia, Ukraine, and Kazakhstan[J]. Global Environ Change,37：1-15.

NEFEDOVA T,2003. Selskaya Rossiya na perepute(in English：Rural Russia in crossroads)[R]. Novoje. IG RAN. Moskva. 403 p.

NEFEDOVA T,2010. Goryachee leto 2010 g. ：Hronika i prociny secnih pozharov(in English：Hot summer in 2010：chronicle and causes of forest fires)[J]. Geografiya,917(21)：4-11.

NEFEDOVA T,2012. Major Trends for Changes in the Socioeconomic Space of Rural Russia[J]. Regional Research of Russia,2(1)：41-54.

NEFEDOVA T,2013. Desyat aktualnyh voprosov o selskoy Rossii. Otvety geographa (in English：Ten topical issues about rural Russia. a geographer's viewpoint)[R]. URSS. Moscow. 452 p.

NEFEDOVA T,2017. Twenty-five years of Russia's post-soviet agriculture：geographical trends and contradictions[J]. Regional Research of Russia,7(4)：311-321.

NEFEDOVA T,POLIAN P,TREIVISH A,2001. Gorod in Derevnya v Evropeiskoy Rossii：sto let peremen(in English：Town and village in European Russia-changes of one hundred year)[R]. OGI. Moscow. 560 p.

NEFEDOVA T,PALLOT J,2007. Russia's unknown agriculture：household production in post-soviet Russia[M]. Oxford：Oxford University Press.

NEFEDOVA T,PALLOT J,2013. The multiplicity of second home development in the Russian Federation：a case of "seasonal suburbanization"[M]//ROCA Z. Second Home Tourism in Europe：Lifestyle Issues and Policy Responses. Farnham,UK-Berlington,USA：Ashgate Publishing.

NEFEDOVA T,POKROVSKIY N,2018. Terra incognita of the Russian Near North：counter-urbanization in today's Russia and the formation of Dacha Communities[J]. European Countryside,10(4)：673-692.

NEFEDOVA T,TREIVISH A,2019. Urbanization and seasonal deurbanization in modern Russia [J]. Regional Research of Russia,9(1)：1-11.

# 第5章　干扰与转移：
# 人口稀少地区自然灾害的人口统计结果

迪安·B·卡森(Dean B. Carson)　　　　多丽丝·A·卡森(Doris A. Carson)

佩尔·阿克塞尔松(Per Axelsson)　　　　皮特·舍尔德(Peter Sköld)

加布里埃尔·舍尔德(Gabriella Sköld)

**摘要:** Eight-Ds 模型解释了人口稀少地区(以下简称 SPAs)的人文和经济地理的独特特征:断裂、不连续、多样、复杂、动态、远离、依赖和微妙。根据该模型,SPAs 会受到可识别的黑天鹅事件和较长期人口变化过程中不太明显的转折点所导致的人口特征剧烈变化的影响。这一主张的概念基础是明确的。由于少数人的决定,SPAs 的人口会对整体人口结构产生巨大而长期的影响。高水平的迁移和流动性导致人口结构和主要 SPAs 不断变化,以适应许多不同的人口状况。例如,澳大利亚北部地区在过去十年左右经历了前所未见的退休前老年迁徙潮,这可以作为过去趋势复杂但重要的变化证据。然而,虽然人口急剧变化在概念上是可能的,而且偶尔可以观察到,但很少有人试图研究这种变化可能发生或不发生的条件。这是一个重要的问题,尤其是与自然灾害等黑天鹅事件有关的问题,因为有效的灾害管理政策和规划至少部分取决于了解谁受到影响以及以何种方式受到影响。

**关键词:** 洪水;气旋;饥荒;人口稀少;Eight-Ds 模型

## 5.1　介绍

Eight-Ds 模型(Carson et al.,2014)解释了人口稀少地区(以下简称为 SPAs)的人文和经济地理的独特特征:断裂、不连续、多样、复杂、动态、远离、依赖和微妙。根据该

---

迪安·B·卡森(Dean B. Carson,通讯作者),澳大利亚中央昆士兰大学。E-mail:d. carson@cqu. edu. au。

多丽丝·A·卡森(Doris A. Carson),佩尔·阿克塞尔松(Per Axelsson),皮特·舍尔德(Peter Sköld),加布里埃尔·舍尔德(Gabriella Sköld),瑞典于默奥大学。

多丽丝·A·卡森,E-mail:doris. carson@umu. se。

佩尔·阿克塞尔松,E-mail:per. axelsson@umu. se。

皮特·舍尔德,E-mail:peter. skold@umu. se。

模型,SPAs 会受到可识别的黑天鹅事件和较长期人口变化过程中不太明显的转折点所导致的人口特征剧烈变化的影响(Carson et al.,2011)。这一主张的概念基础是明确的。由于少数人的决定,SPAs 的人口会对整体人口结构产生巨大而长期的影响。高水平的迁移和流动性导致人口结构和主要 SPAs 不断变化,以适应许多不同的人口状况(Carson et al.,2014)。例如,澳大利亚北部地区在过去十年左右经历了前所未见的退休前老年迁徙潮(Martel et al.,2013),这可以作为过去趋势复杂但重要的变化证据。然而,虽然人口急剧变化在概念上是可能的,而且偶尔可以观察到,但很少有人试图研究这种变化可能发生或不发生的条件(第 6 章)。这是一个重要的问题,尤其是与自然灾害等黑天鹅事件有关的问题,因为有效的灾害管理政策和规划至少部分取决于了解谁受到影响以及以何种方式受到影响(Bird et al.,2013)。

因此,本章的目的是确定在哪些情况下 SPAs 的自然灾害会导致剧烈的人口统计数据变化。在这个过程中,我们引入了两个新的"Ds"来描述人口变化的性质。

我们认为,气旋、洪水、地震、林火、滑坡、雪崩和农作物歉收等自然灾害可能会中断或转移人口发展。中断指人口发展的暂时中断,在此之后,灾害恢复之前的模式是显而易见的。转移指向一个新模式的转变,这一新模式与事件前的状态有明显和实质性的区别。中断和转移可以被认为是一个尺度上的终点,其属性包括恢复到事件前发展模式所需的时间长度,以及事件后变化的人口特征的数量和类型,以及决定事件在该尺度上的位置变化的严重程度。

这一章重点分析两场明显不同的自然灾害,分别是 1867—1868 年瑞典北部的大面积作物歉收和 1998 年由"莱斯"气旋引起的澳大利亚北领地凯瑟林-戴利河流域的洪水。大歉收影响了挪威、瑞典和芬兰的大片地区,本章集中讨论瑞典的加利瓦尔地区诺尔博腾县。当时的北方通过林业和矿业发展,使得该地区在经济和人口发展中作用突出。图 5.1 和图 5.2 显示了加利瓦尔地区和凯瑟林-戴利河流域的位置。

关于大歉收对加利瓦影响的研究尚未发表,但 Nordin(2009)对该地区和其他北部地区的长期人口变化的分析表明,在灾害前后的较长时期内人口有所增长,在作物歉收时人口增长略有放缓(两至三年)。这是人口中断的初步证据(至少在人口总量水平上是这样)。与此相反,与凯瑟林-戴利河流域有关的学术文献显示,总人口趋势发生了巨大变化(从 20 世纪 80 年代和 90 年代初期的大幅增长到目前的长期停滞),同时当地土著和妇女在人口中的比例也发生了重大(和持续)的变化(Harwood et al.,2011)。这是人口转移的初步证据。

## 5.2 识别人口"影响"的挑战

将 SPAs 的人口变化精准归因于黑天鹅事件是困难的,因为这些地区人口具有动态特性。即使没有发生这样的情况,它们仍然容易发生剧烈变化。例如,就迁移

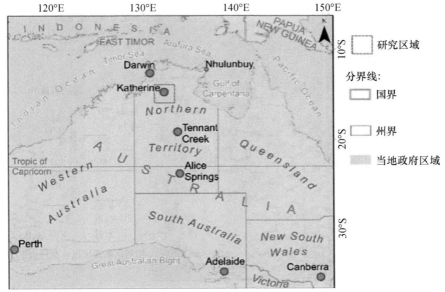

INDONESIA：印度尼西亚　PAPUA NEW GUINEA：巴布亚新几内亚　EAST TIMOR：东帝汶
Indian Ocean：印度洋　Timor Sea：帝汶海　Arafura Sea：阿拉弗拉海　Pacific Ocean：太平洋
Darwin：达尔文市　Nhulunbuy：纽兰拜　Katherine：凯瑟琳市　Gulf of Carpentaria：卡彭塔纳湾
Northern Territory：北领地　Tennant Creek：滕南特克里克　Tropic of Capricorn：南回归线
Alice Springs：爱丽丝斯普林斯市　Queensland：昆士兰州　Western Australia：西澳大利亚州
AUSTRALIA：澳大利亚　Perth：珀斯市　South Australia：南澳大利亚州
New South Wales：新南威尔士州　Great Australian Bight：澳大利亚大湾　Adelaide：阿德莱德市
Victoria：维多利亚市　Canberra：堪培拉

图 5.1　案例地点：澳大利亚凯瑟林-戴利地区（制图：Karácsonyi）

影响而言，SPAs 中已经出现的高度迁移可能很难与特别是具体自然灾害相关的迁移分开（Adamo et al.，2011）。同样，在 SPAs 中，生育率和死亡率的人口转变可能相对较快，但只是偶尔发生（Taylor，2011），因此泡沫状和火山口状（Martel et al.，2011）是大多数情况下 SPAs 人口分布的预期特征。

　　人口变化分析还受到可变区域 MAUP、可变时间 MTUP 和可变社会单元问题 MSUP 的影响（Koch et al.，2012）。MAUP 在分析统计数据（例如人口）时，关注空间尺度问题，因为结果会根据分析的尺度水平而变化。很难确定在什么空间尺度上可以最好地了解自然灾害对人口的影响。一方面，自然灾害可能会产生高度局部性的物理影响，例如滑坡和雪崩，有时还会发生林火、洪水，甚至猛烈的风暴事件。另一方面，公众的看法往往把这些事件与广泛的地理概念联系在一起，如北方、北极或热带地区。尽管研究人员在识别事件影响的物理边界时必须小心，他们也不应低估感知风险边界对人口行为的影响力（Ford et al.，2006）。在本章中，我们感兴趣的是局部影响，这会带来额外的挑战，即决定观察哪些人口特征，以及如何表示它们。大多数人口比率是为了适用于相对较大的 10 万或更多的人口设计的，而在这里，我们

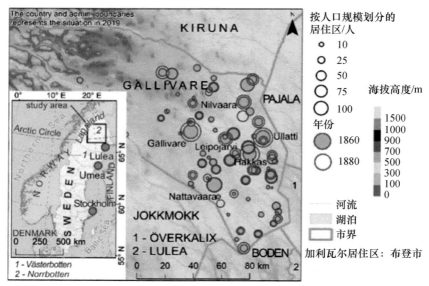

The country and admin boundaries represents the situation in 2019：2019年国家和行政边界
KIRUNA：基律纳市　GALLIVARE：耶利瓦勒　Nilvaara：尼利瓦拉　PAIALA：巴佳拉
Gallivare：加利瓦尔　Leipojarvi：莱波加维　Hakkas：哈卡斯　Ullatti：乌拉提
Nattavaara：纳塔瓦拉　JOKKMOKK：约克莫克　1-ÖVERKALIX：1-上卡利克斯市
2-LULEA：2-吕勒奥市　BODEN：布登市　studyarea：研究区域　Arctic Circle：北极圈
Lap land：拉普兰德　NORWAY：挪威　Lulea：吕勒奥　SWEDEN：瑞典
Umea：于默奥　Stockhoim：斯德哥尔摩　FINLAND：芬兰　DENMARK：丹麦
Northern Sea：北海　Baltic Sea：波罗的海　1-Västerbottern：1-西博滕
2-Norrbotten：2-北博滕

图 5.2　1860 年和 1880 年加利瓦尔居住区(制图：Karácsonyi，见彩图)

面临的人口要少得多。在缺乏针对少量人口的成熟统计分析技术的情况下(Taylor，2014)，我们的分析局限于广泛的指标，包括总人口和具有特定特征的人口百分比。

与 MAUP 类似，MTUP 指不同时间维度对数据分析结果的影响。这对发生自然灾害后的人口变化很重要，因此 Ford 等(2006)指出，人口变化可能是暴露在自然灾害风险下的长期后果，也可能是对单一事件的短期反应。事实上，期望 SPAs 中经历自然灾害，可能使人口结构对单一重大事件具有相当大的韧性，而人口行为的变化可能是相对较小事件的累积效应。

最后的声明也揭示了 MSUP 的挑战，即数据分析的结果可能会根据选择分析的社会单元而有所不同。McLeman(2010)在加拿大的研究表明，极端天气事件可能会导致特定个体从北部社区迁移出去，但移出居民会以被具有类似特征的移入居民所取代的方式持续下去。这样，个体的人口行为可能会受到事件的影响，但群体的人口行为仍保持相对稳定。例如，Bailey(2011)指出，之前存在人口高度波动的社区可能会因自然灾害而经历人口高度波动。这并不是 MSUP 唯一有问题的方面，一些研究人员发现，事件对不同社会群体(比如种族、社会地位、性别甚至宗教)的不同影响可以隐藏在更高层次的分析中(Ellis,2009)。

这些单元问题在试图总结学术文献中报道的大歉收的影响方面是明显的。文献中充满了明显的矛盾和反直觉的观察。1867 年和 1868 年,大歉收时期北欧国家连续出现作物歉收,造成粮食严重短缺。1867 年的歉收是由漫长、寒冷而潮湿的冬天造成的,而 1868 年的歉收则是由于干旱。作物歉收至少影响了芬兰、挪威和瑞典(Nelson,1988)。在大歉收时期,芬兰一直是人口影响方面的关注焦点。因为据估计,该国近 10% 的人口直接死于粮食短缺(Jantunen et al.,2000)。关于整个区域大歉收影响的辩论仍在继续,但显然各国之间和各国内部的影响不同。例如,人们普遍将 19 世纪末瑞典(和挪威)移民到北美的大幅增长归因于大歉收(Akenson,2011),因为从芬兰到北美的人相对较少。然而,最近的研究表明,要么大歉收没有对瑞典的移民产生如此直接的影响(大量增加至少在事件发生十年后),要么移民主要来自瑞典南部(Alestelao et al.,1987)。同样,尽管芬兰到美国的直接移民是有限的,但在大歉收时期,估计多达 20% 的芬兰人迁移到斯堪的纳维亚其他地区(主要是瑞典北部),最终移民到美国(Newby,2014)。这个简单的示例揭示了 MAUP(在不同空间尺度上可观察到的不同迁移模式)、MTUP(可观察到的不同模式取决于大歉收和移民之间允许的"滞后"时间)和 MSUP(瑞典北部人民的行为一直隐藏在对整个瑞典经验的分析中(Doblhammer et al.,2013),就像芬兰移民的行为可能被时间和瑞典北部的小规模人口掩盖一样)。

迁移对大歉收的响应并不是文献争论的唯一主题。虽然人们似乎一致认为,生育率在大歉收时期(通常被认为是 1867—1870 年,包含恢复时间)有所下降,但此后很快就恢复了,对预期寿命和死亡率的影响仍在争论中。Hayward 等(2013)声称,在大萧条时期出生的人预期寿命较低;而 Saxton 等(2013)声称,对预期寿命的影响很小。MSUP 在这里可能很重要,因为特定的人群如无地劳工、萨米人(Nordin et al.,2012)、农村居民和芬兰移民被认为比其他人受到的影响更大。

综上所述,有关大歉收已发表的证据表明,会出现持续 3~5 年的人口中断期,并影响生育率、死亡率和迁徙。以上结论会因重大空间和社会差异而有所变化,特别是在死亡率、迁移和预期寿命方面。这些推测的大歉收影响基本上与对西欧和北欧其他"饥荒"事件的观察是一致的(Grada,2007)。一般来说,对工业化和城市化程度较高地区的影响较小。工业化和城市化总体上减少了对当地食物来源的依赖,增加了获得公共和私人饥荒救助的渠道,并为个人和家庭使用适应策略提供了资源,如长期和短期迁移与职业变化(Isacson et al.,2013)。

这场大歉收被认为是由自然事件导致的欧洲最后一场饥荒(尽管后来由于战争和经济萧条而出现了粮食短缺)。随着工业化和城市化的发展,食品供应链结构改变,减少了社区对当地食物生产的依赖。虽然 19 世纪也出现了农作物歉收的年份,尤其是 1809 年、1832—1833 年和 1857—1858 年(Bengtsson et al.,2002),然而,在工业化(和后工业化)国家的许多 SPAs 中,由于干旱、洪水和其他自然事件造成的作物(和库存)歉收仍在继续,仍在讨论其对人口的影响。虽然粮食短缺的风险很低,但恶劣季节的经济和社会后果仍可能对人口造成重大影响。干旱、气旋、洪水和大火事件与向外移民(特别是青年向外移民)、自杀率上升,以及澳大利亚、加拿大和美国 SPAs 地区的城市化有关(Hogan et al.,2014;McLeman et al.,2006)。

本章稍后将回顾 1998 年"凯瑟林-戴利"气旋引发的洪水事件文献,类似的事件已经从人口统计学角度进行了研究。气旋和洪水有可能摧毁城镇和居民点,(至少在过去的一个世纪中)典型响应做法是在灾害过后重建这些城镇和居民点。

SPAs 中最著名的重建实践或许与"特蕾西"气旋有关。1974 年圣诞前夜,这场气旋袭击了澳大利亚北领地的达尔文市(4 万人口),摧毁了该市 90% 以上的房屋和建筑。这座城市超过一半的居民被疏散,直到一年多后重建工作开始,才有大量人口返回。20 世纪 70 年代后期,达尔文市在气旋发生之前所经历的人口增长迅速恢复,甚至因为重建后的大量移民和 1978 年达尔文市从附属领土变为自治领地而出现人口加速增长。然而,据估计,在 1978 年气旋(Britton,1981)期间居住在该市的人口不到一半。虽然群体人口特征(特别是年龄和性别分布)看起来非常相似,但它们是新群体的特征,而从迁出和迁入两方面来看,个人受到的影响是巨大的。

"特蕾西"气旋也可能对不同的人群产生不同的影响。近期研究(Haynes et al.,2011)表明,原住民回返迁移率增高,在附近社区受气旋影响但获得恢复和重建资源机会较少的原住民会迁入。然而,在对土著移民应对气旋和其他恶劣天气事件的文献综述中,Carson 等(2013)认为,鉴于如此多的因素影响着个人和群体行为,"特蕾西"气旋的经历可能不是典型的(也不是非典型的)。文献表明,迁移反应可能因程度不同而不同:迁移是被迫的(例如,疏散政策(Taylor et al.,2010));附近有可选的居住地点;已有资源支持向外迁移和返回迁移;经济和文化生计与特定地点紧密相连;个人的决定受到社会和群体成员文化的影响。

关于 SPAs 的饥荒、气旋和洪水的文献表明,人口的影响难以预测,取决于一系列需要在其空间、时间和社会背景下加以理解的因素。根据风险暴露(如恶性事故)和灾害响应(如强制疏散)组织的情况,直接影响在某种程度上可以预测,但长期影响受到许多干预因素的影响,包括将单一事件的影响与人口变化的持续动态和复杂性质区分的困难(见第 2 章关于长期人口变化的讨论)。通过对加利瓦尔和凯瑟林-戴利地区与大歉收和"特蕾西"气旋有关的经验进行研究,可以进一步支持这一论点。虽然这些案例相隔 130 年、14000 km,具有过多的社会、经济和政治属性,但它们展示了 SPAs 的自然灾害可能导致的人口中断和转移方式。

## 5.3  加利瓦尔和大萧条

与欧洲其他地区相比,瑞典北部通常被认为在工业化方面进展缓慢(Engberg,

2004)，但有证据表明，加利瓦尔在 19 世纪 60 年代就已经很先进了(Godet，2009)。瑞典的工业化往往首先出现在农村初级部门，如林业和采矿业。这一趋势与行业协会的解散和制造业私营企业的机遇相吻合，从而限制了城市工业化，直到 1846 年的自由改革后才有所改变(Ryner，2003)。在此期间，加利瓦尔处于木材前沿地区，在 19 世纪 40 年代引入第一批蒸汽木材工厂后，林业部门经历了相对快速的工业化发展(Maas et al.，2002)。加利瓦尔也处于瑞典北部采矿发展的前沿，19 世纪初在马尔姆贝里耶(加利瓦尔镇以北 5 km)附近开采了商业矿藏。到 19 世纪 60 年代，英国投资者已获得资金，在诺博腾修建第一条从马尔姆贝里耶到卢莱河的铁路。该铁路于 1865 年开始动工，但在 1867 年由于财政压力而被放弃(Godet，2009)。没有具体的证据表明大萧条在最初的建设中起到了阻碍作用，事实上，在这个时期政府很可能会欢迎大型项目，如铁路建设，作为为流离失所的农村工人提供就业的手段。瑞典政府确实接手了这条铁路的建设工作，但糟糕的规划和施工意味着直到 1888 年该地区才有了一条工作线路。然而，19 世纪 60 年代矿业的发展带来了新的开采和运输技术(Dewsnap，1981)。

同样，虽然铁路对采矿和林业的影响导致了 19 世纪 90 年代和 20 世纪早期加利瓦尔的主要经济和人口发展，但到 19 世纪 60 年代，林业工业化的迹象已经出现。到 1860 年，瑞典北部整体上就已经开始出口木材，而对森林作为出口资源的政府监管和管理始于 1866 年，当时英国取消了对瑞典木材的进口壁垒(Axelsson，2014)。19 世纪后半期，特别是 19 世纪 60 年代，林业所有权出现了实质性巩固，政府和私人所有权都聚焦于更大的土地所有权。到 1872 年，萨米人的牧区已经不鼓励建立新的定居点，这影响了加利瓦尔西部的大部分地区，导致重点发展东部地区。加利瓦尔村本身在 18 世纪早期就已成为定居区，并成为 1742 年形成的加利瓦尔教区的中心。20 世纪初以前，该教区一直以小村落为主，在 1860 年只有三个 100 多人的村庄(加利瓦尔、乌拉提和纳塔瓦拉村)。即使到了 1880 年，人口超过 100 人的村庄也只有 6 个(还包括客家、莱波加维和尼利瓦拉村)。图 5.2 显示了 1860—1880 年加利瓦尔教区的总人口发展。每个点的大小代表该村的定居人口，1860 年的加利瓦尔村为 105 人。值得注意的是，许多萨米人(1860 年和 1880 年约有 400 人)被排除在村庄人口名单之外，因为他们仍然被认为是游牧民族。

1865 年，加利瓦尔教区估计有 2650 人，包括近 1500 名萨米人。男女比例为 97：100，但非萨米人的比例要高得多(104：100)。三分之一以上的人口(含萨米人和非萨米人)年龄在 15 岁以下，只有 5%(萨米人 7%)年龄在 65 岁以上。过去 10 年，每年的移入平均人数为每千人五人，移出的平均人数为每千人七人。将近三分之二的男性从事林业或农业(通常两者兼有)工作(Bäcklund，1988)。

在一系列人口指标中大萧条的短期影响很明显(图 5.3)。这些指标数据均为于默奥大学的人口数据库(DDB)提供。DDB 包含数字化的教区记录，并将 19 世纪大多数时间的个人数据链接到这些记录中。其他数据来自北大西洋人口项目(NAPP)

提供的 1890 年和 1900 年瑞典人口普查。图 5.3 根据 1856 年的数值对指标进行标准化。该图强调了 1867—1871 年这一被认为是关键影响的时期（Isacson et al.，2013）。人口增长在这个阶段早期就停滞了，但在结束时又恢复了。教区人口在1866 年时为 2700 人，到 1869 年仅增加至 2720 人，但随后在 1872 年增加到 2782 人，此后每年持续增长 1.5%～2.0%。直到 19 世纪 60 年代早期，萨米人的人口一直在快速增长，但在整个关键影响阶段都保持在 1500 人左右；在 1871 年到 1878 年之间又出现了短暂的增长（涨至 1600 人）；到 1900 年，萨米人再次下降到大约 1500 人（Karlsson，2013）。

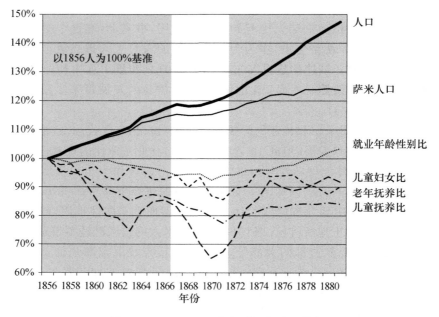

图 5.3　1856—1881 年加利瓦尔人口指标

　　图 5.3 中的其他指标在整个关键时期都出现了下降。儿童妇女比（0～4 岁儿童与 15～44 岁妇女的比例）的下降幅度最大，1866 年时为 1856 年的 85%，在 1870 年时降至 1856 年的 65%。此后，这一比率迅速上升。儿童抚养比（0～14 岁人口与15～64 岁人口之比）在整个时期也有所下降。老年抚养比（65 岁及以上人口与 15～64 岁人口之比）在整个时期处于波动中下降（表明老年人减少）。这一比例在 1869年的小幅上升可能与 1869—1870 年工作年龄性别比（每 100 名 15～64 岁中男性与女性的数量之比）的"下降"有关。证据表明，一些就业年龄的男性可能通过临时迁徙离开了加利瓦尔，到受饥荒影响较小的地区寻找工作（Dribe，2003）。这也表明饥荒对老年人死亡率的影响很小（Edvinsson，2014）。图 5.3 所涉及的时期包括1857—1858 年的饥荒，而且有一些证据表明，这一时间段中，相似类型（但强度较低）的变量出现了下降。

大萧条对进出加利瓦尔的移民产生的影响难以确定。1867—1871 年的五年中，有四年出现净移出（每年约 10～15 人），但净移出并不罕见，在之前的 11 年中有 8 年是净移出，尽管在之后 10 年中人口大量增长，但是仍有 4 年都有这种情况发生。在大萧条关键时期的人口流动（每千人 10 人）低于之前的五年（每千人 13 人）和之后的五年（每千人 12 人）。在 1867 年至 1871 年间离开加利瓦尔的 90 人记录中，没有搬到北美的人；只有 3 人搬到了挪威；其余的人迁移到瑞典境内的其他北部教区，如拉内亚（20 人）和奥佛卡利克斯（20 人）。1867—1871 年迁徙的目的地与前五年和后五年的迁徙目的地相似，除了在 1867—1871 年挪威不那么受欢迎（1862—1866 年，有 14 人迁移到挪威；1872—1876 年，有 13 人迁移到挪威）。1867—1871 年，有 49 人迁入加利瓦尔，大多数来自其他北部教区，其中奥佛卡利克斯和约克莫克的移民占所有移民的一半以上，没有来自芬兰的人。

然而，迁移情况可能没有很好地在数据中反映，特别是寻找工作或救济饥荒的短期迁移。DDB 记录了 14 起在 1867 年至 1871 年间搬离后来又搬回加利瓦尔的案例。其中只有 3 名为就业年龄的男性（还有一名 14 岁的男性），7 名是就业年龄的女性。因此，在此期间记录的迁移不能解释为成年男性人口的相对减少。实际上，成年男性死亡人数过多（在此期间男性死亡人数为 105，女性为 92）。与之相反，1877—1881 年间有 104 名成年女性死亡，69 名成年男性死亡。

在 1867—1868 年的饥荒期间，加利瓦尔的死亡率并没有增加，男性和女性粗死亡率为每 1000 人 33 和 28 人，但从整个 19 世纪来看，这几年是高死亡率时期的开始，并一直持续到该世纪末（Sköld et al.，2008）。饥荒期间主要的死亡原因是传染病。天花于 1867 年爆发，紧接着是于 1868 年爆发的麻疹。将这种情况与饥荒造成的饥饿和痛苦联系起来是很难的，因为这些流行病是全国性的。萨米人的死亡率在 1867—1868 年期间出现了有限的增长，并在接下来的几十年里出现了类似的高峰。从长期来看，这些变化并不明显。19 世纪 60 年代，加利瓦尔的婴儿死亡率实际上有所下降。这些变化对萨米人口的直接影响有限，部分原因可能是他们有能力迁移（当时大部分萨米人仍是游牧生活方式）来应对饥荒的威胁（Sköld，1997）。

大萧条之后，加利瓦尔人口中男性占比越来越多（直到 19 世纪末，总性别比例和就业年龄的性别比例一直在稳步上升），萨米人口总数则越来越少。加利瓦尔也变得更加城市化，1880 年，有近四分之三的人生活在人口超过 50 的村庄，而在 1860 年只有 47%。此外，在 1860 年时，5 个最大的村庄的人口还不到总人口的 25%，而到了 1880 年，到了约 30%。然而，1870 年时，这种城市化并不明显，47% 的人口在较大的村庄，23% 的人口在 5 个最大的村庄。尽管在较大的城镇更容易得到饥荒救济，但在林业和矿业部门，大萧条可能比工业化发展的影响要小（Engberg，2004）。

## 5.4　凯瑟林-戴利和"莱斯"气旋

凯瑟林-戴利河流域约有21000人,主要由两大人口区组成。凯瑟琳镇是一个非土著居民为主(70%)的城市中心,约有10000人,它的位置既是主要的河流交叉也是澳大利亚北部唯一的南北和东西封闭的公路运输路线的交叉。周边地区超过85%的人口是原住民,并且有至少10个大型的"原住民社区"(超过200人)。这些社区位于原住民地区的人口中心,并对可以居住在那里的人有具体的法律规定。

凯瑟林镇以及凯瑟林-戴利地区已经意识到洪水带来的风险。该镇的位置从19世纪末时最初的欧洲移民定居点到作为南北铁路线的铁路桥部分(直到2004年才完工)建造后的地区之间发生了几次变化。原住民长期以来采取临时和长期迁移的做法,以适应不断变化的环境条件(Bird et al.,2013)。和其他北领地大城镇一样,凯瑟琳镇的建立很大程度上得益于从阿德莱德到达尔文的陆上电报线路,但迅速发展出的企业家文化,使它有别于典型的严重依赖政府的北领地区域和地方经济(Carson,2011)。凯瑟林镇是澳大利亚北部养牛业的主要服务中心之一,有畜牧(牛和羊)和农业(花生和柑橘)实验活动场所,在20世纪80年代和90年代有相对较大的采矿和制造业部门。凯瑟林研究站成立于1956年,旨在促进农业和畜牧业的发展。

在20世纪70年代和80年代,凯瑟林-戴利地区处于澳大利亚北部旅游业发展的最前沿。1962年,凯瑟林峡谷(Nitmiluk)建立了首批北方国家公园之一。20世纪80年代末,当尼特米鲁克国家公园交还给它的原住民时,源自凯瑟林并专注于尼特米鲁克和卡卡杜国家公园的旅游业,对当地和地区经济做出了非常重要的贡献(Berzins,2007)。Faulkner等(2001)指出,1997年尼特米鲁克接待了近25万游客,超过17.5万游客在凯瑟林镇过夜,那里有很多住宿的基础设施。虽然很多游客都是自驾游,但这里也有大型的有组织的旅游市场,包括约45000名国际游客。大型旅游公司,如Travel North把总部设在凯瑟林,大型汽车旅馆(许多建于20世纪70年代末和80年代初)占据了主要的住宿市场。

然而,到1998年1月洪水暴发的时候,有迹象表明凯瑟林的发展正在放缓。维持定期商业航空运输(由政府提供大量补贴)的尝试基本上失败了。Travel North被分成两家公司,一些业务被转移到达尔文。达尔文也取代了凯瑟林,成为卡卡杜国家公园,甚至成为尼特米鲁克国家公园游客的主要住宿中心(Schmallegger et al.,2010)。总体而言,前往澳大利亚内陆的游客数量已经开始下降,并一直持续到今天(Taylor et al.,2015)。对于凯瑟林旅游区来说,自从Faulkner等(2001)的论文声称可能出现"反弹"以来,游客数量持续下降。游客人数在2000年和2001年确实大幅增加(与1999年相比增加了约15%),但在2002年和2003年之间下降得更厉害(超过30%),并至少持续下降到2013年(当时的游客人数不到1999年的三分之二)。

虽然很难获得 1996 年以前的详细数据，但至少有一些传闻表明，凯瑟林的采矿和制造业等私营部门活动在 1998 年以前也在下降（Desert Knowledge Australia，2005）。例如，托德山矿在 1997 年之前就已经处于逐步关闭的过程。到 1996 年人口普查时，该镇人口增长已达到 9500 人左右，凯瑟林-戴利地区人口增长到 19000 人。小镇的原住民和非原住民之间的平衡也发生变化，自 20 世纪 70 年代初（Taylor，1989）至 90 年代中期，由于政府对生活在非常偏远地区的微小社区原住民的支持减少，原住民从周围地区稳步迁移到该镇（Altman，2006）。这一迁移的早期影响在某种程度上被 20 世纪 80 年代末廷达尔空军基地扩建所掩盖，因为近 2000 名非本地（男性）居民来到该镇。

Harwood 等（2011）研究了凯瑟林镇应对 1998 年的气旋"莱斯"和相关洪水的广泛人口统计经验。他们的研究集中在 1971 年至 2006 年这段时间，得出了一些概括性的结论：

- 从 20 世纪 70 年代末（受新建军事设施和旅游业增长的驱动），该镇经历了人口的快速增长，直到洪水暴发，人口增长停滞；
- 经济地理发生了重大变化，私营部门和政府行政部门的就业减少，而公共服务部门（教育和卫生）的就业增加；
- 1996 年至 2001 年期间，人口年龄分布发生了重大变化，15 岁以下儿童和 45 岁以上人口的比例有所增加，但就业年龄较小的成年人的比例有所下降；
- 原住民的比例（从 18% 增加到 25%）和女性的比例（从大约 45% 到近 50%）有所增加。

Harwood 等（2011）重点关注城镇本身，尽管洪水影响了更大范围的凯瑟林-戴利河流域。他们指出，土著人口的增加可以部分归因于人们从更偏远的地区向主要城镇的持续迁移。虽然这种迁移可能在洪水之后有所增加（很难找到证据），但城镇中原住民和非原住民人口比例的变化很可能更多是由于外迁和非原住人口的"未能返回"。

Harwood 等假设洪水事件是造成人口变化的直接原因，并提出与 Faulkner 等（2001）一样的看法，认为这种影响可能是暂时的，预计凯瑟林镇能从这次事件中恢复过来。部分原因是该镇对洪水事件不陌生（1957 年和 1974 年也发生过大洪水，气旋"莱斯"之后的 2006 年和 2014 年也发生过洪水）。此外，由于凯瑟林的优越地理位置，它应该会很迅速地恢复。最后，"企业家文化"支撑了 20 世纪 80 年代和 90 年代初期的快速发展，并由此增加了经济多样性和人力资本。尽管 98% 的商业受到洪灾的影响，但仍有快速和全面恢复（甚至增长）的预期（James，2009）。

Harwood 等（2011）和 Faulkner 等（2001）可能都高估了该镇的经济和人口恢复能力，尤其是看到加利瓦尔恢复得那样迅速。凯瑟林镇直到 2007 年都没有恢复到 1996 年的人口水平，此后的增长预测建立在公共部门工作人员持续扩张的基础上，包括大量的地方政府就业。因为在 2007 年地方政府改革后，周边地区的地方政府办事处都设在凯瑟林镇（Michel et al.，2012）。2007 年，澳大利亚政府实施了"北领地应急反应"方案，该方案旨在打击原住民社区报告的高频家庭暴力和虐待儿童现象，因此，卫生、福利、教育和保护服务领域的公共部门就业人数大幅增加（Taylor et al.，2009）。

与该镇形成鲜明对比的是，从 1999 年到 2013 年，周边地区的人口增长率平均为每年 2％，其中 1997—1998 年的人口增长率（72 人）较低，但也并非异常。就周边地区而言，2003 年至 2004 年的人口增长估计为 82 人，2006 年至 2007 年（与另一次洪水事件相一致）为 78 人，2010 年至 2011 年仅为 23 人。在凯瑟林及周边地区，原住民人口的增长超过了非原住民人口的增长，该区域的女性人数也越来越多，而且更多地集中在非常年轻和较年长的年龄段（Brokensha et al.，2014）。毫无疑问，洪水事件在 Harwood 等（2011）报告的新的人口趋势方面具有重要意义。然而，有证据表明，在 1998 年的洪水事件之前，凯瑟林镇（尤其是小镇本身）就已经有这样的人口变化。这场灾难可能加剧了这种新趋势，而不是造成了这种趋势。

## 5.5　差异解释

至少从表面上看，凯瑟林似乎经历了"莱斯"气旋和 1998 年洪水带来的长期严重影响，而加利瓦尔则遭受了一些重大的直接影响，并相对迅速地恢复到 19 世纪 60 年代中期出现的人口发展模式。然而，除了对个人的直接影响（即使这样也很难评估）之外，将具体后果归因于自然危害是有问题的。在这两个例子中，人口稀少地区人口和经济的动态特性得到了很好的体现。对加利瓦尔来说，与北方的定居战略、工业技术的引进、全球市场的开放（尤其是英国），以及与铁路运输的到来关联的采矿和木材繁荣，是这一时期人口变化的主要驱动力。也许有迹象表明，大萧条导致的活动之间存在着关联，比如英国建造铁路线尝试失败，或者瑞典政府对森林监管的日益关注，但文献并未就此进行梳理。对凯瑟琳来说，20 世纪 90 年代中期人口变化的重要驱动因素可能是之后的旅游业萧条，以及转向北方其他地区（主要是达尔文）的政治关注和基础设施投资。如果没有洪水，变化的过程可能会发生得更慢，但不清楚最终的结果是否会有很大不同。

加利瓦尔的案例是一个例外，一些关于大萧条的观念认为由于缺乏工业化，北方受到的影响比南方更大，导致了大量国际移民，但加里瓦尔的案例也强化了一些其他观念：这些影响是短暂的，而那些组成部分的影响（如出生、死亡、迁移）虽然明显，但总体上是小的。这验证了一种观点，即在研究自然灾害对人口的影响时，空间尺度很重要。考虑到加利瓦尔的经济、社会和政治资源，其变化一定是独特的，至少在经济情况下，可能是非常独特的。

1998 年澳大利亚北领地的洪水灾害也证明空间尺度很重要。当仅考察凯瑟林镇时，人口结构的变化是显而易见的，但从更广的地区看似乎受到的影响较小。这个城镇的经历之所以更加引人注目，是因为其初始的经济和人口状况不仅与周边地区截然不同，而且洪水在短期内会加剧的新趋势已经出现。事实证明，这些趋势至少一直持续到今天。

这项研究还包括一项引人注目的影响对比——在加利瓦尔，主要威胁的是人类的生命，财产并没有受到恶劣季节的太大影响（尽管一些土地在几年内不能有效地使用）。与此相反，1998 年的洪水并没有严重威胁到人的生命，但却造成了巨大的财产损失。这可以解释为什么凯瑟林镇未能如期恢复，尽管在某种意义上财产损失和重建的需要被认为是促使达尔文镇从"特蕾西"气旋中迅速恢复的驱动力（Britton，1981）。在人口高度流动的情况下，生命的丧失实际上可能没有物质基础设施的丧失重要。

这项研究强调了人口变化的动态过程，特别是在人口稀少的地方，即使发生黑天鹅事件，人们也很难确定具体变化的原因。动态变化使人口稀少的地区更有可能在通常认为的短期人口周期内承受直接的人口冲击。它还使人们更容易夸大一些在事件发生之前可能并不明显的趋势。"时间决定一切"，但如何解读灾难时机的具体影响依然是一项挑战。在这两种情况下，如果该事件发生在几年前，其影响可能会大不相同。这可能给加利瓦尔带来了比凯瑟林镇更大的影响。时间会影响人口的适应性——有经济上的选择吗？有迁移的机会吗？是否有相应的系统来协调灾难反应？这些问题的答案即使在很短的时间内也会发生变化。

同样，对灾害事件影响的看法也会因观察这些影响的时间尺度而改变。只有在一个相对精细的尺度上（此处为单一年份），加利瓦尔所遭受的冲击才可以从现存的数据中看到。也许从更精细的尺度（季节或月份）进行考察，可以揭示出更严重的影响（Fellman et al.，2001）。在 Katherine 等（2001，译注：原著缺失该文献）中和 Harwood 等（2011）的案例中，由于无法充分延长事件前后的分析时间框架，导致对这一问题中经济和人口背景出现误解，至少是对中期经济和人口潜力的误判。

时间尺度的第三个属性是所研究的灾害事件与同类型的前后事件之间的关系。例如，加利瓦尔的年度人口特征模型提出了一些关于 1857—1858 年饥荒和 10 年后的大萧条之间显著关系的问题。虽然普遍认为，生活在人烟稀少地区的人由于经常接触（或预期接触）灾害事件而具有更高的风险承受能力，但这些事件发生频率的重要性和不同社会与经济团体潜在的不同反应尚不明确。凯瑟林-戴利地区在 2006 年洪水期间原住人口增长的减缓也值得进一步研究。

此外，我们还需要做更多的工作来研究在本章中提到的社会规模问题。加利瓦尔大萧条时期妇女的经历对城市化（甚至有少数妇女在其伴侣去世后搬到更大的城镇）和男性化（如果未来几代妇女不愿移入或被鼓励移出）方面可能有长期且重要的影响（另见第 9 章）。将这些过程与事件联系起来的证据目前尚不明晰，其他方法（例如个人口头和书面历史的分析）在建立这种联系时，可能比定量的人口统计分析有用得多。对于理解大萧条和凯瑟林洪水在改变原住民行为方面所起的作用也是如此,我们已经从 1974 年达尔文的"特蕾西"气旋中得到警示(Haynes et al.,2011)。

最后,对人口稀少地区的灾害事件进行研究是对人文地理学研究来说特别复杂的任务。我们可以假设,当现有趋势如此活跃和强大,以至于容易承受临时冲击时,灾害事件可能会导致人口发展的暂时中断。我们也可以假定,当经济、政治、社会和人口状况在某种程度上为任何情况下的变化做好准备时,灾害事件可能导致更长时间的人口转移(另见第 6 章)。然而,除非在非常精细的空间和社会尺度上(基本上归因于人的行为),我们可能无法对因果作出任何明确的陈述。但是,灾害事件应该被视为人口稀少地区人文地理的一系列随时存在并动态影响的一部分研究内容。

## 参考文献

ADAMO S B,SHERBININ A de,2011. The impact of climate change on the spatial distribution of the population and on migration population distribution,urbanisation,internal migration and development:an international perspective[R]. P. D. United Nations Department of Economic and Social Affairs,United Nations:161-195.

AKENSON D H,2011. Ireland,Sweden and the great European migration,1815-1914[M]. Montreal:McGill-Queen's University Press.

ALESTELAO M,KUHNLE S,1987. The scandinavian route:economic,social,and political developments in Denmark,Finland,Norway,and Sweden[J]. International Journal of Sociology,16(3/4):3-38.

ALTMAN J C,2006. In search of an outstations policy for Indigenous Australians. Working paper [R]. Canberra,Centre for Aboriginal Economic Policy Research,Australian National University.

AXELSSON E,2014. The forest as a resource:conflicts in the northern Sweden wooded land in the 19th century[R]. 54th European Regional Science Congress. St. Petersburg.

BAILEY A J,2011. Population geographies and climate change[J]. Progress in Human Geography,35(5):686-695.

BENGTSSON T,DRIBE M,2002. New evidence on the standard of living in Sweden during the 18th and 19th centuries[R]. Lund Papers in Economic History. Lund,Sweden,Department of Economic History,Lund University.

BERZINS B,2007. Australia's northern secret:tourism in the Northern Territory,1920s to 1980s [R]. Sydney,B. Berzins.

BIRD D,GOVAN J,MURPHY H,et al,2013. Future change in ancient worlds:indigenous adaptation in Northern Australia[R]. Gold Coast,National Climate Change Adaptation Research Facility.

BRITTON N,1981. Darwin's cyclone max. An exploratory investigation of a natural hazard sequence on the development of a disaster subculture[R]. Disaster Investigation Report. Townsville,James Cook University.

BROKENSHA H,TAYLOR A,2014. The demography of the territory's 'Midtowns':Katherine

[R]. Darwin,Australia,Northern Institute,Charles Darwin University.

BÄCKLUND D,1988. I Industrisamhällets Utkant: småbrukets omvandling i Lappmarken 1870-1970[R]. Umeå Studies in Economic History. Umeå,Sweden,Umeå University.

CARSON D,2011. Political economy,demography and development in Australia's Northern territory[J]. Canadian Geographer,55(2): 226-242.

CARSON D,ENSIGN P,RASMUSSEN R,et al,2011. Perspectives on "demography at the edge". Demography at the Edge: Remote human populations in developed nations[M]//CARSON D, RASMUSSEN R,ENSIGN P,et al. Farnham,United Kingdom:Ashgate Publishing Ltd.

CARSON D B,BIRD D,BELL L,et al,2013. Migration as an adaptation to climate change for remote indigenous communities: what might we expect[J]? Inner Asia Studies in the Humanities, 2: 92-111.

CARSON D B,CARSON D A,2014. Local economies of mobility in sparsely populated areas: cases from Australia's Spine[J]. Journal of Rural Studies,36: 340-349.

Desert Knowledge Australia,2005. Our outback: partnerships and pathways to success in tourism [R]. Alice Springs,Desert Knowledge Australia.

DEWSNAP R,1981. The history of the Lappland iron ore fields[J]. Minerals and Energy-Raw Materials Report,1(1): 64-69.

DOBLHAMMER G,BERG VEN DEN G J,LUMEY L H,2013. A re-analysis of the long-term effects on life expectancy of the great finnish famine of 1866-68[J]. Population Studies,67(3): 309-322.

DRIBE M,2003. Dealing with economic stress through migration: lessons from nineteenth century rural Sweden[J]. European Review of Economic History,7: 271-299.

EDVINSSON R,2014. Pre-industrial population and economic growth: was there a Malthusian mechanism in Sweden[D]? Stockholm:Stockholm University.

ELLIS M,2009. Vital statistics[J]. The Professional Geographer,61(3): 301-309.

ENGBERG E,2004. Boarded out by auction: poor children and their families in nineteenth-century Northern Sweden[J]. Continuity and Change,19(3): 431-457.

FAULKNER B,VIKULOV S,2001. Katherine,washed out one day,back on track the next: a postmortem of a tourism disaster tourism management[J]. Tourism Management,22(4): 331-344.

FELLMAN J D,ERIKSSON A W,2001. Regional,temporal and seasonal variations in births and deaths: the effects of famines[J]. Social Biology,48(1-2): 86-104.

FORD J D,SMIT B,WANDEL J,2006. Vulnerability to climate change in the Arctic: a case study from Arctic Bay,Canada[J]. Global Environmental Change,16: 145-160.

GODET L,2009. Transforming Gällivare: the emancipation of destruction[R]. Masters of Architecture,Ecol Polytechnique Federale de Lausanne.

GRADA O C,2007. Making famine history[J]. Journal of Economic Literature,45(1): 5-38.

HARWOOD S,CARSON D,MARINO E,et al,2011. Weather hazards,place and resilience in the remote Norths[M]//CARSON D,RASMUSSEN R,ENSIGN P,et al. Demography at the edge: remote human populations in developed nations. Farnham,United Kingdom: Ashgate

Publishing Ltd.

HAYNES K,BIRD D K,CARSON D,et al,2011. Institutional response and Indigenous experiences of cyclone tracy[R]. Gold Coast,Australia,Report for the National Climate Change Adaptation Research Facility.

HAYWARD A D,RICKARD I J,LUMMAA V,2013. Influence of early-life nutrition on mortality and reproductive success during a subsequent famine in a preindustrial population[J]. Proceedings of the National Academy of Sciences,110(34):13886-13891.

HOGAN A,CARSON D,CLEARY J,et al,2014. Community adaptability tool: securing the wealth and wellbeing of rural communities[R]. Canberra,Australia,Rural Industries Research and Development Corporation. 14/041.

ISACSON M,MORELL M,FLYGARE I A,et al,2013. Resilience of peasant households during harvest fluctuations and crop failures in nineteenth century Sweden-a micro study based on peasant diaries[R]. First EURHO Rural History Conference. Bern,Switzerland.

JAMES G,2009. Katherine,Northern territory,risks from climate change to indigenous communities in the tropical north of Australia[R]//GREEN D,JACKSON S,MORRISON J. Canberra,Department of Climate Change.

JANTUNEN J,RUOSTEENOJA K,2000. Weather conditions in Northern Europe in the exceptionally cold spring season of the famine year 1867[J]. Geophysica,36(1-2):69-84.

KARLSSON L,2013. Indigenous life expectancy in Sweden 1850-1899: towards a long and healthy life[J]? Demographic Research,28(16):433-456.

KOCH A,CARSON D B,2012. Spatial,temporal and social scaling in sparsely populated areas—geospatial mapping and simulation techniques to investigate social diversity[R]. GI_Forum 2012. Salzburg,Austria.

MAAS I,LEEUWEN VAN M H D,2002. Occupational careers of the total male labor force during industrialization: the example of nineteenth-century Sweden origins of the modern career[R]//MITCH D,BROWN J,LEEUWEN VAN M H D. Aldershot,Ashgate:258-277.

MARTEL C,CARSON D,LUNDHOLM E,et al,2011. Bubbles and craters: analysing ageing patterns of remote area populations[M]//CARSON D,RASMUSSEN R,ENSIGN P,et al. Demography at the edge: remote human populations in developed nations. Farnham,United Kingdom: Ashgate Publishing Ltd.

MARTEL C,CARSON D,TAYLOR A,2013. Changing patterns of migration to Australia's northern territory: evidence of new forms of escalator migration to frontier regions[J]? Migration Letters,10(1):101-113.

MCLEMAN R,2010. Impacts of population change on vulnerability and the capacity to adapt to climate change and variability: a typology based on lessons from "a hard country" [J]. Population and Environment,31:286-316.

MCLEMAN R,SMIT B,2006. Migration as an adaptation to climate change[J]. Climate Change,76:31-53.

MICHEL T,TAYLOR A,2012. Death by a thousand grants? The challenge of grant funding reliance for local government councils in the Northern Territory of Australia[R]. Local Government Studies iFirst: 1-16.

NELSON M C,1988. Bitter Bread: the famine in Norrbotten 1867-1868[D]. Uppsala: Uppsala University.

NEWBY A G,2014. Neither do these tenants or their children emigrate: famine and transatlantic emigration from Finland in the nineteenth century[J]. Atlantic Studies: Global Currents,11(3): 383-402.

NORDIN G,2009. Äktenskap i Sapmi: giftermålsmönster och etnisk komplexitet i kolonisationens tidevarv,1722-1895[D]. Umeå :Umeå Universitet.

NORDIN G,SKÖLD P,2012. True or false? Nineteenth-century Sápmi fertility in qualitative vs. demographic sources[J]. The History of the Family,17(2): 157-177.

RYNER J M,2003. Capitalist restructuring,globalism and the third way: lessons from the Swedish model[M]. London:Routledge.

SAXTON K,FALCONI A,GOLDMAN-MELLOR S,et al,2013. No evidence of programmed late-life mortality in the Finnish famine cohort[J]. Journal of Developmental Origins of Health and Disease,4(1): 30-34.

SCHMALLEGGER D,CARSON D,2010. Whose tourism city is it? the role of government in tourism in Darwin,Northern Territory[J]. Tourism and Hospitality: Planning and Development, 7(2): 111-129.

SKÖLD P,1997. Escape from catastrophe: The Saami's experience with smallpox in eighteenth-and early-nineteenth-century Sweden[J]. Social Science History: 1-25.

SKÖLD P,AXELSSON P,2008. The Northern population development. Colonization,and mortality in Swedish Sápmi 1786-1895[J]. International Journal of Circumpolar Health,67(1): 29-44.

TAYLOR J,1989. Public policy and aboriginal population mobility: insights from the Katherine region,Northern territory[J]. Australian Geographer,20(1): 47-53.

TAYLOR A,2011. The forecasting of remote area populations: numbers aren't everything[M]// CARSON D,RASMUSSEN R,ENSIGN P,et al. Demography at the edge: remote human populations in developed nations. Farnham,United Kingdom:Ashgate Publishing Ltd.

TAYLOR A,2014. Population projections for sparsely populated areas: reconciling 'error' and context[J]. International Journal of Population Research:658157.

TAYLOR A,CARSON D,2009. Indigenous mobility and the northern territory emergency response [J]. People and Place,17(1): 29-38.

TAYLOR M A P,FREEMAN S K,2010. A review of planning and operational models used for emergency evacuation situations in Australia[J]. Procedia Engineering,3: 3-14.

TAYLOR A,CARSON D B,CARSON D A,et al,2015. "Walkabout" tourism: the Indigenous tourism market for outback Australia[J]. Journal of Hospitality and Tourism Management,24: 9-17.

# 第6章 新奥尔良(New Orleans)、基督城(Christchurch)和因尼斯法尔(Innisfail)发生灾害后人口变化的土地利用规划

大卫·金(David King)　　　耶塔·古特纳(Yetta Gurtner)

**摘要**：土地利用规划受控于增长范式——城市和区域的规划与发展战略应涵盖住房和基础设施需求的增长。城市和区域规划战略注重促进发展和增长。与之相反，最近一篇文献关注的是衰退的规划——管理人口、基础设施损失、定居点弃用，为衰退的人口和经济做规划。灾害的到来通常是当地衰败的催化剂，但是这些损失常常与人口下降的长期问题和趋势有关。本章通过调查新奥尔良(New Orleans)、基督城(Christchurch)和因尼斯法尔(Innisfail)的数据，来论述针对特定灾难影响的人口损失和人口变化。案例展示了在时空上的多种模式迁徙。净迁移反映了人口的损失，但是在整个社区并不完全一样。特定的人口、文化和社会经济群体表现出不同的迁移和流动方式。重建这些定居点需要面对因服务和基础设施需求的变化而改变了的人口。当与气候变化有关的适应性策略被明确保护、适应或撤销时，针对减少的人口需要重新区划土地、建立新的战略规划、改变土地用途、拆除结构并重新安置基础设施。本案例研究说明了解决这些问题的各种方法。

**关键词**：人口损失；土地利用；规划；城市规划；区域规划；灾害

## 6.1 前言

城市和区域规划受控于增长范式，当城镇的增长是因工业化的和人口快速增长的城市化所驱动时，就会有商业和工业的需求。城市移民的涌入会产生对私人或公共部门提供的房屋、服务和基础设施的需求，并由此产生工作职位和经济活动。持续增长的人口推动市场的发展，并对商业扩张和收益产生更加深远的影响。私营企

---

大卫·金(David King，通讯作者)，耶塔·古特纳(Yetta Gurtner)，澳大利亚詹姆斯·库克大学理工学院。

大卫·金，E-mail：david.king@jcu.edu.au。

耶塔·古特纳，E-mail：yetta.gurtner@jcu.edu.au。

业促进和投资了增长,因此需要各级政府的政策和发展战略来促进增长。如战略规划体系等规划工具和概念通常是与增长相关的。城市规模调整的实证主义方法(Bettencourt et al.,2007;Youn et al.,2016)表明,城市增长约15%的附加值,产生增长效应,从而创造更高的效率和进一步的增长。

在"增长即是好的"的范例下,"关键的障碍在于这种概念……一个健康的城市总是保持人口增长,而不健康城市的人口才会减少"(Hollander et al.,2009)。然而,在关于日益城市化的文献中有许多互相冲突的信息,这些文献涉及城市吸引偏远农村地区移民的速度、城市规模、高密度生活、生态影响、城市焦虑与疏离、不平等、社会和经济分化、社会变革、犯罪和污染等问题。规划人员需要直面处理城市的负面情况,但是朝着乐观的方向依靠增长动力产生工作和资源来解决问题。对大多数处于城市化进程的发展中国家来说,乐观的增长和现代化是最重要的。相反,发达国家的规划专家正逐渐面对慢增长、环境可持续和人口衰退的新趋势。规划人口流失或者萎缩需要对城市和区域规划重新思考(Hollander et al.,2009)。Newman(2006)在对基于人口影响和生态足迹的规划评价时倾向于一种可持续的方法。这种规划方法基于对当地人口的不利影响来应对人口和移民减少,因为直接与增长背道而驰,所以在政府或企业中并不受欢迎。可持续性也涉及城市的积极影响和机遇。Newman(2006)强调,可持续性对城市增长和停滞或下降情况下的规划都很重要。在城镇中越来越容易看到衰退和处境不利地区的现实问题。人口迁移和重新定居是适应不断变化的环境和经济机遇的一部分。在快速城市化中,世界范围内的趋势是城市萎缩,特别是存在城市衰落、不平等和社会劣势等相关问题的发达国家(Oswalt et al.,2006;Hollander et al.,2009)。Hollander 等(2009)认为"全世界的发达的、现代化的城市正在面临前所未有规模的衰落"。许多人口低于50万的中小城市正在衰退,而更大的城市(尤其是全球化的和超级大的城市)正在快速增长(United Nations,Department of Economic and Social Affairs,Population Division,2018)。

比城市规划范围更大的区域规划涉及几十年来经济上处于劣势或衰退的地区,这些地区常常是地方性的农村贫困、偏远、服务和基础设施匮乏地区,也是后工业和资源变化带来的结构性经济变化的地区。区域经济发展的主要目标是阻止区域衰退、促进经济增长,并且在最近的几十年中的目标是通过探索区域的优势和机遇,来规划新的替代经济和社区,以适应变化的社会和经济现实(Ehrenfeucht et al.,2011)。

Hollander 等(2009)发现了更大范围的导致城市和区域人口下降和变化过程,包括郊区化和外迁、经济活动的变化、从制造业到服务业的后工业化转变、战争、大火、疾病、农业危机、老龄化和低生育率、政治变化等改变了发展和经济优先以及长期补贴情况,它们还有可能是与重大自然灾害或人为灾害相关的最明显影响。一个增长或减少的复杂原因是,人口移出市中心引起城市边界转移的失败现实。当整个城市周边地区人口可能增长,或者至少总体上降低得比较少时,城市人口可能表现出明显的衰退。当人口离开城市前往外围或郊区,他们的脆弱性也可能会增加,因为他们迁移到不熟悉的地区时会受到不同的危害。

本章会阐述城镇、城市和区域的人口因为灾害而衰退的情况。人口减少并不是平均的,或者是匀速的,但是会以不同的人口统计学指标来表示,例如种族、社会经济地位、年龄和性别。灾害的直接反应是人口的撤离,在恢复期间有些人口会逐渐返回,这通常需要许多年的时间。这段流离失所和人口流失的时期是一个重新评估规划优先事项的机会——为不同的社区进行计划和管理(见第2章)。我们通过验证三个最近遭受灾害而人口流失的地方,来探索这些规划和人口统计概念和问题:美国的新奥尔良、新西兰的基督城、澳大利亚的因尼斯法尔。本章探讨了衰退规划理论等,针对三个案例的灾害人口统计影响、规划策略和方法。

# 6.2 计划衰退、衰退规划和灾害恢复

规划中的新兴趋势是城市的萎缩(Martinez-Fernandez et al.,2016)、衰退及随之而来的人口和服务损失等概念。规划工具适应增长,而衰退则需要一个重新思考的规划。Hollander等(2009)建议进行范式转换,主动规划"收缩"——"收缩"的城市听起来要比衰退的城市好。一个可替代的表达是"调整大小"——为不同大小和组成的社区做规划。Hollander等(2009)主张,合适的规划响应是振兴城市——使较小的、低密度的、重新设计的城市继续有成效和可持续。收缩带来一系列的问题,包括土地(包括空地)利用、减少或者废弃的基础设施、清洁和绿化以维持土地价值、重建和修改景观选择、文化景点的持久性、历史保护和社会公平问题。

然而,"收缩"的城市不一定绝对衰退。收缩创造重新定义的密度,从而提供了重新开发节点的机会。这些策略可能包括通过空地、社区花园("新农村主义",Ellis et al.,1977)、城市农业、混合使用的再开发、旅游业、零售展览、城市设施和街道市场等临时使用计划、媒体或行业投资和娱乐活动来缓解环境和生态恢复、绿化、雨洪和灾害管理。规划人员处于一个特别的位置,将衰退重构为机遇以重新展望城市发展,探索非传统方式的增长、宜居和安全(Hollander et al.,2009)。经过一个大的灾害之后,地方积极的"地方意识"和韧性是尤其重要的。

灾后恢复背景下的规划和管理意味着规划研究和政策的另一个新兴方向(Olshansky et al.,2009;Blanco et al.,2009)。灾害发生后,规划人员在该地区的重建中发挥着至关重要的作用,在住房和基础设施以及社会、经济和环境系统的重建和恢复方面面临着独特的时效性挑战。具体的问题包括资源的可用性、公众利益(尤其是有关速度与质量的问题)和社区改善的机会。

Olshansky等(2006)断言,"无论如何定义,灾后恢复需要规划者的技能。在城市规划的所有挑战中,恢复是很宏观的,如发展土地利用和经济发展策略以改善生活,在缺乏足够信息的情况下采取行动,在审慎和方便之间进行权衡,引导地方政治,吸引公众

参与并确定资金来源以补充当地的不足资源"。对于衰退城市的重塑需要规划者重新注重以下方面：城市的自然脆弱性、两极分化、再城市化、地方意识、混合用途重建、社会公平和生活质量——采用新的土地利用变化、分区和综合战略规划方法，以结合新的城市规划原则，创造宜居、韧性和适应气候变化城市（Hollander et al.，2009）。

对于环境系统而言，大规模的人口减少和基础设施的减少与废弃可以清除洪泛区的建筑物和铺好的地面，从而增加城市绿色化、环境改善和生态恢复、具有环境功能的绿化绿地、流域/雨水管理、野生动植物栖息地，以及建立植被密闭区以改善空气质量并减少城市热岛效应。在社会和经济方面，灾后人口规模和密度的降低可能会促进休整后的社区重点、资源和通道的重新分配、新的社交和社区网络机会、多元化的就业前景，以及城市韧性、安全和福利的发展。

重整大小的城市需要战略性的可持续规划，通过积极地去密度（购买空地，维护相邻的街区）、拆迁或者良性拆除、变迁城市和邻里的稳定以实现可持续的未来。规划观念需要可持续发展，为彻底改变的未来和气候变化情景影响下的不确定做计划。成功的因素有：参与性的过程、当地的领导力、各级政府的合作、外部资金和资源、业已存在的规划文件和机构、在事关未来发展的政策上积极参与并达成一致（Hollander et al.，2009）。

## 6.3　收缩和外迁

尽管增长的范式很受欢迎，但是规划者广泛承认：城市、城镇和区域人口正在流失，并可能因遭受经济机会、服务供应和社区韧性随之而来的降低。迁移是人类的基本特征，这是对变化的资源、威胁和机遇的合理响应。人们随时间和空间移动。对个人来说，外迁移民安置可能提升韧性和生活质量，尽管它不一定能减少脆弱性因子。对社区来说，外迁人口流失的过程可能会降低韧性和适应能力，可能会增加应对经济和社会变革的整体脆弱性，包括未来的自然危害和气候变化导致的灾害。迁移对于降低灾害风险来说是非常重要的，尽管只有有限的估算灾害对灾后人口流动影响的社会科学研究文献或系统性数据（Love，2011）。

社会学灾害研究主要调查在社交网络、系统和制度背景下的如个人、家庭和住户、组织和社区等社会单元的恢复（Boon et al.，2012,2013,2016）。经济影响包括商业、经济成本（短期而不是长期的）、经济安全性和承受力、保险覆盖范围、金融、就业和生计等。灾难造成的物理破坏和对建筑环境的破坏通常与物流、资源、生命线、关键基础设施（见第 10 章）、住房和基础服务供应、环境和政策调整等方面联系在一起。尽管对变化的社区和区域有重要的影响，但是关于恢复重建的文献比较有限，主要集中在减轻现有人群的风险上，而不是关于流失和散居的人口。

另外，灾害驱动的迁移发生在现有的净迁移过程的背景下。灾害促进了外迁，但从长期来看，迁移发生在灾前经济趋势中（见第 5 章，凯瑟琳洪水案例）。灾害促进的外迁过程有五种。

(1)害怕风险,随之而来的是准备去别的地方寻找定居点(King et al.,2014)。这是个人、家庭或商业运营机构基于危害的脆弱性的感知。对于本地或其他地方关于危害的先前经验或知识,影响受到进一步威胁时采取行动的态度。年龄、当地财产所有权和经济承受力影响搬迁能力。在当地有基础和财产的老人比年轻的经济活跃的家庭更加受限制,后者因子女的安全和具有更大的能力在别处寻找机会而搬迁(King et al.,2014)。减少这一人群的灾害风险可能使外迁成为最有效的策略,而搬迁可能会在灾害事件发生之前的任何时间发生。

(2)在提前发出警告的灾害前撤离是可能的,例如洪水、气旋和丛林大火。提前撤离是由官方或应急服务组织的,可能是被迫的或建议的。这使人民远离伤害并减少死亡率,尽管严重的丛林火灾经验显示,自愿撤离太晚可能会大大增加死亡人数。大家可能会在家庭、社区损害程度的有限范围内暂住,当危险过去后被允许返回。

(3)在社区受到严重灾害损坏后,由官方或应急服务所组织的撤离可能是强制的。撤离常常是对像地震之类的突发性灾害的响应。这种破坏是广泛的,有发生次生危害的风险,社区在住房、基础服务和生命线破坏时无法支撑。

(4)当建筑物、经济、服务和基础设施破坏时,人们会逐步从受影响的社区或区域撤离到更远的地方,造成灾后恢复缓慢和尽早返回抑制。由于预期会很快返回,附近的临时住所变得越来越不可行,迫使人们搬到更远的地方工作和居住。

(5)经济和住所的长期损失促使人民迁移到有更好机遇的地方。人们可能会在新的社区定居,有新的生活方式。他们中的大多数起初是被劝告式的撤离,住房损坏和持续性的损失使他们做出这个选择。

回顾灾害的人口统计影响,Love(2011)指出,人口正经历转型。当城市长期的衰退不是重大影响灾害的直接后果时,当前的研究和文献表明,一个时期的人口转型反映的是撤离(资源和/或者强制性的)、居住损失和被迫迁移。离开或返回的决定在很大程度上依赖于当地地理环境下的居住损失水平。Love(2011)指出,90%的居民会在六个月内返回,但是如果两年内都没有返回的话,很有可能就是长久移居了(见第2章和11章长久安置)。在没有资源恢复的地方,脆弱人口的被迫迁移是显而易见的。脆弱人口的集中也发生在更有资源的人离开的地方。人口被迫迁移与有意识的外迁不同的是:前者改变了人口动态、人口构成和趋势(Love,2011)。结果是,在受灾害影响的城镇里,离开和返回的人在人口断面上没有代表性。在破坏早先存在的社会系统的功能和动态时,灾害扰乱了社会和人口格局。

当灾后重建发生在人口稀少与变化了的自然和社区景观中时,规划者需要面对一些关键性的问题,如基础设施的重建、改进标准和最佳实践方式(Hollander et al.,2009;Ehrenfeucht et al.,2011)。全面且有战略性的规划对恢复来说是至关重要的,因为通过土地利用规划和灵活的重建策略,来"重建得更好"是可行的。土地是居住社区和经济的基础,因此为社区提供安全保障(Lundin,2011)。变化、城市变

迁、重建和振兴的机遇将人们从直接物理暴露转移，因此减轻了损失并促进韧性的
重建。这些都是仙台框架——减轻灾害风险（UNISDR，2015）的优先事项，重建得更
好（见第 12 章）——取决于我们在恢复管理决策中如何构思恢复及其表述。对规划
者来说，使新城市主义原则（Congress for the New Urbanism，1999）整合到重整大小
的城市景观，推动土地利用变化，包含经济、能源、交通、可持续发展、福祉、社会资
本、韧性和可居住性考虑的发展战略，重视减缓气候变化和适应未来更严重的危害
风险环境之中的机会是存在的。

# 6.4　重大灾害后的恢复和损失：案例分析

自 21 世纪以来，全球许多城镇都经历过重大灾害之后的人口流失。本章继续从
规划响应和灾害恢复的角度研究三个完全不同地方的经验。在更长时期人口流动
的背景下，每个地方的人口流失都有所体现，而灾害事件加剧了这一已有的趋势。

这三个城市案例是完全不同的，因此，本节的目标不是做比较或对照，而是调查
在相对较近灾害影响后已有明显人口流失现象的三个发达国家城市的直接经验。
在 2005 年被"卡特琳娜"飓风摧毁前，美国路易斯安那州新奥尔良总人口有 134 万人
（Sastry，2009）。新西兰南岛基督城在 2010 和 2011 年分别发生严重的地震，灾前人
口有 367720 人，后一次地震造成损失更多，伤亡更重（Love，2011）。澳大利亚昆士
兰州远北地区的因尼斯法尔及食火鸡海岸区域，2011 年人口大约为 30000 人（ABS，
2016），曾被两个四级气旋袭击——2006 年的"拉里"气旋和 2011 年的"亚西"气旋。
尽管这两个气旋没有造成人员死亡，但是对经济复苏有复合效应。

Love（2011）认为，基督城和新奥尔良的灾后外迁和人口流动不可比较，基督城
的经历更加接近迈阿密安德鲁飓风（1992 年）和神户地震（1995 年）的情况。Za-
ninetti 等（2012）将新奥尔良同得克萨斯州加尔维斯顿相比较，后者在 1900 年经历
了 4 级飓风[①]，此后经济和人口增长转移到休斯敦。加尔维斯顿早在 1900 年前就出
现人口衰退了。新奥尔良和因尼斯法尔在灾害之前的很长一段时间里，都经历着人
口停滞和经济下滑现象。尽管因尼斯法尔和基督城都服务于农村内陆地区，但是这
两个案例研究没有其他可比性。它们是代表灾后的不同过程和经历的例子。

## 6.4.1　基督城

基督城是新西兰南岛的最大城市，因其热门的文化遗产旅游胜地而闻名，被城
郊农村居民区所环绕（Swaffield，2012）。Love（2011）指出，2010—2011 年地震之后，
基督城人口流失总量被广泛引用的数字为 7 万。估计受影响的大基督城地区的人口

---

① 根据萨菲尔-辛普森量表，飓风被划分为 1（最轻）～5（最严重）。4 级通常意味着最大风速为 209～
251 km/h。

约为 460000 人,约 150000 间房屋在不同程度上受损。2010 年地震后有小规模的人口变化,2011 年地震造成的破坏引起了严重的人口外流和重新安置(Parker et al.,2012)。Newell 等(2012)在表 6.1 中展示了地震后人口流失集中的地区,而损失较少的城郊人口似乎有增长。

表 6.1　2010/2011 地震前后基督城人口变化(Newell 等,2012)

单位:人

| | | 怀马卡里里地区 | 基督城 | 塞尔温地区 | 大基督城 |
|---|---|---|---|---|---|
| 估计人口 | 2006 年 | 44060 | 361820 | 35000 | 440860 |
| | 2011 年 | 48600 | 367720 | 41100 | 457420 |
| 人口变化 | 2008—2009 年 | 800 | 3700 | 1100 | 5600 |
| | 2009—2010 年 | 800 | 4000 | 1000 | 5700 |
| | 2010——2011 年 | 900 | −8900 | 1600 | −6500 |
| 2011—2012 年人口变化 | 最低 | 400 | −10300 | 600 | −9300 |
| | 较低 | 400 | −7900 | 900 | −6500 |
| | 中等 | 700 | −4700 | 1200 | −2900 |
| | 较高 | 700 | −2800 | 1200 | −900 |
| | 最高 | 800 | −700 | 1300 | 1400 |

注:模型估算来自 Newell 等(2012)。

Newell 等(2012)估计,2011 年地震后,基督城有大概 15% 的人口,也就是约 55000 人离开。许多毛利居民返回传统的伊威(Gawith,2011),但是短期内在较近距离安置的很多人随后又搬回。基督城的入学率(Newell et al.,2012)显示,地震发生后立即外迁并稳定返回的学生低于 10%。Gawith(2011)回顾关于基督城地震媒体报道的汇编发现,媒体估计有约 26000 人离开,学校名册显示 4496 个学生转去新的学校——部分是因为教育设施的损坏和关闭。2013 年人口普查显示,基督城的人口相比 2006 年估算下降 2%,而大基督城地区人口在此期间增长 2.6%(Statistics New Zealand,2014a)。这些人口普查数据表明,最高的降低率(35%~36%)发生在受损害最严重的地区,这里三分之二的离开人群搬去了同一行政区的其他居住点。人口普查数据并没有直接与别的人口估算数据比较,尤其是当地政府和城市委员会的估算数据。2018 年,新西兰人口普查估算有 10% 的漏报,尤其是关于太平洋岛民的数据,但是在 2013 年仅有 2.4% 漏报(BERL,2018;Statistics New Zealand,2019;Statistics New Zealand,2014b)。

在 2010 和 2011 年地震前,基督城的人口趋势是持续增加,主要是移民,尽管这些移民中有老年人口(Love,2011)。Newell(2012)将观测到的基督城外迁放在更大的包括迁入、迁出和国际抵达的迁移格局背景下研究,发现由于旅游业和相关的短期游客行业(如国际学生)的容量降低,导致外迁移民有很明显的降低。出生人口的降低也被注意到。建筑批准从 2012 年起高度稳健进行,同时使建筑业成为增长的主要驱动。区域的技术人员和贸易工人数从 2006 年到 2013 年增长了 6.9%,与全国同类劳动力下降的趋势相反(Statistics New Zealand,2014a)。尽管估算地震后外迁和返回的人口形势显得多变,明显的是基督城人口流失与损失程度以及房屋、服务和基础设施损失密切相关。即使人口动态已经改变,2018 年的人口普查表明人口仍在增长,人口普查估算人口约为 404600 人(Statistics New Zealand,2019)。

## 6.4.2　新奥尔良

与基督城相比,美国主要港口城市新奥尔良在"卡特琳娜"飓风之前就经历了长期的人口和经济衰退(Love,2011)。Love(2011)指出,新奥尔良市自 1970 年开始就有明显的衰退。Zaninetti 等(2012)研究被称为新月城或大易城的新奥尔良的历史发现,自美国内战(19 世纪 60 年代初)以来其重要性开始下降。中心城区的人口峰值在 1960 年为 627525(Plyer,2011),随后中心城区的人口完全下降并逐渐扩散到远郊,侵占周围的保护性湿地,从而增加了遭受洪灾的物理脆弱性。大新奥尔良地区(都市区)人口在灾前的 2005 年估计有 134 万人,其中 69% 为非裔美国人(Sastry,2009)。自 1970 年到 2000 年,人口降低 18%,之后的 5 年又降低 6%。失业率超过了国家平均,2000 年时有超过 20% 的人口生活在贫困线以下,造成了严重的社会经济问题(United States Census,2019;Simo,2008)。在此背景之下,Sastry(2009)提出,许多人早已有因经济原因离开城市的计划,而"卡特琳娜"飓风可能加剧了撤离。因此,"卡特琳娜"飓风加速了人口变化。

由于 2005 年"卡特琳娜"飓风的影响及其相关堤防系统的失灵,整个新奥尔良城约 455000 人用了一个多月被迫撤离和重新安置。在更广泛的影响范围内,记录了至少 1500 人死亡,超过一百万人被转移安置。新奥尔良 188251 套住房中大约 71.5% 被损坏,55.9% 被严重损坏(Fussell et al.,2010)。考虑到损失重大且排水量要求巨大,许多被疏散的居民长期流离失所。"卡特琳娜"飓风之后四个月,新奥尔良市的人口估算为 158353,与灾前相比流失 64%(Kates et al.,2006)。"卡特琳娜"飓风之前,新奥尔良教区有 66000 个学生,到该年底就只有 5000 人了。大多数被转移安置的学生在其他州入学(Sastry,2009)。

由于合法权利、财产权、临时住宿提供、保险、生态修复计划、种族和其他政治问题等影响着人们的返回,重建非常缓慢。人口统计局估算,2006 年 7 月新奥尔良的人口为 223000 人,比"卡特琳娜"飓风来临前的 50% 还少(Zaninetti et al.,2012)。Fussell 等(2010)按照"卡特琳娜"飓风发生一年后房屋状况计算的人口返回率(表6.2)显示,整体有 70% 返回(尽管别的估算约 60%)。城市基础设施、住房、商业和服务的恢复一直很慢并且经常变化。2010 年,没有被淹没地区的人口几乎是灾前人口的 90%~100%。相反,整个城市的空置率大约有 25%,主要是空地以及废弃的房屋、商业和机构建筑物(Plyer,2011)。数据中心(Plyer,2015)显示,"卡特琳娜"飓风发生 10 年后,新奥尔良(城市中心区域)的估算人口约为 385000,净损失 15%。进一步的分析表明,恢复的社会、空间和时间人口维度存在分化,持续的社会人口构成脆弱性(Fussel,2015)。

表 6.2　"卡特琳娜"飓风发生后新奥尔良的人口返回率(Fussel,2015;Love,2011)

| 房屋状况 | 一年后返回率/% |
|---|---|
| 完好的 | 96 |
| 损坏但是可居住的 | 81 |
| 不可居住 | 54 |
| 被毁坏 | 30 |

### 6.4.3　因尼斯法尔

因尼斯法尔是澳大利北亚昆士兰州的一个偏远农村小镇,为周围主要产糖,种植香蕉和其他热带水果作物的农业人口服务。历史上该镇多次受气旋的严重影响。1918 年,一场气旋摧毁了 1200 所房屋,造成 90 人死亡。在这些死亡人员中,有 37 人来自因尼斯法尔,有 40~60 名附近的原住民(Boon et al. ,2013)。1986 年,"威尼弗雷德"气旋袭击因尼斯法尔,造成 3 人死亡、12 人受伤、200 人被转移安置(Boon et al. ,2013)。在这次灾害中,50 间房屋被毁坏,1500 座其他建筑物(占城镇的 95%)被损坏,导致保险赔偿金总计 6500 万美元。"拉里"气旋在 2006 年袭来时,当地媒体对"威尼弗雷德"气旋进行了历史性的纪念。

该地在五年内遭受两次 4 级气旋①的破坏。"拉里"气旋于 2006 年 3 月直接越过因尼斯法尔;2011 年 2 月,"亚西"气旋在米申海滩(因尼斯法尔以南 50 km)附近越过,伴随着 5 m 的风暴潮。"拉里"气旋在因尼斯法尔造成了最严重的物理破坏,一半以上的房屋和基础设施遭到破坏,在较旧的房屋和周围许多乡镇中的损失率更高。"亚西"气旋摧毁了约 150 间房屋,650 间不可居住,另有 2275 间在整个受灾区域遭受重度伤害。两次灾害中均无人死亡(受气旋直接影响),仅有少数人受伤;对初级产业的直接影响是毁灭性的,损失了数亿美元的农作物;导致严重的失业和生计问题。"拉里"气旋影响的整个地区保险损失估计超过 5 亿美元,而五年后"亚西"气旋的保险损失估计超过 35 亿美元(Boon et al. ,2013)。

由于长期的地方治理效率低下、经济疲软和不稳定,因尼斯法尔的农村地区表现出人口不断减少、老龄化以及年轻居民的外迁。旅游业的停滞导致更大的卡索维里海岸地区人口稳定下降(表 6.3)。"拉里"和"亚西"气旋都发生在 2006 年和 2011 年的人口普查前半年。在进行正式人口普查时,包括没有工作的农业雇工在内的许

---

①　按照萨菲尔-辛普森等级确定为 4 级。"亚西"气旋按照"澳大利亚-南太平洋热带气旋分级"达到了 5 级,但是着陆后下调为 4 级。

多人被转移安置。尽管气旋后的恢复产生了一些经济活动,但卡索维里海岸地区的
人口自 2001 年至 2006 年下降了 1.9%,2006 年至 2011 年又下降了 0.3%。因尼斯
法尔的人口下降趋势自 2011 年之后仍在继续,2001 年至 2015 年镇区和卡索维里海
岸地区的总人口降低率大约是 1.7%。

表 6.3　2006/2011 年气旋发生前后因尼斯法尔人口变化(改编自 ABS,2016)

单位:人

| | 以 6 月 30 日为基准 | 因尼斯法尔食火海岸<br>(统计区域 3) | 因尼斯法尔<br>(统计区域 2) |
|---|---|---|---|
| 估算人口 | 2001 年人口普查 | 35408 | 9719 |
| | 2005 年 | 35203 | 9822 |
| | 2006 年人口普查 | 34711 | 9664 |
| | 2010 年 | 34921 | 9627 |
| | 2011 年人口普查 | 34718 | 9576 |
| | 2015 年 | 34820 | 9556 |
| 人口变化 | 2001—2006 年人口普查 | −697(−1.9%) | −55(−0.6%) |
| | 2005—2006 年"拉里"气旋 | −492(−1.4%) | −158(−1.6%) |
| | 2010—2011 年"亚西"气旋 | −203(−0.6%) | −51(−0.5%) |
| | 2006—2011 年人口普查 | −101(−0.3%) | −88(−0.9%) |
| 总变化 | 2001—2015 年 | −588(−1.7%) | −163(−1.7%) |

# 6.5　灾害与规划战略的社会人口影响

与 Love(2011)综述的发现一致,这些案例研究均揭示了转型中的人口变化,其
特征是灾后明显加速下降。居民居住、离开和返回的模式与局部地理层面的居民损
失程度相关。尽管每个案例研究中事件发生前的历史背景和人口情况是不同的,但
在恢复过程中都存在许多明显的社会人口因素和问题。恢复和重建过程的人口流
动在空间、时间或社会上都是非同质的。性别特征、年龄结构、种族和民族、就业、收
入、生计、保险覆盖、住房负担能力、重建和振兴、服务提供和周围环境修复等的变
化,对未来事件的脆弱性和韧性的判定有影响,在规划决策时应予以考虑。

2012 年,尽管大基督城地区人口增长 2.6%,基督城人口估算相比地震前估算下
降 13500 人(3.6%)(Statistics New Zealand,2012;Statistics New Zealand,2014a,
2014b)。城市的净外迁损失由自然增长部分抵消,但也可以观察到在性别和年龄段
上的差别(Statistics New Zealand,2012;Newell et al.,2012)。地震后两年,劳动力
中的女性大量流失,年轻人减少,儿童及其父母净流出。人口继续老龄化,超过 50 岁

的人数有所增加,这也表明与其他年龄段的人相比,这些人群离开基督城的可能性较小。2013年的人口普查显示,由于住房遭到破坏而流离失所的人中有很大一部分搬迁到了近郊地区,通勤到城市工作的工人比例大幅度增加。地震造成的空置房屋数量增加了81.1%,其中很多是标记为"红贴"的不安全居住地(Statistics New Zealand,2014a)。

在大基督城地区,地震发生后,建筑业取代制造业成为就业率最高的工业部门,因为工人的涌入和广泛的重建活动使得经济保持了合理的弹性。零售和旅游业受到重创,但是保险帮助其缓冲了经济影响(Parker et al.,2012)。基督城中心的工人数量明显减少,反映出广泛的破坏水平。然而,在2006年和2013年的人口普查中,因为西南和机场附近有补偿,总体就业率无长期变化(Statistics New Zealand,2014a)。Gawith(2011)列出了许多社会、情感、心理、创伤、经济和财务的影响以及地方和社区的损失。因此,搬迁不仅是物质上的必要,而且还涉及继续发展。大基督城地区在地震前就准备好了基于强调可持续性绩效标准的战略性规划(Swaffield,2012)。尽管恢复重建很慢,但是基督城的未来很乐观。新西兰的那个地区没有其他中心位置。

在"卡特琳娜"飓风造成影响和破坏之前,新奥尔良作为核心城市是一个贫穷社区,与严重的贫困、犯罪、文盲、包括医疗保健和教育在内的基本服务不足、不合标准住房以及缺乏经济机会有关。Sastry(2009)发现,23%的新奥尔良人口生活在贫困线以下,非裔美国人的贫困率达到35%。房屋租金很高,并且低于全国人口平均房屋拥有率。人口中绝大多数为非裔美国人以及社会和经济上的弱势人群,主要集中在易遭受洪水冲击的低洼地区。因此,"卡特琳娜"飓风过后,永久性流离失所的人数众多,许多未投保的人员损失巨大。难题主要是贫困人口缺乏重建的资金和资源(Zaninetti et al.,2012)。规划人员认为,用支柱抬高房屋对贫困人口来说太昂贵了。

新奥尔良的恢复过程进一步嵌入了社会脆弱性的独特地理模式。Zaninetti等(2012)指出,在该城市基于阶层和种族人口分布的分化显示了民族景观的变化。城市和都会区的种族更加多样化;非裔美国人和非西班牙裔白人人口总数下降,西班牙裔和亚裔居民人口增长(Plyer,2015)。老龄化和65岁及其以上居民比例明显增长。洪水对商业和旅游中心的破坏相对较小,房地产价值已显著增加,因此历史悠久的市中心显得中产化和相对富裕。其他地区的恢复反映了与洪水少发地区、破坏水平和重建程度相关的定居点集群中人口的时间再分布。

洪灾最严重地区的特点是人口减少、财产废弃和衰退,而不是城市和基础设施的空间收缩。2012年,空置率仍占全市的11%以上,尤其是都市区的萎缩(Zaninetti et al.,2012)。新奥尔良的人口增长和重新安置已经从海平面以下转移到更高的地面(垂直迁移)。自"卡特琳娜"飓风之后,人口的再分布减少了在洪灾中的暴露,但是人口流失也降低了城市提供服务和基础设施的税基和能力。居住用房的高需求和高租金成本使得"卡特琳娜"飓风之后人们负担不起住房。"卡特琳娜"飓风之后的新奥尔良市有不均衡和分散的情况出现——市中心的文化和商业区已经恢复,中产阶级社区显示出不同程度的恢复重建(Olshansky,2006)。

当因尼斯法尔和食火鸡海岸持续的人口停滞和下降反映出既定的人口趋势,生活水平的大幅度下降突出了过去十年的这种趋势。在 2001 年至 2006 年期间,收入的增长比租金和按揭贷款还款要快,但是,在"拉里"气旋之后的第二个五年里,随着全球衰退和"亚西"气旋的登陆,住房成本的增长速度远高于家庭收入,引起人们对可负担性的担忧(Boon et al.,2013)。由于灾后再开发和重建导致房屋批准和可用房屋总数的增加,空置率也上升了。

尽管贸易、技术人员的涌入以及气旋恢复带来临时建筑热潮,但年轻人和家庭仍继续向大城市转移,寻求教育和就业机会。年龄在 25~44 岁的年轻人和居民数量下降了 1.8%,有子女和家庭住户的夫妇数量明显下降(10%),反映出人口老龄化,55 岁以上居民的比例正在增加(有关灾害引起的老龄化比较,见第 2 章)。在 2005和 2011 年人口普查之间,因尼斯法尔的中位年龄增加 7.2 岁,达到 42.4 岁(QGSO,2017)。由于净人口减少,因尼斯法尔城镇的商业和就业前景均出现下降趋势。

昆士兰沿海地区(包括卡索瓦里郡)的兴衰仍然受到资源开发的严重影响。就商品价格而言,热带水果和甘蔗价格有所下降。农民正在老龄化,许多家庭已离开该地区寻求从事资格认证类非农业职业。除了这些长期趋势之外,灾害事件是社区变化的主要驱动力。卡索瓦里海岸有 9.4% 的原住民,人口流动性高,其中地方政府人口中有 44% 处于最低地区社会经济指数(SEIFA)的五分之一。与基督城的毛利人相似,卡索瓦里郡的原住民农场工人和香蕉包装工发现他们在"拉里"气旋和"亚西"气旋之后失业,会返回约克角半岛以北 400~1000 km 的家乡(Gawith,2011)。

这一区域的很多其他季节性农民工是背包客游客,他们也失去了工作机会并停止在这一地区旅行。旅游业受到的打击很大,因为度假胜地会倒闭或陷入"长期搁置",或者是部分时间营业、季节性或预定活动营业。对于许多潜在的游客来说,对受灾环境以及基础设施的印象和感知,远远超出其使用寿命——旅游业恢复缓慢。在气旋、洪水和沿海灾害频发,人口流失和经济不安全的背景下,卡索瓦里海岸地区委员会在将因尼斯法尔作为主要区域活动中心的基础上,继续寻求增长的战略规划方向指导,并得到了增值的农业和旅游业的支持(AECOM,2012)。

### 规划方法

当人口调整是人类应对灾害的基础时,人口再分布成为适应的一部分。在灾难事件发生后,人们非常担心城镇或城市持续的人口外流。通常建立由政府代表、规划人员、非政府组织、行业和社区成员组成的工作组,制定战略方针,以阻止进一步的人口外迁,并促进重建、安置和恢复。战略可以是保护性的、防御性的、攻击性的、机会主义的,或者是具有不同资源导向的景观和城市设计(Lima et al.,2017)。

为有效地进行灾后恢复而实施的计划,需要各级政府的支持,并且需要有远见和开放性地设想一个根本不同的新社区或城市。同样,有必要认识到人口变化和过渡的模式可能代表短期、中期甚至长期的人口流失(King et al.,2016)。需要数据和资源共享以及广泛的通信。恢复工作必须包括散居在外的人,恢复的计划需要资金支持(Olshansky,2006)。与传统的规划以预期的未来增长和发展为前提不同,灾后恢复应按规模进行规划或进行适当的规模调整从而使城市更有韧性和可持续性。Hollander 等(2009)制定了"衰退的城市"或人口稀少地区的许多策略,包括降低密度、使用闲置土地和未充分利用的房地产、绿色城市主义和环境改善、历史保存和对旨在增强公平性、宜居性、安全性和可持续性的权限与资源的再分配。案例研究实践了其中许多策略。

坎特伯雷地震恢复管理局(CERA)主要负责基督城的恢复和振兴规划。该团队的主要目的是从战略上管理恢复过程中的集中化、土地利用和基础设施问题,并对未来潜在的地震活动和包括洪水、风暴和海平面上升在内的气候变化进行评估(Miles et al.,2014)。鉴于核心商务区(CBD)的破坏和损坏程度很高,该愿景是基于去中心化和城市周边景观变化的(CERA,2015)。这个过程设想了一个以低层建筑物为主的更绿色、更紧凑、更方便和更安全的商务区。除此之外,还计划在 CBD 周围形成一个绿色结构或缓冲区,与雅芳河(the Avon River)融为一体,将其开发成穿过城市的公园走廊——注重生态恢复和对环境敏感的交通,包括建立新的轻轨网络,以及通过休闲人行道和自行车道连接城市。

初始恢复框架内的优先活动包括恢复关键基础设施(尤其是给排水)以及用于安置、搬迁和重建的住宅土地使用危害评估(Miles et al.,2014)。建筑规范和法规的变更对不同具体用途有影响,其中法规的变更对不同房屋(尤其是地基)的结构要求不同。建议还提倡社区中心使用分散和混合的环境,降低城市密度(Chang et al.,2014;Swaffield,2012)。在拆除 CBD 中受损的建筑物之后,由集装箱制成的临时和永久性的艺术装置、文化活动、娱乐、开放空间、消遣和公共区域(包括每周的街头市场,甚至是零售商店)创造性地放在许多空地和碎石区域中。

2011 年地震发生五年后,正式的规划和构想逐渐从恢复过渡到复兴,新的总体规划侧重于城市振兴和发展(CERA,2015)。该计划将推动建设一个充满活力、有吸引力和韧性的城市,并提供充足的开放空间和主题区域,以支持餐馆、小商店和咖啡馆,以及音乐、体育等娱乐场所,从而刺激商业增长和经济活动。标志性历史建筑的修复和维护也得到了类似的支持,以重振旅游业并帮助居民重新建立地方归属感。

尽管在建造备用住宅和商业场所利用更可持续绿色选项时存在广泛争论,但尚无立法强制实施"绿色"建筑。考虑到保险赔付,业主也只能"按原样"(适当考虑新法规)恢复(Miles et al.,2014)。商业、服务业和人口已经逐渐使其恢复成一个充满活力的、更有韧性的地区,但是新的战略方向似乎仍然被自上而下的指导和规划指令所主导,而不是考虑居民愿望的参与性过程(Chang et al.,2014)。随后在 2016 年2 月基督城发生的地震记录表明,该市受到的物理伤害有限,但是对已经受到创伤和恢复的社区造成的心理影响程度,尚未得到充分认识。

在"卡特琳娜"飓风影响之前,新奥尔良教区就没有传统城市规划实践的悠久历史(Collins,2015)。在灾后的破坏和混乱中,居民和流离失所者面临着各种相互冲突的提议,从重建"更大和更好"的运动到完全放弃城市(Olshansky,2006)。考虑到新奥尔良历史、文化和象征的重要性,恢复重建社区是当务之急。来自诸如联邦紧急事务管理局(FEMA)、路易斯安那州恢复管理局(LRA)以及各种非营利性社区组织的不同城市范围和社区的规划同时涌现,并不能解决永久住所、基础服务和关键基础设施的即时需求(Collins,2015)。Kates 等(2006)发现种族、阶层和政府不称职的影响导致恢复重建过程缓慢且不完善。

任何有效的人口返回和安置计划的关键是,解决土地综合利用和分区过程中的复杂性和冲突。Ehrenfeucht 等(2011)确定了一系列策略,包括有针对性的投资和整合;恢复自然保护性湿地和环境质量,出台未充分利用地区的替代办法;维护或复兴废弃地块的机制;为基础设施和服务提供规划,以及制定解决社会不平等问题的干预措施。但是,这些策略大多数缺乏大规模社区和政治上的支持,没有足够的资金、资源,而且活动是分散性的或临时安排的。

新奥尔良的恢复主要由居民推动,但是房屋和堤防的重建是替代性的,而不是建造了可以减少未来灾害风险的更好结构。Zanetti 等(2012)认为,新奥尔良面对洪水风险的物理脆弱性增加,是"由规划引起的不适应性演变"。Collins(2015)提出,飓风"卡特琳娜"过后的前五年规划几乎全部集中在恢复上,接下来的五年则着手解决复杂的分区过程,最终制定并采用了《二十一世纪规划》(通常称为总体规划);城市宪章授权的规划框架塑造了新奥尔良物理、社会、环境和经济等方面的未来。总体规划反映了参与性社区决策过程中出现的宜居性、机会和可持续性的价值与优先事项(Collins,2015)。但是,它无法充分解决脆弱性和危害的韧性问题。

根据人口规模及建筑物、基础设施和服务的破坏程度,因尼斯法尔和食火鸡海岸相较于基督城和新奥尔良来说更小且资源消耗更少。对于这一区域的社区和居民来说,有效的规划战略同生活方式、生计、经济可行性以及坚持或迁移到其他地点的决定等一样重要。"拉里"气旋之后,昆士兰政府成立恢复工作工作组,以协调基本需求、重建和规划优先事项(Queensland Government,2007)。"亚西"气旋之后,这项职责被授予昆士兰重建管理局(QRA)。

在两个案例中,区域规划战略旨在保护当地乡镇的特征、限制遭受自然危害的暴露、建立长期的经济稳定以及最大限度地提高基础设施和运输效率(AECOM,2012)。同样,规划还提供了通过生物多样性维护和海岸带保护来保护、维持与支撑该地区独特的自然资产和环境。因尼斯法尔总体规划中确定的具体举措包括,在现有足迹内增强和更新其 CBD,在城市足迹内开发绿地,考虑公共、文化和社区便利设施的开放空间,以满足发展的需要,增加成熟工业区的密度,以及基于多元化机会、增值农业和技术创新的工业部门改革(AECOM,2012)。虽然人口统计趋势表明,外迁人数很少但仍在持续增长,《2015 年卡索瓦里海岸规划计划》预计该地区人口将增长,旅游业和工业发展将不断扩大。

# 6.6  结 论

在三个案例研究中,针对灾害的规划响应分析表明一些共性问题,包括关键性基础设施的优先恢复,如水、废弃物、公用设施、交通运输(道路、桥梁、铁路);与住宅、商业、工业、支持服务、学校、公共交通、医院、文化遗产和环境,以及可持续性相关的规定,例如加强步行和骑自行车的主动交通(尽管这些是次要的)。

由于住宅区划、复杂而具有挑战性的法规、相互竞争的设想和方向、缺乏公众参与、有争议的拆迁问题、如何处理未使用和空置土地的问题,以及围绕保险和包括穷人、资源与资金缺乏的众多复杂问题,恢复工作变得十分复杂。在这些挑战中,争议围绕快速重建和恢复某种常态的优先事项展开,而不是有效的长期过程和所有恢复与重建活动的透明度。

我们可以总结一些基本的发现和启发。

- 灾害往往不可避免地是长期人口趋势形成的一部分原因。
- 社区恢复和稳定规划将来的目标可能是针对较小而非较大的定居点。
- 适应可能针对较少的人口,以及改变的人口和社会经济结构。
- 撤退规划策略——停止使用的建筑物、定居点和基础设施。
- 变化的土地利用模式——新城市主义的巩固和原则。
- 更好地重建。
- 对易发危险区域进行分区。
- 可持续的计划和资源使用。

King 等(2016)分析了兵库框架和随后仙台框架的 UNISDR 全球评述战略和政策(Boon et al.,2016)。这里面的许多战略被地方政府一级所采纳,一些作为政策被实施。对于地方政府,尤其是本章三个案例中的地方政府,这项工作仍在进行中。迫于恢复和重建压力,不得不将长期战略观点推向一边,但我们在即时恢复阶段之后就该考虑这些观点。

随着许多人暂时摆脱危险以及服务、基础设施和经济支持的丧失,不可避免地会出现中短期的人口流失。随着城市的重建,这些人口的返回必须在很长一段时间内分阶段进行,但其中一部分人可能永远不会返回,或者有其他人口和社会群体取代那些已离开的。恢复和适应的挑战是正确地识别和预测这一人口变化,以便采用适合改变后定居点的方法。在这种变化中,一些活动和战略可以更好地进行原地重建,并增强韧性和可持续性。规划是对增长主要样式的回应,但是增长并不总是理想或合意的。人口的流失、相应的服务和基础设施的减少等未必有害。对于规划人员来说,这显然是一个来设想创新和改变的机会。新兴的概念正在计划进行扩展,或进行适当的规模调整,使人们对人口变化和过渡有清晰而准确的感知和认识,从而使人们能够从灾害中找到合适或更好的地方。城市规划的最新趋势是场所营造,在过去的两年中,它被定义为与新城市主义形成互补的同样规模的运动(Kent,2019)。规划人员对场所营造的想法做出了热情的回应,因为该运动包含了我们注意到的与三个案例研究定居点中有关恢复的许多问题,但更加强调了人,将位置和道德融合作为城市的核心设计和规划(Kent,2019;Eckenwiler,2016)。场所营造超越了恢复和人口规划。如果我们处理这些案例中确定的规划问题时,包括适应、撤离、建筑物定居点和基础设施报废、土地利用方式改变、新城市主义的合并和原则、更好地原地重建、将易发灾区重新划分、可持续规划和资源利用,从将人置于精心设计的好地方的中心场地营造角度来看,无论场所大小还是人口是否增长,都将变得无关紧要。灾后社区的质量和良好设计比其人口影响或恢复重要得多。

## 参考文献

ABS,2016. Regional population growth, Australia, 2014-15 ABS 3218. 0[R/OL]. [2017-01-20]. Australia Bureau of Statistics, https://www. abs. gov. au/AUSSTATS/abs@. nsf/DetailsPage/3218. 02014-15? OpenDocument.

AECOM,2012. Innisfail urban growth strategy prepared for the Cassowary Coast Regional Council [M]. AECOM Australia Pty Ltd: Fortitude Valley.

BERL,2018. Census 2018 undercount[R/OL]. [2019-12-21]https://berl. co. nz/economic-insights/government-and-fiscal-policy/census-2018-undercount.

BETTENCOURT L M A, LOBO J, HELBING D, et al,2007. Growth, innovation, scaling, and the pace of life in cities[J]. Proceedings of the National Academy of Sciences of the United States of America,104(17):7301-7306.

BLANCO H, ALBERTI M,2009. Introduction. Blanco & Alberti (eds) Shaken, shrinking, hot, impoverished and informal: emerging research agendas in planning[J]. Special Issue of Progress in Planning,72(4):195-250.

BOON H J, COTTRELL A, KING D, et al,2012. Bronfenbrenner's bioecological theory for modelling community resilience to natural disasters[J]. Natural Hazards,60:381-408.

BOON H J, MILLAR J, LAKE D, et al,2013. Recovery from disaster: resilience, adaptability and perceptions of climate change[R]. National Climate Change Adaptation Research Facility, Gold Coast.

BOON H J, COTTRELL A, KING D,2016. Disasters and social resilience[R]. Routledge explorations in environmental studies, Taylor & Francis, London.

Cassowary Coast Planning Scheme,2015. Cassowary coast regional council planning scheme[R/OL]. [2020-01-20]. https://www. cassowarycoast. qld. gov. au/documents/1422210/42234576/CCRC%20Planning%20Scheme%202015%20-%20V4.

CERA(Canterbury Earthquake Recovery Authority),2015. Greater Christchurch Earthquake recovery: Transition to regeneration[R]. Christchurch: Canterbury Earthquake Recovery Authority.

CHANG S E,TAYLOR J E,ELWOOD K J,et al,2014. Urban disaster recovery in Christchurch: the central business district cordon and other critical decisions[J]. Earthquake Spectra,30(1): 513-532.

COLLINS R,2015. No more "planning by surprise": city planning in New Orleans ten years after Katrina[R]. The Data Center.

Congress for the New Urbanism,1999. Leccese,Michael; McCormick,Kathleen. Charter of the new urbanism[R]. McGraw-Hill Professional.

ECKENWILER L,2016. Defining ethical placemaking for place-based interventions[J]. American Journal of Public Health,106(11):1944-1946.

EHRENFEUCHT R,NELSON M,2011. Planning,population loss and equity in New Orleans after Hurricane Katrina[J]. Planning Practice & Research,26(2):129-146.

ELLIS W N,Fanning O,1977. The new ruralism[J]. Habitat International, 2(1-2):235-245.

FUSSEL E,2015. The long-term recovery of New Orleans' population after hurricane Katrina[J]. American Behavioral Scientist,59(10):1231-1245.

FUSSELL E,SASTRY N, VANLANDINGHAM M,2010. Race,socioeconomic status,and return migration to New Orleans after hurricane Katrina[J]. Population and Environment,31(1-3): 20-42.

GAWITH L,2011. How communities in Christchurch have been coping with their earthquake[J]. New Zealand Journal of Psychology, 40(4):121-130.

HOLLANDER J B,PALLAGST K,SCHWARZ T,et al,2009. Planning shrinking cities[J]. Progress in Planning, 72(4):223-232.

KATES R W,COLTEN C E,LASKA S et al,2006. Reconstruction of New Orleans after hurricane Katrina: a research perspective[J]. Proceedings of the National Academy of Sciences of the United States of America,103(40):14653-14660.

KENT E,2019. Leading urban change with people powered public spaces. The history,and new directions,of the place making movement[J]. The Journal of Public Space,4(1):127-134.

KING D,BIRD D,HAYNES K,et al,2014. Natural disaster mitigation through relocation and migration: household adaptation strategies and policy in the face of natural disasters[J]. International Journal of Disaster Risk Reduction, 8:83-90.

KING D,GURTNER Y,FIRDAUS A,et al,2016. Land use planning for disaster risk reduction and climate change adaptation: operationalizing policy and legislation at local levels[J]. International Journal of Disaster Resilience in the Built Environment,Special Issue,7(2):158-172.

LIMA M F,EISCHEID M R,2017. Editorial: issue 7: shrinking cities: rethinking landscape in depopulating urban contexts[J]. Journal of Landscape Research,42(7):691-698.

LOVE T,2011. Population movement after natural disasters: a literature review and assessment of Christchurch data[R]. Sapere Research Group,Wellington.

LUNDIN W,2011. Land use planning after a natural fisaster[R]. University of New Orleans Theses and Dissertations.

MARTINEZ-FERNANDEZ C,WEYMAN T,FOL S,et al,2016. Shrinking cities in Australia,Japan,Europe and the USA: from a global process to local policy responses[J]. Progress in Planning,105:1-48.

MILES S,BRECHWALD D,DAVIDSON R,et al,2014. Building back better case study of the 2010-2011 Canterbury,New Zealand earthquake sequence[R]. A report prepared by the Earthquake Engineering Research Institute in collaboration with the New Zealand Society for Earthquake Engineering and the Natural Hazards Platform for the Global Facility for Disaster Reduction and Recovery of The World Bank.

NEWELL J,2012. Indicative population estimates for "Greater Christchurch" post June 2011[R]. Monitoring and Evaluation Research Associates Limited,Wellington(NZ).

NEWELL J,BEAVEN S,JOHNSTON D M,2012. Population movements following the 2010-2011 Canterbury earthquakes: summary of research workshops November 2011 and current evidence [R]. GNS Miscellaneous Series 44. 23 p+Appendix C.

NEWMAN P,2006. The environmental impact of cities[J]. Environment and Urbanization, 18(2): 275-295.

OLSHANSKY R,2006. Planning after hurricane Katrina[J]. Journal of the American Planning Association,72(2):147-153.

OLSHANSKY R,CHANG S,2009. Chapter 2. Planning for disaster recovery: emerging research needs and challenges[J]//BLANC O,ALBERT I. Shaken,shrinking,hot,impoverished and informal: Emerging research agendas in planning. Progress in Planning,72(4):195-250.

OSWALT P,RIENIETS T,SCHIRMEL H,2006. Atlas of shrinking cities[M]. Maidstone: Ostfildern Hatje Cantz.

PARKER M,STEENKAMP D,2012. The economic impact of the Canterbury earthquakes[J]. Reserve Bank of New Zealand: Bulletin,75(3):13-25.

PLYER A,2011. Population loss and vacant housing in New Orleans neighborhoods[R/OL]. [2017-01-18]. The Data Center. The Data Center. org,https://www. datacenterresearch. org/reports_analysis/population-loss-and-vacant-housing.

PLYER A,2015. Fact for features: Katrina recovery[R/OL]. [2017-01-18]. The Data Center. https://www. datacenterresearch. org/data-resources/katrina/facts-for-features-katrina-recovery.

QGSO(Queensland Government Statistician's Office),2017. Regional profiles: time series profile for innisfail -Cassowary Coast statistical area level 3[R/OL]. [2020-01-13]. Queensland Treasury,Queensland,https://statistics. qgso. qld. gov. au/qld-regional-profiles.

Queensland Government,2007. The final report of the operation recovery task force: severe tropical cyclone Larry[R]. Department of Premier and Cabinet. Queensland Government: Brisbane.

SASTRY N,2009. Tracing the effects of hurricane Katrina on the population of New Orleans: the displaced New Orleans residents pilot study[J]. Sociological Methods & Research, 38 (1): 171-196.

SIMO G,2008. Poverty in New Orleans: before and after Katrina[J]. Vincentian Heritage Journal,

28(2):309-320.

Statistics New Zealand,2012. Subnational population estimates: at 30 june 2012-media release[R/OL]. [2017-01-24]. https://www. stats. govt. nz/browse_for_stats/population/estimates_and_projections/SubnationalPopulationEstimates_MRYe30Jun12.

Statistics New Zealand,2014a. Statistics New Zealand [R/OL]. [2019-12-21]. https://archive. stats. govt. nz/browse_for_stats/population/census_counts/PostEnumerationSurvey_HOTP13.

Statistics New Zealand,2014b. 2013 Census quickStats about greater Christchurch[R/OL]. [2017-01-21]. https://www. stats. govt. nz.

Statistics New Zealand,2019. Christchurch estimated resident population for urban areas,at 30 June (1996+)[R/OL]. [2019-12-23]. https://www. stats. govt. nz/topics/population-estimates-and-projections.

SWAFFIELD S,2012. Reinventing spatial planning at the urban rural interface: a Christchurch, New Zealand case study[J]. Planning Practice & Research,27(4):405-422.

UNISDR,2015. Sendai framework for disaster risk reduction 2015-2030[R]. UNISDR,Geneva.

United Nations,Department of economic and social affairs,population division,2018. The World's Cities in 2018—Data Booklet(ST/ESA/SER. A/417)[R].

United States Census, 2019. QuickFacts, New Orleans city, Louisiana[R/OL]. [2019-12-23]. https://www. census. gov/quickfacts/fact/table/neworleanscitylouisiana/PST120218.

YOUN H,BETTENCOURT L,LOBO J,et al,2016. Scaling and universality in urban economic diversification[J]. Journal of the Royal Society Interface,13(114):1-7.

ZANINETTI J,COLTEN C,2012. Shrinking New Orleans: post Katrina population adjustments [J]. Urban Geography, 33(5):675-699.

# 第7章 "单一产业"城镇的灾害和人口变化
## ——澳大利亚莫维尔的衰落与韧性

迪恩·伯德(Deanne Bird)　　　安德鲁·泰勒(Andrew Taylor)

**摘要:**2014 年,在澳大利亚维多利亚州产业结构单一的小镇黑泽尔伍德,发生了一场持续 45 天的露天煤矿大火,烟尘弥散到邻近的莫维尔社区。本章将研究矿井火灾作为人口和社会经济变迁的催化剂,是如何影响莫维尔在灾害方面的韧性。基于政府报告(即黑泽尔伍德矿井火灾调查报告)以及相关研究论文和媒体文章,我们开展了一系列二手数据分析及定性研究。我们认为,一系列的结构和人口变化反映出城镇及其居民对于较大冲击的适应性和韧性。在这个意义上,莫维尔和更广大的拉特罗布流域地区人口聚集在一起,围绕着社区主导的各种倡议,为他们的社区争取更美好的未来。

**关键词:**灾害;黑泽尔伍德;矿井火灾;韧性;社会资本;人口学

## 7.1　引言

纵览澳大利亚历史,灾害威胁着偏远村镇的生存。例如,在极端条件下,位于新南威尔士的刚达盖,以及昆士兰的克莱蒙和格兰瑟姆的偏远村镇分别在 1852、1916 和 2011 年的致命洪灾后被转移安置。对于产业结构单一的城镇来说(框 7.1),涉及主要产业的灾害带来了更大的威胁,因为即使是临时关闭或经济生产的倒退也很可能会严重削弱就业基础、减少城镇货币流通,并导致某些居民永久性外迁。在这些过程中,当地减少了经验丰富的工人,鼓励拥有或经营(单一)产业的公司以流动工人的形式(fly-in-fly-out,FIFO 或 drive-in-drive-out,DIDO)"引进"临时工。相应

---

迪恩·伯德(Deanne Bird,通讯作者),澳大利亚墨尔本维多利亚州政府卫生与公众服务部拉特罗布卫生创新区,莫纳什大学灾害韧性倡议(MUDRI)。E-mail:deanne. bird@gmail. com。

安德鲁·泰勒(Andrew Taylor),澳大利亚查尔斯·达尔文大学北部地区研究所。E-mail:andrew. taylor@cdu. edu. au。

迪恩·伯德受雇于澳大利亚维多利亚州的卫生和公众服务部,也是莫纳什大学的副教授。本章提出的观点反映了作者的观点,并不一定代表卫生和公众服务部或维多利亚州政府的意见。

地,这些因素往往会损害社区的社会结构和凝聚力,使它们对冲击和刺激的承受力降低(Mitchell et al.,2016)。本章提到的冲击和刺激是指澳大利亚黑泽尔伍德2014年的矿井火灾,其直接影响了邻近的产业结构单一的莫维尔镇。

在介绍莫维尔、黑泽尔伍德发电站和煤矿之前(见7.2节),我们先讨论"灾害"和"韧性"。关于灾害构成的界定,学术界充满了争议(Quarantelli,1998;Perry et al.,2005)。在这些争议的基础上,Perry(2005)总结出,灾害是与社会变革有关的具有破坏性的社会场景,而灾害研究通常侧重于"环境的某些变化"。

与灾害相关的韧性的定义,通常也是学术界争论的主题(Klein et al.,2003;Manyena,2006;Norris et al.,2008;Manyena et al.,2011;Alexander,2013;Cutter et al.,2014;Weichselgartner et al.,2015)。本章将韧性视为"……衡量居民和社会对现实变化的适应情况和对出现的新可能性的利用程度"(Paton,2006)。

综上所述,本章主要研究黑泽尔伍德矿井火灾作为人口和社会经济变化的催化剂,对产业结构单一的莫维尔的影响程度,以及火灾如何影响莫维尔对灾害、冲击和刺激的韧性。

## 框7.1　澳大利亚产业结构单一的偏远村镇

偏远村镇因其标榜的面对逆境时具有的韧性,是许多发达国家具有标志性的精神。也许没有哪个地方比澳大利亚更符合这种情况了。尽管68%的澳大利亚人居住在主要城市,且最近全国人口增长量的近80%都在城市(ABS,2019),但澳大利亚人仍与偏远村镇有着密切关系。尽管已经过去了几个世纪,城市人口呈指数增长,并且近来城市中海外移民有所增加,但澳大利亚人与"灌木"的密切关系依然存在。偏远村镇居民因其历史上和近现代对国家的贡献,以及其经济和人口的韧性备受赞誉。这至少在一定程度上反映了畜牧业的重要性,特别是羊毛业,它将这一经济体从依赖殖民地的落后地区转变为具有相对高生活水平的"现代"繁荣地区(ABS,2003)。从18世纪中期到19世纪中期,得益于羊毛出口,这个"骑在羊背上的"国家历经一个多世纪才获得成功。即使在今天,农产品和资源产品仍然占据了澳大利亚十大出口商品中的八个(Australia Government,2018)。

随着时间的推移,澳大利亚内陆及其城镇的重要性被其他重要的历史发展进一步强化,比如横跨陆地的电报线。它穿过大陆的"中间地带",在一段时间内是澳大利亚和其他地方(尤其是大不列颠)直接通信的唯一途径。它携带莫斯电码信号,从南澳大利亚的奥古斯塔港延伸到澳大利亚北部的达尔文,全长约3200 km。同样,昆士兰和北领地航空公司(澳航,QANTAS)于1920年在昆士兰沙漠小镇温顿成立。随后建立的一些定居点通过开采资源得以生存或繁荣。特别是,整个大陆都建立了以黄金为基础以及后来的一套以资源为基础的定居点。

澳大利亚的许多偏远村镇因为单一的产业而建立。国家经济增长在很多时候都是以农业和后来的资源导向为经济驱动。在许多地方,包括黄金、煤炭和铁矿石在内的商品化资源或是村镇建立的原因,或是人口最初定居后继续发展的原因。这些通常被称为"产业结构单一"的城镇在研究中常被提及,因其在面对不稳定的人口变化时具有韧性,且对"繁荣与萧条"的经济影响具有敏感性(Carson et al.,2014)。尽管一些城镇消失或者变成了"鬼城",但在合理化改革、技术变革和市场力量导致主要行业衰退的背景下,大多数城镇仍继续留存、发展或改变了经济基础。然而,对于一些产业结构单一的城镇来说,仍然存在着一种遗留印象,即在外人看来,城镇仍是单一产业的。这在一定程度上是因为该行业过去在就业、商业和人口方面的突出地位。例如塔斯马尼亚州的伯尼,其主要行业曾经是造纸厂和相关林业活动(The Advertiser,2013);以及北领地的纽兰拜,其建立的初衷就是专门为 2013 年关闭的附近铝土矿和氧化铝冶炼厂安置工人(Carson et al.,2014;Collin,2017)。

## 7.2 莫维尔、黑泽尔伍德煤矿和发电站

莫维尔位于维多利亚州拉特罗布流域中心,墨尔本以东 150 km(图 7.1),被认为是产业结构单一的城镇。尽管整个区域位于一个重要的农业地区,但是莫维尔的历史与该区域大量使用褐煤发电有错综复杂的关系。Teague 等(2016a)发现,维多利亚州大约 95% 的基本负载电力来自拉特罗布流域的煤矿。它们构成了南半球最大的褐煤开采产业(Davison,2015)。

黑泽尔伍德煤矿和发电站源自"莫维尔项目"。该项目包括露天煤矿和型煤工程。它由维多利亚州电力委员会(SEC)在 20 世纪 40 年代末发起(Morwell Advertiser,1949)。10 年后,黑泽尔伍德发电站被批准开发,用于服务莫维尔露天煤矿(后来被称为黑泽尔伍德露天煤矿)。在发展高峰期,黑泽尔伍德发电站就能满足该州 25% 的电力需求和全国 5% 以上的电力需求,其规模达到了地下 120 m 的最大深度、周长 18 km(Teague et al.,2016a)。

最开始,煤矿坑离莫维尔的居民区有几百米的距离(图 7.2),发展到目前,小镇与黑泽尔伍德发电站和露天矿交织在一起:

> ……由于该镇有大量的煤炭,煤矿的发展和扩张直接影响着莫维尔居民。由于黑泽尔伍德煤矿和发电站建在莫维尔南部,该镇向东和北扩张。尽管这种扩张是为了远离煤矿,但是莫维尔的南部边界仍然靠近矿区(Teague et al.,2014)。

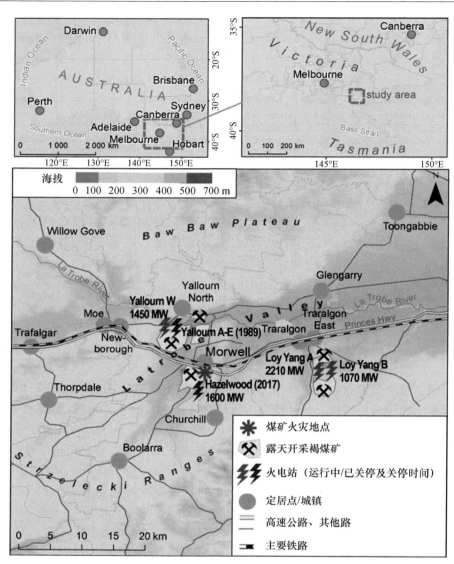

Darwin：达尔文　Perth：佩斯　Brisbane：布里斯班　Sydney：悉尼　Canberra：堪培拉
Hobart：霍巴特　Adelaide：阿德莱德　Melbourne：墨尔本　Study area：研究区域
Willow Gove：维罗戈夫　BawBawPlateau：波波高原　Toongabbie：图恩加比
Yallourn North：雅洛恩北　Glengarry：格伦加里　Trafalgar：特拉法尔加　Moe：莫尔
Newborough：纽伯勒　Traralgon：特拉尔贡　Loy Yang：洛伊杨　Hazelwood：黑泽尔伍德
Thorpdale：索普代尔　Churchill：丘吉尔　Boolarra：波拉若

图 7.1　莫维尔镇的位置（制图：Karácsonyi）

　　曾经，该区域超过三分之一的工作都与维多利亚州电力委员会相关，这还不包括与煤矿和发电站直接相关的相关行业和企业（Duffy et al.，2017）。然而，对于莫维尔的居民和发电站来说，发展并非是一帆风顺的。尤其是在 20 世纪 90 年代中期，

图 7.2 向北看,这张航拍照片显示了莫维尔(上部白框区域为居民区)
到黑泽尔伍德发电站(下部白圈)和露天煤矿的距离(Teague et al. ,2014)

州政府将维多利亚州电力委员会、黑泽尔伍德发电站和露天煤矿私有化。2014 年 2 月,附近一场丛林大火的余烬点燃了煤炭,随后发生了持续 45 天的煤矿大火,使得黑泽尔伍德露天煤矿成为近期澳大利亚最严重的环境和公共卫生灾害之一的中心(Doig,2015)。三年后,黑泽尔伍德发电站和露天煤矿被关停。

本章我们将梳理莫维尔在煤矿发展、扩张、衰退和火灾,以及关停后的人口变化。2014 年的火灾"⋯严重扰乱了社区,并超出了社区和支持机构的应急处置能力"(Walker et al. ,2016)。然而,根据澳大利亚统计署(ABS)的数据以及社区咨询和 2014 年黑泽尔伍德矿井火灾后的研究成果,我们通过较长时间的灾害认识(过去的 1977、2006 和 2008 年重大火灾)分析了人口的韧性。我们的主要观点是:矿井火灾并未造成人口数量和特征的巨大变化,而是加剧了之前社区面临的、在人口和经济方面对于冲击、灾害和其他需要自身适应以存活下来的挑战。

## 7.3 通过人口变化来刻画韧性

对于学术界的争论,Cutter(2016)批判性地分析了与灾害相关的认识和量化韧性的方法。在此基础上,她确定了用于衡量社区韧性最常用的属性、资产(经济、社会、环境、基础设施)和能力(社会资本、社区职能、连通性和规划)。本章重点介绍作为衡量韧性的人口统计和社会经济指标。我们做这些的原因是基于这样一个前提,通过研究灾前灾后的人口统计学指标,包括社会经济背景,可揭示出产业结构单一城镇的韧性或其他方面的信息。这些研究和分析的实用性体现在:

- 提供评价灾害的人口和经济影响基准(在相关数据可获得的情况下);
- 揭示灾前灾后的人口和经济变化之间的相关关系;

- 根据灾后人口的结构和规模,以多种方式确定人口和经济未来可能的发展情况;
- 为其他城镇提供经验教训,以帮助其提高韧性并规划未来。

重要的是,社会经济概况可通过与"实地"定性研究进行比较得到验证,以增强研究的应用价值。

本章我们将通过分析一些公开可获取的人口和社会经济数据,将莫维尔与更大的拉特罗布流域、维多利亚州的情况进行对比。首先,通过汇总政府报告(如黑泽尔伍德矿井火灾调查报告,该报告提供了社区咨询、健康改善论坛和公众意见的详细信息)、相关研究文献和媒体文章,加强我们的定性分析。在后续的分析中,我们考虑了莫维尔的社会结构和凝聚力,尤其是其中的社会资本和连接。

在维多利亚市政协会论坛关于韧性城市和社区的报告中,Duckworth(2015)强调,"没有了个人、社区、组织、商业和政府之间的网络和联系,韧性是不可能存在的"。而这些网络和联系的背后是社会资本,这是衡量社区韧性的各种工具、指数和打分的一个关键特征(Cutter,2016)。然而,社会资本不只是这些网络和联系的介质,还是不同群体之间的合作和集体行动,可以产生互惠,有赖于互相信任(Bridger et al.,2001)。Putnam 等(1993)表示,这种信任,即所需社会信任,源自互惠准则和密切联系。

本章将分析莫维尔人口的三种社会资本,反映出互动网络以及互惠规范的演化情况。

(1)纽带社会资本(bonding social capital),描述源自家庭和朋友网络的情感上紧密而牢固的联系。

(2)桥接社会资本(bridging social capital),描述熟人和不同社会群体中的个人之间的松散联系,通常源于组织、俱乐部和协会的成员或者参与者。

(3)链接社会资本(linking social capital),描述普通人(例如居民)和官员(例如政府代表)之间的网络连接(Aldrich et al.,2015)。

在研究莫维尔火灾前后的人口统计轨迹之前,我们首先调查了黑泽尔伍德矿井火灾事件对人口健康和经济的影响,以及政府的应对措施。

# 7.4 2014 年黑泽尔伍德矿井火灾

## 7.4.1 矿井火灾概述

2014 年 2 月,是维多利亚州有史以来最热和最干燥的夏天,各地发生多起丛林大火。其中两场发生在莫维尔和黑泽尔伍德煤矿附近。2014 年 2 月 9 日,这些大火的余烬点燃了黑泽尔伍德煤矿北部、东部和东南部的煤泥和地面。火势迅速蔓延。

由于褐煤高度易燃,覆盖拉特罗布流域大量煤层的土壤和黏土层相对较薄,大火极难扑灭。而且,煤矿经营者并没有做好应对这类事件的准备工作。在这种情况下,煤矿的消防设施或是不存在,或是在被点燃的矿区没有得到维护。此外,一旦需要援助,消防人员在进入矿井时会遇到困难(Doig,2015;Teague et al.,2014)。

来自全澳各地超过 7000 名消防员(相当于该镇人口的一半)参与了长达 45 天的灭火工作。直到 2014 年 3 月 25 日,官方宣布大火被扑灭(Teague et al.,2014)。失控状态的大火燃烧产生大量的灰,引起附近社区,尤其是莫维尔人员的身心健康问题。2014 年 2 月 16 日,$PM_{2.5}$[①]的日均值是预警线的大约 28 倍。同一天,一氧化碳浓度是合规标准的近 4 倍(Teague et al.,2014)。Walker 等(2016)的研究中提到相关颗粒物的情况:就像大风天里沙滩上的沙子打在你的脸上,裸眼看不到任何东西。

## 7.4.2 健康影响和政府应对

通常报道中灾害造成的短期身体健康影响包括对皮肤和眼睛的刺激、流鼻血和头痛。尽管在矿井火灾的早期有明显的不利条件,但由于决策流程的官僚主义,以及虽然指示数据足够但仍过于依赖有效空气质量数据的确认,政府发出公共健康问题的警示反应过慢(Teague et al.,2014)。

> 我们日复一日得到的都是相同的过时信息,"这没什么错,没什么需要担心的,没错,不用担心,没错,不用担心",特拉拉贡和墨尔本的人都是这样想的。他们不在莫维尔,也不用像那里的人一样呼吸着垃圾(Walker et al.,2016)。

> 一般对话都相同……他们知道有些事不对,烟与平常不同。更加不同的是,我从未闻到或者呼吸到这种烟(Walker et al.,2016)。

2014 年 2 月 25 日,认识到需要更好的方案后,环境保护局和卫生署[②]针对与 $PM_{2.5}$ 水平有关的健康行动制定了具体准则。2 月 28 日,当 $PM_{2.5}$ 水平再次升高,首席卫生官建议临时转移安置易受伤害人群,包括学龄前儿童、孕妇、有先天心血管疾病的人和呼吸系统疾病的人以及 65 岁以上的老年人(Teague et al.,2014)。然而,这一建议被认为"太晚了"。并且,社区发现单挑出来特定人群的建议是不符合逻辑且会引起纷争(Teague et al.,2014)。总体上,社区的人群并不认为他们的意见被听取。

> 在向社区发布大量信息的同时,政府部门和机构在很大程度上没有听取当地居民和社区团体的意见或与他们合作,而听取意见或合作被认为是风险和危机沟通最佳实践的重要策略(Teague et al.,2014)。

---

① $PM_{2.5}$ 指粒径小于或者等于 2.5 $\mu m$ 的颗粒物,已知其会引起人员的不良健康反应。
② 卫生署于 2015 年 1 月 1 日变为卫生及公众服务署。

在矿井火灾发生的几周后,为了回应社区的强烈抗议,莫纳什大学公共卫生与预防医学学院被委托快速评估健康风险。根据这个评估结果,调查委员会总结如下:

如果莫维尔社区对烟灰的暴露水平在接下来的 6 周内维持不变,就不会有任何致死的情况发生。然而,这项研究基于维多利亚州人口标准,并没有针对普遍健康状态较差的莫维尔人进行调整(Teague et al.,2014)。

理事会指出,易受伤害群体的特征是人口结构老龄化、心血管疾病和呼吸道疾病的发病率较高、低收入家庭占比较高以及残疾居民占比较高(Teague et al.,2014)。考虑到这一点,理事会认为,矿井火灾"进一步伤害了早已脆弱的社区"(Teague et al.,2014)。然而,Walker 等(2016)报道了特别人员,尤其是社区老年人身上的坚忍和韧性。一位提供服务者声称,年老的客户由于处理问题的经验丰富而更有"韧性"。并且,人们依靠亲戚朋友而非从官方获取必要帮助,他们往往声称"有家人在,就在可控范围内",或者"我只是去了特拉拉贡的朋友家"(Walker et al.,2016)。

虽然短期健康影响令人担忧,但社区也重点关注了中长期健康影响的可能性。

人们仍在等待,生活仍在继续,但我认为影响会持续更长的时间,因为矿井火灾后的反应并没有发生变化。……他们否认存在健康问题,对此存在一些掩饰,有些甚至可以被察觉到。他们本可以做很多事情,但是他们没有。我认为这会影响到社区自豪感、社区联系,还会意识到我们没有其他地方那么受重视(Jones et al.,2018)。

社区发起了希望政府采取进一步行动的请愿,有约 21000 人签名表示支持(Duffy et al.,2017)。作为回应,卫生署于 2014 年 11 月开展黑泽尔伍德健康研究。研究表明,与灾害期间未发生暴露的孕妇相比,暴露于矿井火灾空气污染中的孕妇发生的妊娠糖尿病概率有所增加,孕中期暴露造成的健康风险最大(Johnston et al.,2019)。在参与健康研究的人群中,与没有暴露的人相比,暴露于矿井火灾空气污染中的成年人(Hazelwood Health Study,2019)和学龄儿童(Allen et al.,2019)的呼吸系统症状(气喘,夜间和休息时气短,慢性咳嗽和有痰、胸闷、鼻塞症状)以及心理困扰报告更多。Yell 等(2019)也认为,社区幸福感受到严重影响,对负责处理灾害的政府当局有明显的信任缺失。以下摘自 Jones(2018)研究的评论,清楚地表达了社区幸福感受到的影响:

丛林大火……只是造成建筑物寿命减少和人们失去财产之类的情况,而这里的破坏,我想,是区域本身……

我为我们镇而自豪……但是我们镇处理得不好……这对我们镇的形

象一点好处都没有。我们被称为烟雾镇。这些年来,即便没有这一"称号",莫维尔也已经承受得足够多了。

我认为,我在这里的经历已经发生了变化,直至矿井发生火灾前,我都觉得生活有一套固定的方式。但从事后来看,我似乎对这个地区的依恋没有那么多。我对这一地区的感情以及我对所生活区域的责任感都在减弱。我的兴趣也不再是这里了。

### 7.4.3　经济影响

除了重点应对矿井火灾对身心健康的长期影响外,社区还面临着经济挑战,包括对房价下跌的担忧,以及当地企业因交易大幅减少而苦苦挣扎(Walker et al.,2016)。社区活动室[①]也入不敷出。Whyte(2017)提供了2014年莫维尔社区活动室协调员接受采访时提出的看法:

> 由于我们关闭了所有的班级,所以经济上受到影响。人们并没有参与进来,因为本将参加课程的社区成员已经离开或陷入困境,比如遇到了自己的社交和情感问题,无法参与该级别的活动。

随后,2016年11月,当时的运营者Engie宣布关闭黑泽尔伍德发电站和露天煤矿。一份来自拉特罗布城市管委会的申请文件中恰好提到:

> 当本地居民学习与采矿企业共存时,这些企业对居民生活的侵扰越多,居民的不满也越多。这反过来会削弱社区的感知可控和韧性能力(Teague et al.,2016b)。

发电站和煤矿在2017年3月正式关停,当时有750人直接受雇于黑泽尔伍德(Engie,2017)。同年9月28日,Carter Holt Harvey关停了莫维尔的锯木厂,使得另外160人失业。

> 黑泽尔伍德健康研究访谈(和社区成员的持续对话)表明,恢复不再仅仅与矿井火灾相关,尤其需要强调的是20世纪80年代末和90年代初的电力行业私有化以及更近的莫维尔露天煤矿和黑泽尔伍德发电站关停的持续影响(Hazelwood Health Study,2017)。

掌握莫维尔灾害中居民和其他方面受到影响的本质之后,我们整理出了灾前灾后人口的迁移情况,以评估火灾对该镇的人口和经济轨迹的影响程度。

---

[①]　社区活动室也被称为维多利亚社区活动室,是采用独特的社区发展方法,通过社会的、教育的、娱乐的和支持的活动等使人们相互联系、学习,以及为当地社区做贡献(https://www.nhvic.org.au/neighbourhood-houses/what-is-a-neighbourhood-house)。

## 7.5 莫维尔的灾前灾后人口轨迹

### 7.5.1 绘制结构和人口变化图

27 年的人口数据展示出莫维尔居住人口结构上的动荡(图 7.3)。尽管莫维尔和拉特罗布流域的人口增长波动非常大,有时还是负的,但 1991/92 年以来全州人口增长为正且相对稳定。

图 7.3　1991/92 到 2017/18 的人口年增长率和主要冲击(作者根据 ABS 统计数据计算)

莫维尔的人口波动可以追溯到很多因素的影响。在 20 世纪 90 年代,由于维多利亚州电力委员会对发电行业的私有化和重组,莫维尔人口减少。这导致该地区的工作岗位和人口减少,按比例莫维尔受到的影响最大,在 1993/94 年尤为明显。在私有化之后的 1996 年,挂名的"黑泽尔伍德电力公司"被卖给一个由英国国家电力组织主导的财团。然而,人口增长率仍为负,直至 2004 年,宣布扩建煤矿计划纳入黑泽尔伍德煤矿西部开发的第二阶段。在这之前,发电站将在 2005 年被维多利亚州州电力委员会关停的消息威胁着该区域的人员就业。在 21 世纪的前五年,人口增长率均为负,明显反映出这一点。

在 2011/12 年,澳大利亚政府将关闭计划协议(Contract for Closure program)作为清洁能源行动的一部分,导致该区域发展的不确定性。然而,这个计划很快被取消了,没有工厂被关闭。尽管如此,早前有报道称,Engie 在 2017 年 3 月底关停了黑泽尔伍德,仅仅提前 5 个月通知工人和当地居民(ABC,2017)。然而,从 2017 年初工厂刚刚关停起,莫维尔的人口增长没有明显的降低。尽管 2011/12～2016/17 年的人口增长率几乎高于自 20 世纪 90 年代以来的大多数年份,但在此期间,还是出现了少量的人口负增长。

从该镇估计的常住人口数可看出上述事件的影响(图 7.4),在 2005 年关闭拟议(未发生)之前,该镇常住人口减少了 300 多人。人口随后回升,在 2011/12 年"关闭协议"的威胁变得明显后再次减少。然而,2018 年,人口估计为 14026 人,仅比过去 18 年峰值的 14345 人低 2%。

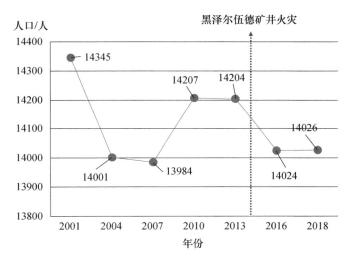

图 7.4　莫维尔估算的 2001—2018 年常住人口
(作者根据 ABS 统计的数据计算)

### 莫维尔人口年龄和性别构成变化

自从煤矿关停后,莫维尔的人口规模下降不大,在人口构成方面逐步发生变化。该镇 2006 年和 2016 年的人口金字塔图(图 7.5)显示,处于职业中期的就业年龄段居民(30～44 岁)和 10～19 岁青少年人口比例降低。后者可能与前者的变化以及年轻人离开接受更高教育有关。取而代之的是相对突出的人口老龄化趋势,55 岁及以上的男女比例有所增加。值得注意的是,幼儿比例保持稳定。与 2001 年相比,2016 年 25～29 岁人口占总人口的比例更大。

2007 年至 2017 年基于年龄组的总人口估计数突显了上述变化(图 7.6)。莫维尔人口的年龄构成变化中,向下箭头表示 2017 年该年龄段人口比例下降,向上箭头表示比例上升。因此,尽管总人口没有显著变化,但是人口结构发生了变化。

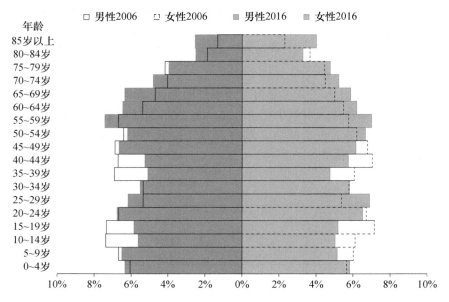

图 7.5  按年龄和性别分列的 2006 年和 2016 年人口
（作者根据 ABS 人口和房屋普查的数据计算）

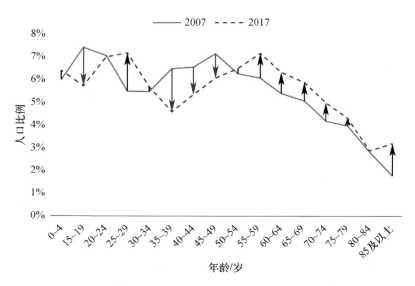

图 7.6  莫维尔 2007 年和 2017 年人口年龄分布变化
（作者根据 ABS 统计的数据计算）

## 迁移

2011—2016 年,该镇人口迁移造成净流失中,男性有 149 名,女性有 162 名(共计 311 人)。按生命阶段进行的分析(图 7.7)显示,初入职场的居民和儿童的净损失很大,而大龄职业男性和退休年龄男性(65 岁及以上)为净流入。

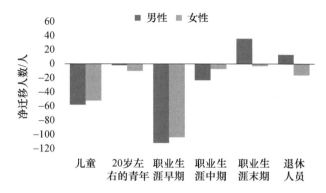

图 7.7　2011—2016 年莫维尔按年龄分列的净迁移
(作者根据 ABS 的表格数据计算)

### 其他人口统计学的指标

将莫维尔的一系列其他人口统计指标和拉特罗布流域以及维多利亚州进行比较,可以看出该镇在截至 2016 年的 15 年间的一些显著差异和变化。2016 年莫维尔人口的年龄中位数为 43 岁,显著高于其所在流域地区和维多利亚州。在过去 10 年中,年龄中位数增长了许多(表 7.1)。这表明该镇人口老龄化的原因或是当地居民自然衰老,或是年轻人的外迁,或是两者的结合。2016 年,莫维尔的"文化多元性"比维多利亚州低,即莫维尔海外出生的人口比例较低,与全州的情况完全不同。然而,在原住民比例上,与所在流域地区(1.5%)和全州(0.8%)相比,莫维尔更高(2.5%)。

表 7.1　2006、2011 和 2016 年选定的人口指标对比

| 指标 | 莫维尔 | | | 拉特罗布流域 | | | 维多利亚州 | | |
|---|---|---|---|---|---|---|---|---|---|
| | 2006 年 | 2011 年 | 2016 年 | 2006 年 | 2011 年 | 2016 年 | 2006 年 | 2011 年 | 2016 年 |
| 估计常住人口数/人 | 13578 | 14004 | 13808 | 68859 | 72216 | 73099 | 4932422 | 5354039 | 5926624 |
| 年龄中位数/岁 | 39 | 40 | 43 | 37 | 39 | 41 | 37 | 37 | 37 |
| 海外出生人口比例/% | 16 | 17 | 15 | 13 | 14 | 12 | 24 | 26 | 28 |
| 原住民比例/% | 2.2 | 2.8 | 2.5 | 1.3 | 1.5 | 1.6 | 0.6 | 0.7 | 0.8 |
| 家庭规模平均人数/人 | 2.3 | 2.2 | 2.1 | 2.4 | 2.4 | 2.3 | 2.6 | 2.6 | 2.6 |
| 每月按揭还款中位数/美元 | 737 | 975 | 953 | 867 | 1200 | 1200 | 1252 | 1700 | 1728 |
| 每周租金中位数/美元 | 115 | 150 | 180 | 120 | 160 | 200 | 185 | 277 | 325 |

注:作者使用 ABS 的 2003—2016 年人口普查和住房时间序列资料制成该表(包括莫维尔、拉特罗布流域和维多利亚州)。根据 ABS 统计数据提取的估计常住人口数。

此外,值得注意的是,与所在流域地区和全州相比,莫维尔 2016 年的租金中位数

和住房抵押贷款还款中位数较低。这在一定程度上是由于从州住房组织租房的住户比例较高,2016 年莫维尔为 6%,而维多利亚州为 3%(表 7.2)。此外,莫维尔从房地产中介那里租房的比例从 2006 年的 17%增长到 2016 年的 21%,而维多利亚州2016 年时为 15%。这些数据表明,莫维尔的社会经济状况持续走低。然而,火灾和黑泽尔伍德煤矿关停之后,房屋指标没有出现任何崩溃的迹象,这表明房屋市场可能在灾后没有明显的下降,尽管也没有增长到整个州的抵押贷款和租金水平。

**表 7.2　莫维尔和维多利亚州 2006、2011 和 2016 年土地使用权和房东的类型分布**

| | 莫维尔 | | | 维多利亚州[①] | | |
|---|---|---|---|---|---|---|
| | 2006 年/% | 2011 年/% | 2016 年/% | 2006 年/% | 2011 年/% | 2016 年/% |
| 拥有或购买住房 | 68 | 66 | 64 | 74 | 72 | 73 |
| 从房地产中介租赁 | 17 | 19 | 21 | 15 | 17 | 16 |
| 从州或者地区住房组织租赁 | 8 | 7 | 6 | 3 | 3 | 3 |
| 其他 | 7 | 8 | 9 | 9 | 9 | 9 |
| 合计 | 100 | 100 | 100 | 100 | 100 | 100 |

注:作者利用 ABSA 的 2003—2016 年人口普查和住房时间序列资料制成该表(包括莫维尔和维多利亚州)

## 7.5.2　就业、收入、产业和住房状况变化

对于像莫维尔一样的城镇来说,各行业的产业构成和就业分布往往由主营业务主导,通常是单一的大型资源型采掘和/或加工单位。尽管这个标签可能是合适的描述,但实际上,没有一个城镇是真正的"单一产业",其他行业的工作始终是普遍和重要的,包括零售业、卫生和政府管理与服务,以及跨不同行业的一系列职业(如医疗或技术服务)。经济学家指出,对于"专业化"(也称为"集聚"或"集中化")的莫维尔等城镇以及跨行业多样化就业的城镇来说,存在一系列的好处和挑战(有关这些问题的详细讨论,请参见 ABS(2014))。在本节中,我们将介绍莫维尔就业和行业指标随时间变化的情况,以探索行业集中程度,并确定黑泽尔伍德矿井火灾和发电站关停是否以及如何改变该镇的经济构成。

**劳动力市场和收入指标**

2011 年,发电站关停之前进行了最后一次人口普查,当时是黑泽尔伍德投资带来人口相对高速增长的晚期,莫维尔的失业率(12%)相对其周边地区(8%)和维多利亚州(5%)较高,劳动力参与率也低得多(表 7.3)。总的来说,这些指标表明,在火灾发生前,莫维尔居民的社会经济状况相对较差。尽管火灾规模及其影响很大,但表 7.3 中的一系列指标并未显示出社会经济状况急剧恶化。该镇自 2011 年至 2016

---

①　译者注:因数据精度导致维多利亚州的数据按分项合计应为 101,原著为 100。

年经历了失业率的增长和劳动参与率的降低,但是这些可以合理地描述为既有趋势的延续或者迄今为止的微小变化。

表 7.3  2006、2011 和 2016 年就业与收入指标比较

| 指数 | 莫维尔 | | | 拉特罗布流域 | | | 维多利亚州 | | |
|---|---|---|---|---|---|---|---|---|---|
| | 2006 年 | 2011 年 | 2016 年 | 2006 年 | 2011 年 | 2016 年 | 2006 年 | 2011 年 | 2016 年 |
| 失业率/% | 12 | 12 | 14 | 8 | 8 | 10 | 5 | 5 | 7 |
| 劳动参与率/% | 49 | 48 | 46 | 56 | 56 | 54 | 60 | 61 | 61 |
| 个人收入中位数/<br>(美元/周) | 326 | 391 | 470 | 376 | 468 | 544 | 456 | 561 | 644 |
| 家庭收入中位数/<br>(美元/周) | 809 | 930 | 1092 | 1053 | 1236 | 1414 | 1189 | 1460 | 1715 |

注:作者利用 ABS 的 2003—2016 年人口普查和住房时间序列资料制成该表(包括莫维尔、拉特罗布流域和维多利亚州)。

### 产业和就业情况

在所有其他条件相同的情况下,灾害发生后,当主要雇主停止经营时,可以预期在莫维尔这样的小城镇,就业和产业构成情况会发生明显的结构调整。有趣的是,对莫维尔来说,"采矿"和"电力、天然气、水和废弃物服务"行业的就业从来没有主导过该镇的整体就业模式。这可能是由于矿山和发电站创造的岗位在一系列工业部门分布不一,包括普查数据中突出的两个部门:"制造业"和"建筑业"(表 7.4)。前者在澳大利亚大幅下降,这一点在维多利亚州最为明显,这个部门已从 2011 年的该州第一大雇主下降到 2016 年的第六大雇主。莫维尔情况也相似,2016 年,制造业也不再属于前四大产业了。莫维尔的建筑业就业情况可能反映了与矿山和发电站相关的工厂和基础设施的发展阶段,2016 年医疗保健和社会援助行业就业占主导地位反映了国家人口老龄化的趋势,也印证了本章前面人口分析中的数据。

在考虑灾害对当地经济可能造成的影响时,还应该注意基础产业集中程度和男女就业差异,尤其是在男性劳动力主导的资源型产业。就产业集中度而言,2006 年和 2011 年莫维尔和拉特罗布领域的前四个产业(C4 指数)的就业占比相同,从 47% 和 46% 下降到 2016 年的 42% 和 45%,维多利亚州的情况也类似。换句话说,灾后该镇的就业分布越来越广泛。然而,值得关注的是,从就业人口比例来看,就业人口的性别比有所不同。15 岁及以上男性就业人口的比例大幅度降低,从 2006 年的大于 50% 跌至 2016 年的 43%。尽管这一数据在拉特罗布流域和维多利亚州也在降低,但是莫维尔的下降幅度更大,这可能表明一系列长期(例如技术变革和人口老龄化)相关事件(包括矿井火灾和其他行业劳动力结构调整)带来的影响。与此同时,尽管这些地方女性的就业率比男性低得多,但是更加稳定(表 7.5)。

表 7.4 四大产业和就业趋势分析

| 排序 | 2006 年 | | 2011 年 | | 2016 年 | |
|---|---|---|---|---|---|---|
| | 产业 | 就业/人 | 产业 | 就业/人 | 产业 | 就业/人 |
| 莫维尔 | | | | | | |
| 1 | 零售 | 682 | 零售 | 668 | 医疗保健和社会援助 | 630 |
| 2 | 医疗保健和社会援助 | 534 | 医疗保健和社会援助 | 612 | 零售 | 626 |
| 3 | 制造业 | 533 | 制造业 | 487 | 住宿和餐饮 | 382 |
| 4 | 建筑业 | 422 | 建筑业 | 400 | 建筑业 | 327 |
| 拉特罗布流域 | | | | | | |
| 1 | 零售 | 3923 | 医疗保健和社会援助 | 3890 | 医疗保健和社会援助 | 4279 |
| 2 | 医疗保健和社会援助 | 3173 | 零售 | 3794 | 零售 | 3427 |
| 3 | 制造业 | 3082 | 建筑业 | 2972 | 建筑业 | 2670 |
| 4 | 建筑业 | 2800 | 制造业 | 2910 | 公共管理和安全 | 2361 |
| 维多利亚州 | | | | | | |
| 1 | 制造业 | 287108 | 医疗保健和社会援助 | 292417 | 医疗保健和社会援助 | 341999 |
| 2 | 零售 | 263447 | 零售 | 273715 | 零售 | 279636 |
| 3 | 医疗保健和社会援助 | 236552 | 制造业 | 271051 | 教育培训 | 236276 |
| 4 | 教育培训 | 174423 | 建筑业 | 210972 | 建筑业 | 228149 |

按就业规模排列的四大产业

注:作者利用 ABS 的 2003—2016 年人口普查和住房时间序列资料制成该表(莫维尔、拉特罗布流域和维多利亚州)。

表 7.5 产业多样性和不同性别就业结果指标

| 指标 | 2006 年/% | 2011 年/% | 2016 年/% |
|---|---|---|---|
| 莫维尔 | | | |
| C4 指数 | 47 | 46 | 42 |
| 就业人口比-男性 | 51 | 48 | 43 |
| 就业人口比-女性 | 36 | 37 | 36 |
| 拉特罗布流域 | | | |
| C4 指数 | 47 | 46 | 45 |

| 指标 | 2006 年/% | 2011 年/% | 2016 年/% |
|---|---|---|---|
| 就业人口比-男性 | 58 | 57 | 53 |
| 就业人口比-女性 | 45 | 48 | 43 |
| 维多利亚州 | | | |
| C4 指数 | 43 | 42 | 42 |
| 就业人口比-男性 | 63 | 64 | 61 |
| 就业人口比-女性 | 51 | 53 | 52 |

注:作者利用 ABS 的数据制成该表。

# 7.6  结果与讨论

维多利亚州的小镇莫维尔,一直以来遭受着各种冲击和刺激,2018 年人口约 14000 人。基于煤矿和发电站对当地的就业和财富产生方面的历史重要性,我们在本章中假定莫维尔从前是"产业结构单一"的城镇。作为一个产业结构单一的城镇,考虑到莫维尔不良的卫生健康状况与统计相关的明显脆弱性(Teague et al.,2014),我们预测 2014 年莫维尔附近的矿井火灾可能对其经济和人口有严重的影响。我们知道卫生健康状态和社会经济状态影响着人群的韧性(100 Resilient Cities,2019;Latrobe City Council,2017;Wisner et al.,2004),然而,人口和经济数据分析表明,除了 20 世纪 90 年代的私营化造成负人口增长率的严重影响之外,该镇的经济和人口在面对冲击和刺激时从来没有实质性的崩溃。即使是之后的火灾和 2017 年发电站的关停,与我们预测的相反,人口规模并没有显著的降低。

这些冲击和刺激对经济和人口的影响低于预期,部分原因可能是包括煤矿和发电站在内的产业的历史多样性,以及产业不断更新,增加了在该镇创造的就业机会(图 7.3)。尽管我们原本预期煤矿和发电业是该镇的主要产业,尤其在煤矿和发电站扩张时期,但就业率数据表明零售、卫生和老年护理产业表现更加突出。制造业可能是许多电厂员工在普查中选择的应对方案,但随着时间的推移,就业率下降严重。这一现象在整个澳大利亚和维多利亚州都很普遍(表 7.3)。然而,在关停之前,建筑业就业人数的下降可能意味着该镇存在有待解决的经济问题,表现为对整个经济下游的影响,并可能对人口规模产生影响。在这方面,莫维尔并不是唯一的个例,在"繁荣和萧条"的周期中,澳大利亚偏远农村地区发生了巨大变化,也带来了建筑业的巨大变化。

莫维尔的就业概况可能会对"产业结构单一的城镇"这一标签的适用性提出质疑,本章基于工业集中度指标的分析进一步支持这一观点。莫维尔的就业从未像周边地区那样明显集中在前四大产业中。随着时间的发展,就业集中度下降使得 2016

年莫维尔的 C4 指数(表 7.4)与整个维多利亚州(42%)相同。然而,尽管莫维尔面对重大冲击似乎表现出坚忍的态度,但有证据表明,火灾、(当时)即将关闭的煤矿和发电站使不同性别就业情况恶化,导致 2016 年适龄男性就业比例较低(表 7.4)。这也可能解释了截至 2016 年的五年中为什么失业率上升和劳动参与率下降,与当时该州主要在墨尔本市的推动下出现经济繁荣、人口快速增长的情况相反。这一假设也得到了人口迁移数据的支持,2007—2016 年,35~54 岁年龄段的人员,尤其是男性(图 7.5),迁往澳大利亚其他地区,造成了明显的人口净流出(图 7.6)。

尽管如此,我们的人口和社会经济数据显示出莫维尔人口固有的坚忍和韧性。如果重新考虑我们定义的韧性,会提出相关问题:莫维尔是如何适应现实的变化,并利用任何新的可能性来发展的?

Walker 等(2016)发现,矿井火灾后社区有一定水平的坚忍和韧性,人们依靠生活经验处理当前的状况,利用社会关系寻求支持。莫维尔的生活经验源于历史上长期应对灾害的熟悉程度(1977、2006 和 2008 年发生大火灾)。然而,在寻求支持的社会关系方面,我们认为,社区的能力与三种社会资本有关——纽带社会资本、桥接社会资本、链接社会资本。

我们观察为确保莫维尔和拉特罗布地区的美好未来而建立的各种由社区领导的行动小组发现,纽带和桥接社会资本是普遍存在的。最值得注意的是,在煤矿一起工作过的几代家庭之间对区域的依恋使得他们存在牢固而松散的联系,即人们之所以联系在一起,是因为他们为自己居住的区域感到自豪。Doig(2019)阐述了工作场所连接及基于这种连接产生的依恋。这些网络形成了一定程度的社会信任,民众团结在各种由社区主导的倡议周围,为他们的社区创造一个互惠的美好未来。其中一项倡议是成立社区行动小组,即应对黑泽尔伍德矿井火灾的"山谷之声"。"山谷之声"通过社区筹款建立,以确保政府和广大维多利亚民众能够听取公众对矿井火灾造成的健康问题的关注。另一个关键的集体行动网络来自莫维尔社区之家,他们共同努力,请求政府采取进一步行动(Doig,2015,2019)。这一活动导致对黑泽尔伍德健康研究的开展和黑泽尔伍德矿井火灾调查的重启。然而,在链接社会资本方面,黑泽尔伍德矿井火灾调查报告清晰地报道了居民和政府之间的网络联系和社会信任缺失。

2014 年初版黑泽尔伍德矿井火灾调查包括 12 条建议。在第二版中,咨询委员会给政府提了 246 条意见,包括许多着眼于重建政府和居民之间的信任缺失的大胆举措,改善整个拉特罗布市的健康福祉。其中的三个关键项目创建拉特罗布市健康创新区称号、成立拉特罗布健康联合会和任命拉特罗布健康倡导者(Teague et al.,2016b),都已经实现。

拉特罗布健康创新区是拉特罗布健康联合会和倡导者的所在地,其宗旨是回应社区在规划和提供更好健康与福祉状况方面的意愿。拉特罗布健康联合会拥有约 45 名成员,其中大多数是拉特罗布市居民,建立加强社区参与、促进健康改善和服务一体化的机制。根据社区的反馈和关注,拉特罗布健康倡导者就影响公共卫生和福利的制度与政策问题向卫生部长提供独立和直接的建议。

尽管现在判断这些倡议是否改善了健康福祉、加强了政府和居民之间的社会信任(在撰写本文时,他们已经集体运作了一年)还为时过早,但我们看到了一些积极的人口统计结果,如莫维尔人口增长接近 0。鉴于镇上主要雇主的关闭,我们认为这在人口统计学方面是一个积极的结果。这里的一个关键因素是,黑泽尔伍德的前雇员能够在该区域的其他地方找到工作,同时仍然是镇上的居民。拉特罗布流域管理局(Latrobe Valley Authority)完成了大部分工人的就业过渡。该管理局由维多利亚州政府于 2016 年 11 月在 Engie 宣布关闭黑泽尔伍德发电站和露天煤矿后成立。

拉特罗布流域管理局负责工人就业过渡服务(为全部前黑泽尔伍德的前员工提供技能提升、培训和支持,包括建筑工人、供应链工人和他们的家人们)和重返工作岗位计划(为雇主雇用和培训失业的拉特罗布流域居民提供支持)。这是维多利亚州政府"经济增长区"的一部分。该区向拉特罗布流域投入 2.66 亿美元,用于增加当地的就业和商业。

该镇相对靠近墨尔本这个快速发展的大城市,从而也可能将其定位为一个未来的通勤城镇。在这里,经济适用房和生活基础设施保障了其作为居住场所的需求,商业和经济继续将重点转向服务新兴通勤人口。然而,由于露天煤矿的存在,火灾的记忆很可能会永远萦绕在当地居民的脑海中,这既是对该镇过去事件的提醒,也是潜在的持续性环境问题。

虽然本章的数据和分析均一致证明了莫维尔人口的韧性,但实际上,要确定火灾的全部影响并实现城镇与发电站的脱钩,可能还为时过早。对 2021 年人口普查数据和其他来源数据的开展相同分析和报告,将会有更为深入的理解,从而提供一个更有力的评估,确定这个看似有韧性的城镇是否能够经受住发电厂关停带来的重大冲击。同样,未来的研究应考虑对该社区内在优势进行更有力的分析,特别是与社会资本和 Cutter(2016)强调的其他社会韧性指标相关的分析。这对于确定各种形式的社会资本是否受到人口多样化的负面影响是至关重要的,因为新的人口会进入社会寻找新的工作,创造新的商业机会。

还必须指出的是,在研究这些小尺度地理区域的人口统计指标时,由于某些原因,它们可能无法接近社区的实际"实时"变化和趋势。Carson 及其同事在第 5 章中解释了其中一些问题,包括数据准确性、数据收集方法的变化以及确保(尽可能)使用最适当的地理尺度或单位来看待变化。

面对从化石燃料到其他能源的不可避免的转变,像莫维尔这样的城镇总会在某个时候经历一次巨大的冲击。莫维尔的人口和经济虽然正在转型,但已没有生存问题,对于正在经历全球资源消费模式转变的其他城镇来说,这可能是一个有价值的案例研究。事实上,一次又一次的冲击可能帮助该镇为转型做好了"准备"。随着黑泽尔伍德的关停,强制转型可以被视为澳大利亚其他偏远村镇的试金石。这些城镇的经济基础与主要产业来源紧密相连（无论是否被称为"单一产业结构"）。气候变化无疑将导致其他城镇面临类似的挑战，考验它们适应和繁荣发展的能力。

## 参考文献

100 Resilient Cities，2019. What is urban resilience[EB/OL]? [2019-07-21]. https://www. 100resilientcities. org/resources/#section-2.

ABC，2017. Hazelwood power station closure：what does it mean for electricity bills，the environment and the Latrobe Valley[EB/OL]? [2019-05-01]. https://www. abc. net. au/news/2017-03-30/hazelwood-power-plant-shutdown-explained/8379756.

ABS，2003. 1301. 0-year book Australia，2003[EB/OL]. [2019-07-30]. https://www. abs. gov. au/ausstats/abs @. nsf/featurearticlesbyCatalogue/1476D522EBE22464CA256CAE0015BAD4? OpenDocument.

ABS，2014. 1381. 0. 55. 001-Research oaper：a review of selected regional industrial diversity indexes，2011[EB/OL]. [2019-07-30]. https://www. abs. gov. au/ausstats/abs @. nsf/0/4276628C76F84A10CA257DAF0018B599? Opendocument.

ABS，2018. Regional statistics，ASGS 2016，2011-2018，annual 2011 to 2018[EB/OL]. [2019-05-28]. https://itt. abs. gov. au/itt/r. jsp? databyregion.

ABS，2019. 3218. 0-Regional population growth，Australia，2017-18[EB/OL]. [2019-05-29]. https://www. abs. gov. au/AUSSTATS/abs @. nsf/Lookup/3218. 0Main + Features12017-18? OpenDocument.

ALDRICH D P，MEYER M A，2015. Social capital and community resilience[J]. American Behavioral Scientist，59：254-269.

ALEXANDER D E，2013. Resilience and disaster risk reduction：an etymological journey[J]. Nat Hazards Earth Syst Sci，13：2707-2716.

ALLEN S，CARROLL M，BERGER E，et al，2019. Research summary：the ongoing experiences of students following the Hazelwood mine fire[EB/OL]. [2019-07-02]. https://www. monash. edu/__data/assets/pdf_file/0007/1766104/Research-Summary-Schools-Study-Round-2-Interviews. pdf.

Australian Government，2018. Australia's trade statistics at a glance[EB/OL]. [2019-01-31]. https://dfat. gov. au/trade/resources/trade-at-a-glance/Pages/top-goods-services. aspx.

BRIDGER J C，LULOFF A E，2001. Building the sustainable community：is social capital the answer[J]? Sociological Inquiry，71：458-472.

CARSON D A，CARSON D B，2014. Mobilities and path dependence：challenges for tourism and "attractive" industry development in a remote company town[J]. Scandinavian Journal of Hospitality & Tourism，14(4)：460-479.

COLLIN N，2017. Business reinvention and the town that changed itself[EB/OL]. [2019-10-05]. https://www. nigelcollin. com. au/blog/town-of-reinvention-and-change/.

CUTTER S L，2016. The landscape of disaster resilience indicators in the USA[J]. Natural Hazards，80：741-758.

CUTTER S L,ASH K D,EMRICH C T,2014. The geographies of community disaster resilience [J]. Global Environmental Change,29：65-77.

DAVISON M,2015. Minerals council of Australia,victorian division's submission to terms of reference 8-10(Mine Rehabilitation) of the board of inquiry into the Hazelwood mine fire[EB/OL]. [2019-07-14]. https://hazelwoodinquiry. vic. gov. au/wp-content/uploads/2015/09/Minerals-Council-of-Australia-Victorian-Division-Submission. pdf.

DOIG T,2015. The coal face[R]. Australia,Penguin.

DOIG T,2019. Hazelwood[R]. Penguin Random House Australia.

DUCKWORTH M,2015. Community cohesion and resilience[R]. Resilient cities and communities：the new global imperative forum. Municipal Association of Victoria.

DUFFY M,WHYTE S,2017. The Latrobe Valley：the politics of loss and hope in a region of transition[J]. Australasian Journal of Regional Studies,23：421-446.

Engie,2017. Hazelwood-the life of Hazelwood and its people 1964-2017[EB/OL]. [2019-07-10]. https://engie. com. au/wp-content/uploads/flipbook. pdf.

Hazelwood Health Study,2017. Hazelwood health study annual report 3-16 November 2017[R]. Monash University. Medicine,Nursing and Health Services.

Hazelwood Health Study,2019. Research summary：adult survey-mine fire smoke exposure and health[EB/OL]. [2019-07-02]. https://www. monash. edu/_ _ data/assets/pdf _ file/0006/1766094/20190123-Adult-Survey-Volume-2-Research-Summary. pdf.

JOHNSTON F,MELODY S,VENN A,et al,2019. Research summary：the Latrobe ELF study | exposure to mine fire smoke and the risk of pregnancy-related health problems[EB/OL]. [2019-07-02]. https://www. monash. edu/_ _ data/assets/pdf _ file/0006/1795830/Research-Summary-ELF-Exposure-to-mine-fire-smoke-and-the-risk-of-pregnancy-related-health-problems. pdf.

JONES R,LEE S,MAYBERY D,et al,2018. Experiences of a prolonged coal-mine fire[J]. Disaster Prevention and Management：An International Journal,27：534-545.

KLEIN R J T,NICHOLLS R J,THOMALLA F,2003. Resilience to natural hazards：how useful is this concept[J]? Global Environmental Change Part B：Environmental Hazards,5：35-45.

Latrobe City Council,2017. Living well latrobe health and wellbeing plan[EB/OL]. [2019-07-21]. https://www. latrobe. vic. gov. au/Our_Community/Living_Well_Latrobe/Living_Well_Latrobe _Health_and_Wellbeing_Plan.

MANYENA S B,2006. The concept of resilience revisited[J]. Disasters,30：434-450.

MANYENA S B,O'BRIEN G,O'KEEFE P,et al,2011. Disaster resilience：a bounce back or bounce forward ability[J]? Local Environment,16：417-424.

MITCHELL C J,O'NEILL K,2016. Tracing economic transition in the mine towns of northern Ontario：an application of the "resource - dependency model"[J]. The Canadian Geographer/Le Géographe canadien,60：91-106.

Morwell Advertiser,1949. Development of Morwell project progress to date[EB/OL]. [2019-04-11]. https://trove. nla. gov. au/newspaper/article/69133750.

NORRIS F H,STEVENS S P,PFEFFERBAUM B,et al,2008. Community resilience as a metaphor,theory,set of capacities,and strategy for disaster readiness[J]. American Journal of Community Psychology,41：127-150.

PATON D,2006. Disaster resilience：building capacity to co-exist with natural hazards and their consequences. [M]//PATON D,JOHNSTON D. Disaster Resilience An Integrated Approach. Illinois：Charles C Thomas Publisher Ltd.

PERRY R W,2005. Disasters,definitions and theory construction[R]//PERRY R W,QUARANTELLI E L. What is a disaster? New answers to old questions. United States of America,Xlibris Corporation.

PERRY R W,QUARANTELLI E L,2005. What is a disaster? New answers to old questions[R]. United States of America,Xlibris Corporation.

PUTNAM R D,LEONARDI R,NONETTI R Y,1993. Making democracy work civic traditions in modern Italy[M]. Princeton ：Princeton University Press.

QUARANTELLI E L,1998. What is a disaster? Perspectives on the question[M]. London：Routledge.

TEAGUE B,CATFORD J,PETERING S,2014. Hazelwood mine fire inquiry report[R]. Melbourne：Victorian Government.

TEAGUE B,CATFORD J,2016a. Hazelwood mine fire inquiry report 2015/2016 volume Ⅳ—mine rehabilitation[R]. Melbourne：Victorian Government.

TEAGUE B,CATFORD J,ROPER A,2016b. Hazelwood mine dire inquiry report 2015/2016 volume Ⅲ—health improvement[R]. Melbourne：Victorian Goverment.

The Advertiser,2013. Battered industrial city of Burnie is looking to reinvent itself[EB/OL]. [2019-10-06]. https：//www. adelaidenow. com. au/battered-industrial-city-of-burnie-is-looking-to-reinvent-itself/news-story/7f63552fdeb28217261a314ea2595db6.

WALKER J,CARROLL M,CHISHOLM M,2016. Policy review of the impact of the Hazelwood mine fire on older people：final report—version 1. 0[R]. Monash University,Medicine,Nursing and Health Sciences：Hazelwood Health Study.

WEICHSELGARTNER J,KELMAN I,2015. Geographies of resilience：challenges and opportunities of a descriptive concept[R]. Progress in Human Geography,39：249-267.

WHYTE S,2017. "They go into bat for me" Morwell neighbourhood house,the Hazelwood mine fire and recovery[R]. Churchill,Australia：Centre of Research for Resilient Communities,Federation University.

WISNER B,BLAIKIE P,CANNON T,et al,2004. At risk：natural hazards,people's vulnerability,and disasters[M]. New York：Routledge.

YELL S,DUFFY M,WHYTE S,et al,2019. Research summary：community perceptions of the impact of the Hazelwood mine fire on community wellbeing,and of the effectiveness of communication during and after the fire[EB/OL]. [2019-07-02]. https：//www. monash. edu/__data/assets/pdf_file/0006/1766103/community-perceptions-of-the-impact. pdf.

# 第8章　澳大利亚潜在热应激适应策略的迁移

克斯汀·K·詹德 (Kerstin K. Zander)

卡门·理查扎根 (Carmen Richerzhagen)

斯蒂芬·T·加内特 (Stephen T. Garnett)

**摘要：**气候变化导致的自然灾害愈加频繁且日益严重。一些灾害的发生具有突然性，可在短时间内造成巨大破坏。研究表明，许多人为了应对灾害会暂时性地迁移，等危险过后再回来。缓慢发生的灾害同样也有破坏性，但是其经济和社会影响持续更久。在澳大利亚，即使炎热天气持续时间很短暂，但是极端高温和热浪频率上升也构成一种缓慢发生的灾害。本章通过对1344个澳大利亚居民的在线调查，研究持续升温对他们迁移到气温较低地方意愿的影响。持续高温使大约73％的人觉得焦虑，其中11％的人表示愿意迁移到温度更低的地方。高温对人的影响越大，人们搬家的可能性也越大。尽管许多人（38％）不确定要搬去哪里，但是塔斯马尼亚（Tasmania）是偏好目的地之一（20％的人想搬过去）。随着澳大利亚越来越热，高温将会成为人们搬迁决策中的重要影响因素。了解这种国内迁移的来源和目的地对规划和决策至关重要。

**关键词：**气候变化；极端高温；搬迁；在线调查；重新安置；计划行为

## 8.1　引言

气候变化加剧了许多与天气相关灾害的频率和严重程度，包括洪水、风暴、干旱

克斯汀·K·詹德（Kerstin K. Zander，通讯作者），澳大利亚查尔斯·达尔文大学北部地区研究所。E-mail：Kerstin. Zander@cdu. edu. au。

卡门·理查扎根（Carmen Richerzhagen），德国波恩德国发展研究所。E-mail：Carmen. Richerzhagen @die-gdi. de。

斯蒂芬·T·加内特（Stephen T. Garnett），澳大利亚查尔斯·达尔文大学环境与生计研究所。E-mail：Stephen. Garnett@cdu. edu. au。

和热浪。热浪[1]是世界范围内最危险的自然灾害(Fang et al.,2015)。例如,欧洲2003年的热浪使得超过70000人死亡(Robine et al.,2008),尤其是老年人和患病者(见第10章中2009年澳大利亚东南部的热浪相关内容)。随着气候变化的加剧,热浪频率增高引起的丛林火灾和干旱等相关灾害频率升高(Perkins et al.,2012;Perkins et al.,2013),从而使得死亡率和发病率升高。由于气候变化,气温整体上也随之升高(Coumou et al.,2013),即便并未连续数日暴露在高温环境中,在高温下的暴露增多也会引发公共健康问题。在高温下暴露过多将会引起热应激和相关疾病的症状,出现从对热浪的不适感、头痛、疲劳、眩晕、恶心、抽筋,到最终导致中暑和晕倒(Parsons,2003)。这些症状均会损坏人们的健康,降低生产力(Zander et al.,2015)。

对高温的短期就地适应包括水合作用(饮水)、降温(包括开空调)和休息。然而,从长远来看,适应高温和热浪的计划必须包括对基础设施的改造,如隔热、通风、安装空调(Barnett et al.,2015;Hatvani-Kovacs et al.,2016)以及进行景观设计。后者对于由人类活动(例如热岛效应)而造成更高温度的城市来说,是尤为重要的(Solecki et al.,2005;Chen et al.,2014)。

迁移是应对热应激的极端形式。自从政府间气候变化专门委员会(IPCC)发布第一份报告以来,人们已经认识到迁移是对气候变化的适应,并在针对发展中国家的学术文献中进行了广泛讨论(Hugo,2011;de Sherbinin et al.,2011)。作为一种应对方式,迁移可以被视为是原地适应的失败,或者被视为适应措施组合的一部分(Bardsley et al.,2010;de Sherbinin et al.,2011),包括利用较凉爽的地方提供生存机会(Tacoli,2009;Scheffran et al.,2012)。留下来的人可能适应得很好并且有很好的韧性。然而,在发展中国家中需要特别关注的是,有些人因没有资源离开而陷入困境(Black et al.,2011a)。即使是成功的原地应对上升的温度可能也不能避免人们搬走(Sakdapolrak et al.,2014),因为迁移很少受单一因素影响,许多因素共同促成了个人的迁移决定(McLeman et al.,2006;Black et al.,2011b)。目前尚未明确迁移的交互作用和更大范围的气候影响(Carleton et al.,2016)。

在发展中国家,人们由于气候变化的影响而搬迁或被迫离开的事实日益成为研究的主题(Bardsley et al.,2010;Massey et al.,2010;Gray et al.,2012a,2012b;Warner et al.,2014;Ocello et al.,2015),最近的一些研究集中在热应激(Mueller et al.,2014)和温度升高上(Bohra-Mishra et al.,2014;Gray et al.,2016)。该领域的研究较少针对发达国家,并且大多数仅限于对原住民的研究(Zander et al.,2013;King et al.,2014)。对于发展中国家的大多数人来说,通过迁移来应对气候变化会受经济资源、人力资本以及文化原因(例如对传统土地的强烈依恋)等阻碍(Mortreux et al.,2009;Adger et al.,2013)。相反,在诸如澳大利亚等发达国家的人们,

---

[1] 国际气象界对热浪一词有几种定义,政府间气候变化专门委员会(IPCC)将热浪定义为"异常且不舒服的炎热天气时期"(IPCC,2014)。

在决定何时搬迁到何地以改善经济繁荣和福利方面几乎没有限制。因此,当高温增多时,发达经济体的人不管处于什么样的人生阶段,都更有可能会迁移以避免高温。

本章使用相同的数据集,即生活在澳大利亚 18～65 岁的跨部门人口样本,扩展了 Zander 等(2016)在这一主题上的工作。本章探索了人们因热应激从当前住所迁移至温度更低地方的意愿,并调查了搬迁意愿的决定因素、迁移的时间安排和他们流动的地理框架。

理解人们是如何适应高温的,对于整体处于高温的澳大利亚(见第 10 章)来说尤为重要。1910 年以来,澳大利亚气候已经升温 0.9 ℃,相较于 1980—1999 年,预计 2030 年的温度将会上升 0.6～1.5 ℃(BoM,2014)。就像在全球范围内已经发生的那样(WMO et al.,2015),1971—2008 年,热浪的持续时间和频率均有增长,当热浪席卷大部分澳大利亚时,最高温度进一步升高(Perkins et al.,2013),单日高温天的出现机会也更大了(Min et al.,2013;Perkins et al.,2013)。

## 8.2　数据和方法

### 8.2.1　计划行为理论

本章主要侧重于探讨人们因为高温而自发从当前住所外迁的意愿。这种意图反映出居民搬迁的想法(de Jong,1999),与实际的搬迁不同(Fishbein et al.,1975;Lu,1998;van Dalen et al.,2008;de Groot et al.,2011)。基于 Ajzen(1991)的计划行为理论,这种意愿是未来迁移的中等至很强的指标。该理论在人文地理学和心理学领域具有突出价值(Manski,1990;Sandu et al.,1996;van Dalen et al.,2008)。之前的研究表明,意愿和实际行为之间存在显著的正相关关系(van Dalen et al.,2008;Thissen et al.,2010)。

### 8.2.2　数据的收集和抽样

本章数据通过 2014 年 5 月的最后两周和 2014 年 10 月的前两周进行的在线调查收集而来①。为了进行调查,我们委托一家研究公司(My Opinions)建立一个不断更新的在线群组,包括澳大利亚境内超过 30 万名经过核实的受访者。在线调查相对邮件调查和个人面谈来说有很多优点,并且性价比更高(Berrens et al.,2003;Dillman,2007;Fleming et al.,2009)。研究表明,不同的调查方式获得的结果是相同的(Lindhjem et al.,2011;Windle et al.,2011)。为避免在线调查中常存在的自

---

① 为了减少在特别炎热时期(或之后不久)进行调查的概率,调查分成两次进行,选择 5 月下旬和 10 月初两个不太可能出现异常高温的时期开展。进行两次调查的另一个原因是,要确保两个样本的人口统计数据对澳大利亚社会而言具有代表性,并且结果是可以重复的。

我选择的偏见,在邀请群组成员参加调查时,不会显示调查的主题。在完成 13 到 15 分钟的调查后,受访者将获得 2 美元的报酬。

My Opinions 公司群组中总共有 9406 人被抽中,第一批有 4913 人,第二批有 4493 人。总体回复率为 20.5%,包括 3.3% 的退出率。总共回收 1925 份回复,每批分别为 847 和 1078 份。

### 8.2.3　调查问卷

调查问卷由三部分组成:①一般的迁移问题,包括先前搬迁的频率和原因;②未来搬迁的打算、高温是否会影响搬迁、搬迁的时间安排和目的地等;③受访者的社会人口背景、态度和对气候变化的看法。

第二部分的第一个问题是关于人们在过去 12 个月里是否感受到热应激的一般问题。那些否认这一点的人被认为在决定是否搬家时根本没有考虑到高温,也没有被纳入因高温产生搬迁意向的分析。

### 8.2.4　数据分析

使用方差分析对数据进行检验,找出可能影响受访者因高温而搬迁到温度较低地方可能性的不同因素。如果有需要,将用 Tukey 检验进行均值多重比较。

## 8.3　结果和讨论

在收到的 1925 份回复中有 86 份大部分未完成,因此没有用于进一步分析。在其余的 1839 名受访者中,有 27% 的人在调查前一年没有感到热应激,也没有用于因热应激而迁移的分析中。因此,此处探讨的最终数据集包含 1344 位受访者的信息。

### 8.3.1　样本人口统计特征

略少于一半的受访者(48%)是女性。受访者平均年龄是 41 岁(标准差为 12.2),年龄中位数为 41 岁,比全国年龄中位数 37 岁稍大一些(ABS,2015)。受访者年龄中位数较大是因为目标人群年龄大于 18 岁。56% 的受访者有孩子。大多数受访者(72%)受过高等教育(大学毕业文凭的为 35%,大学学历为 37%),绝大多数(96%)是有偿就业状态(全职:57%;兼职:34%;自由职业者:5%;义工:4%)。平均年收入为 58000 澳元(标准差为 76000),中位数为 50000 澳元,与全国 18~65 岁就业人群的年收入中位数 46000 澳元相近(ABS,2012)。根据全国人口分布情况(ABS,2012),约 66% 的受访者来自人口最多的三个州(维多利亚 VIC:26%;新南威尔士州 NSW:24%;昆士兰州 QLD:16%,分布在其他州/地区的受访者按比例减少(西澳大利亚州 WA:13%;南澳大利亚州 SA:9%;澳大利亚首都特区 ACT:5%;塔斯马尼亚州 TAS:4%;北领地 NT:3%)。

## 8.3.2　先前的搬迁情况及其原因

大约 18% 的受访者流动性很高,因为他们通常每年搬迁一次(3%)或过去每 2~3 年搬迁一次(15%)。几乎一半的人流动性适中(46%),每五年搬迁(20%)或十年(26%)搬迁一次。约三分之一的人相对固定,他们一生中(11%)或过去 15 年内(25%)从未搬迁。

受访者的流动性与年龄和家庭状况相关。年轻人更倾向于高流动性 $P(<0.001)$,与迁移的生命周期理论一致,该理论假定年轻人有最高的流动性,通常是为了受教育或者找工作(Polachek et al.,1977;Coulter et al.,2015)。高流动性人的平均年龄为 33.8 岁,中流动性的为 40.8 岁,低流动性的为 44.5 岁(图 8.1)。与高流动性的人(43%)相比,低流动性和中流动性的人有孩子的可能性(分别为 58% 和 61%)更高($P<0.001$)。同样,这与受访者的生命周期有关,有孩子的家庭流动性低于单身的人和没有孩子的夫妻,尤其是长距离的搬迁(如果有人为了避免高温)。背后的原因可能是家庭人数的增加会增高搬迁的成本,家庭中其他成员的存在意味着必须在原住地打破更多的纽带,并在目的地建立更多的纽带(Long,1972)。性别、收入和工作环境(工作量和同事)对于流动性的影响不大。受访者居住的州对于总体的流动性也没有重大影响。

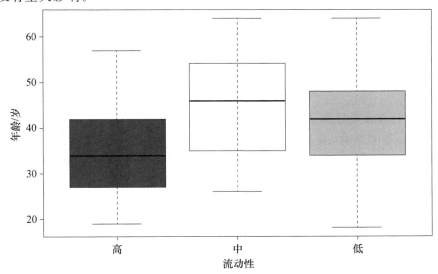

图 8.1　箱形图显示了受访者的年龄与其流动性之间的显著关系,表明高流动性受访者比低或中流动性受访者年轻得多,中流动性受访者比低流动性受访者年轻

与迁移/流动理论相符(Clark et al.,2007),对先前已经搬迁过的受访者来说,就业是最重要的原因(图 8.2)。尽管在先前的搬迁中,天气是最不重要的原因,但是

41%的受访者指出,在过去的搬迁决策中,天气有重要的甚至是非常重要的影响(包括人们搬迁至更暖和和更凉快的地方)。

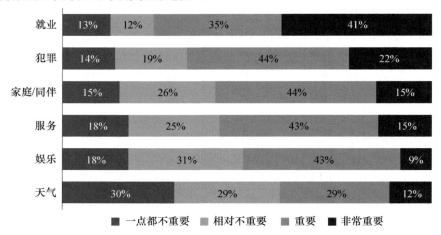

图 8.2　先前搬迁中的不同因素的重要性(受访者总人数 $N$=1839,见彩图)

### 8.3.3　因高温而搬迁的意图

约有 11% 的受访者表示会因为热应激而感到焦虑,从而有搬迁的打算;更多的人(89%)不会因为这个原因而搬迁。一项突出的结果表明,住在北领地的受访者因高温而有搬迁打算的可能性高出 3 倍(平均为 11%,北领地为 36%;$P$<0.001)。鉴于大多数北领地的受访者都住在首府达尔文,地处澳大利亚热带顶端,因此这并不奇怪。由于那里湿度高,每年至少有半年能感觉到特别高的高温(Goldi et al.,2015)。

搬迁的打算也受性别($P$<0.005)、感受热应激的程度($P$<0.001)和总体流动性($P$<0.001)等的影响(表 8.1)。受访者中更高比例的男性(12.7% 对 8.2%;$P$<0.01)表示会因为高温而搬迁。毫不奇怪的是,受访者表示受热应激越强,他们因受热应激搬迁的可能性越高,感受强热应激的人中有将近三分之一(28.1%)要搬迁。

表 8.1　因为热应激而打算搬迁的受访者($N$=1344)比例——社会经济学特征的差异

| 变量 | 百分比/% |
| --- | --- |
| 性别: | |
| 男 | 12.7[a] |
| 女 | 8.2[b] |
| 教育程度: | |
| 大学学位 | 13.5[a] |
| 研究生及以上 | 8.8[a] |

续表

| 变量 | 百分比/% |
|---|---|
| 12 年教育 | 8.0[a] |
| 11 年及以下教育 | 9.3[a] |
| 就业: | |
| 自主创业 | 15.4[a] |
| 公共部门 | 13.7[a] |
| 私营企业 | 8.4[b] |
| 义工 | 8.9[b] |
| 工作量: | |
| 全职 | 11.5[a] |
| 兼职 | 9.1[a] |
| 临时工 | 10.2[a] |
| 义工 | 8.9[a] |
| 所在地: | |
| 北领地(NT) | 35.9[b] |
| 昆士兰(QLD) | 13.1[a] |
| 新南威尔士(NSW) | 11.4[a] |
| 西澳大利亚州(WA) | 9.6[a] |
| 南澳大利亚州(SA) | 8.6[a] |
| 维多利亚(VIC) | 7.9[a] |
| 澳大利亚首都特区(ACT) | 7.2[a] |
| 塔斯马尼亚州(TAS) | 5.2[a] |
| 热应激程度: | |
| 很少 | 5.7[a] |
| 有时 | 7.1[a] |
| 经常 | 19.9[b] |
| 频繁 | 28.1[b] |
| 流动性: | |
| 高 | 20.6[a] |
| 中 | 8.9[b] |
| 低 | 7.0[b] |

注:上标字母的差异表示在类别内搬迁的意愿具有统计学上的显著差异。例如,男性比女性有更大的搬迁意愿(12.7%比 8.2%),并且不同的工作量对搬迁意愿没有影响。

　　高流动性的人群(见前一部分)更有可能因为热应激而有搬迁的打算(20.6%),这并不奇怪。这个结果与迁移意愿研究一致(de Jong et al.,1985)。这也可以说明,人们只是把高温视为搬迁诸多因素中的一个,并且他们可能会在当前居住一段时间后搬迁。另一方面,这可能意味着那些从未动过的人被"困在"了他们所在的地方,即使天气变得很热甚至影响了健康。通常,这些希望留下来的人是因为与他们生活的地方有紧密的联系(家庭、文化),也有可能是他们在那里就业使得他们不想离开。在发展中国家,"被困住的"人们没有搬走的资源(Black et al.,2011a)。在澳大利亚,对于低收入的人来说确实是这样,值得注意的是澳大利亚有 13.3% 的人口生活在贫困线以下(ACOSS,2016)。这项调查虽然没有证实因热应激而决定迁移时收入是个值得关注的问题,但是,即使受访者的收入分布与普通人群的相似,抽样方法也可能将最贫困的人群排除在外。

其他的关键人口统计学因素,如年龄、收入、是否有孩子和工作量均对因高温而搬迁的意愿没有显著影响。年龄不影响搬迁意愿的结论是出乎意料的。研究表明,搬迁意愿(主要是国际迁移)与年龄呈正相关(de Jong et al.,1985;de Groot et al.,2011)。这就意味着不管一个人所处生活阶段如何,高温都可能会影响人们搬迁的意愿。改变正常的迁移模式可能会对服务的提供产生影响。例如,如果比以前预期更多的从事既定职业的中年人搬迁,可能会导致异常炎热天气更频繁地区的技能和劳动力短缺。

### 8.3.4 何时搬迁?

因高温而有搬迁打算的人中,大部分认为自己会在较远的未来搬迁(33.8%),16.5%的人打算在两到三年内搬迁,20.3%的人打算在一年内搬迁,15.8%的人将在三个月内搬迁(表 8.2)。调查时,相当一部分人(13.5%)正处于搬迁过程之中。相较女性而言,更多男性表示已经处于因高温而决定的搬迁中(19.3% 比 4%;$P=0.01$)。女性受访者更倾向于在较远的未来进行搬迁(表 8.2)。无论性别如何,在较远的未来打算搬迁的人($P<0.01$)比在三个月内打算搬迁的人年龄更大(平均年龄分别为 42.6 和 34.3)。与没有孩子的受访者相比($P<0.05$),有孩子的受访者更有可能在之后的阶段搬迁。

表 8.2 按性别、年龄和家庭状况分列因高温而打算离开当前居住地的人群的时间安排($N=133$)

|  | 总数/% | 女性/% | 男性/% | 平均年龄(标准差) | 有孩子的比例/% |
|---|---|---|---|---|---|
| 正处于搬家过程中 | 13.5 | 4.0[a] | 19.3[b] | 35.9[ab](9.8) | 6.8[a] |
| 三个月内 | 15.8 | 10.0[a] | 19.3[a] | 34.3[a](9.8) | 17.8[b] |
| 约一年 | 20.3 | 22.0[a] | 19.3[a] | 40.5[ab](13.4) | 20.5[b] |
| 两到三年内 | 16.5 | 22.0[a] | 13.3[a] | 43.3[ab](10.7) | 23.3[b] |
| 较远的未来 | 33.8 | 42.0[a] | 28.9[b] | 42.6[ab](11.0) | 31.5[b] |

注:上标字母的差异表示在搬迁的意图性别、年龄和家庭状况之间在统计学上具有显著差异。

译者注:原著因数数据精度原因,各分项之和与总和有±0.1的差别,同后。

　　与打算在未来三个月内搬迁的人相比,正处于搬迁过程中的受访者更容易受到高温的影响($P<0.005$)。比起打算更早搬迁的人,那些打算在较远的未来搬迁的人显示了较低的流动性($P<0.005$)。教育程度、性别、收入和位置(他们所处的州)对高温有关的潜在搬迁时间安排并没有显著的解释力。

　　短期内(一年内)打算搬迁的受访者平均年龄为 37.2 岁,明显比打算在较远时间搬迁的人(平均年龄 42.8)年轻。这也是高流动性年轻人的特征。在打算搬迁的所有男性中,有一半以上(57.9%)会在短期内这样做,而在打算搬迁的女性中,只有36%会在短期内这样做($P<0.01$)。

## 8.3.5　从哪儿搬到哪儿?

　　超过三分之一(38.3%)因为热应激而想搬迁的人并不知道该搬去哪里(表8.3)。大多数人(91%)可能会搬到澳大利亚的其他地方,剩下的 9% 打算迁移至海外。值得注意的是,更多的女性受访者(16%)打算迁移至海外(男性 5%;$P<0.05$)。

　　仅 9% 的受访者表示会搬迁至他们所在州的其他地方,大多数(91%)会换一个州居住。近 20% 的受访者,尤其是新南威尔士(31%)和维多利亚州(19%)的受访者,可能会搬迁至塔斯马尼亚州(表 8.3)。塔斯马尼亚州是唯一一个人口接收比流失多的州,鉴于其寒冷的气候,这是可以预料的。

　　没人想要搬迁到北领地和南澳大利亚州(表 8.3),较高比例(35.9%)北领地的受访者因热应激而打算搬迁(表 8.1);而这一比例在南澳大利亚州只是近 9%。除了北领地以外,许多来自昆士兰州(出发地(%)/样本分布(%)=1.24;表 8.3)和新南威尔士州(比例=1.06)的受访者打算搬离所在州。鉴于北领地和昆士兰州的部分地区位于热带潮湿的北部,而且北领地的大部分受访者有迁移的意愿,因此这并不奇怪。然而,令人惊讶的是,阿德莱德及其周围地区在过去几年中出现创纪录的高温和不断增加的热浪频率(Steffen et al.,2014),因高温而搬迁的人却寥寥无几((Xiang et al.,2014;Hatvani-Kovacs et al.,2016;Zander et al.,2017)。

表 8.3　因热应激而打算搬迁受访者的出发地和目的地占比

| 地点 | 目的地占比/% | 出发地占比/% | 出发地(%)/样本分布(%) | 样本分布(总受访人数 1344) |
|---|---|---|---|---|
| 塔斯马尼亚 | 19.5 | 2.3 | 0.51 | 4.5 |
| 新南威尔士 | 9.8 | 24.8 | 1.06 | 23.5 |
| 维多利亚 | 9.0 | 19.5 | 0.76 | 25.6 |
| 昆士兰 | 8.3 | 19.5 | 1.24 | 15.7 |
| 西澳大利亚 | 4.5 | 12.0 | 0.91 | 13.2 |
| 澳大利亚首都特区 | 1.5 | 3.8 | 0.73 | 5.2 |
| 北领地 | 0.0 | 10.5 | 3.28 | 3.2 |
| 南澳大利亚 | 0.0 | 7.5 | 0.82 | 9.1 |
| 海外 | 9.0 | NA | NA | NA |
| 未知地 | 38.3 | NA | NA | NA |

当前北领地的受访者可能主要搬迁至昆士兰(29％)、西澳大利亚(21％)或者新南威尔士(14％)。来自南澳大利亚的受访者大多数还没有确定搬到哪里(40％),有可能是塔斯马尼亚(30％)、昆士兰(20％)或者维多利亚(10％)。

# 8.4　结论

我们提供了一个由于气候热应激而打算搬迁的发达经济体中一般人群的案例。迄今为止,大多数应对气候变化的迁移研究都在发展中国家开展,或者针对发达国家的原住民。如果经济条件允许,澳大利亚人的搬迁是自由的,因此,本章应用Ajzen的计划行为理论来研究人们迁移至气温更低地方的意图。在全澳大利亚范围内开展的在线调查中,回收了近1900份有效问卷,其中有11％的人表示,他们不会因为当前居住地的高温而有搬迁的打算。同预料的一样,过去高流动性的人群因高温而迁移的可能性更高,而年龄对因高温而搬迁的意愿影响不大。男性受访者更有可能因为热应激而愿意搬迁。大多数受热应激影响的男性受访者打算在近三个月内搬迁,而大多数愿意搬迁的女性受访者(42％)表示将会在更长的时间内搬迁。年轻一些的受访者更有可能在短时间内搬迁,其中有许多人也已经开始搬迁了。在北领地,特别是来自澳大利亚热带地区(炎热潮湿)的人们由于热应激而搬迁的可能性增加了三倍。尽管有三分之一以上打算搬迁的受访者没有确定搬去哪里,但在确定的人中,首选目的地是塔斯马尼亚,这个澳大利亚平均气温最低的地方之一。许多人(38.3％)不确定潜在目的地,而塔斯马尼亚仍是那些没有明确目的地的人的首选。

## 参考文献

ABS(Australian Bureau of Statistics),2012. Census of population and housing-2011. Data generated using ABS table builder[R]. Commonwealth of Australia,Canberra.

ABS(Australian Bureau of Statistics),2015. 3101. 0-Australian demographic statistics,Jun 2015 [EB/OL]. [2016-12-05]. Commonwealth of Australia,Canberra. https://www. abs. gov. au/ausstats/abs @. nsf/featurearticlesbyCatalogue/7A40A407211F35F4CA257A2200120EAA? OpenDocument.

ACOSS(Australian Council of Social Service),2016. Poverty in Australia 2016[EB/OL]. [2016-12-05]. Social Policy Research Centre,University of New South Wales,Sydney. https://www. acoss. org. au/wp-content/uploads/2016/10/Poverty-in-Australia-2016. pdf.

ADGER W N,BARNETT J,BROWN K,et al,2013. Cultural dimensions of climate change impacts and adaptation[J]. Nature Climate Change,3:112-117.

AJZEN I,1991. The theory of planned behaviour[J]. Organizational Behavior and Human Decision Processes,50:179-211.

BARDSLEY D K,HUGO G J,2010. Migration and climate change:examining thresholds of change to guide effective adaptation decision-making[J]. Population and Environment 32: 238-262.

BARNETT G, BEATY R M, MEYERS J, et al. 2015. Pathways for adaptation of low-income housing to extreme heat[M]//PALUTIKOF J P, BOULTER S L, BARNETT J, et al. Applied studies in climate adaptation. Oxford: Wiley-Blackwell, Oxford.

BERRENS R, BOHARA A, JENKINS-SMITH H, et al. 2003. The advent of internet surveys for political research: a comparison of telephone and internet samples[J]. Political Analysis, 11: 1-22.

BLACK R, BENNETT S R G, THOMAS S M, et al. 2011a. Migration as adaptation[J]. Nature, 478: 447-449.

BLACK R, ADGER W N, ARNELL N W, et al. 2011b. The effect of environmental change on human migration[J]. Global Environmental Change, 21(S):3-11.

BOHRA-MISHRA P, OPPENHEIMER M, HSIANG S M, 2014. Nonlinear permanent migration response to climatic variations but minimal response to disasters[J]. Proceedings of the National Academy of Sciences of the United States of America, 111: 9780-9785.

BoM(Bureau of Meteorology), 2014. State of the climate 2014[R]. BoM and CSIRO, Canberra.

CARLETON T A, HSIANG S M, 2016. Social and economic impacts of climate[J]. Science, 353: aad9837.

CHEN D, WANG X, THATCHER M, et al. 2014. Urban vegetation for reducing heat related mortality[J]. Environmental Pollution, 192: 275-284.

CLARK W A V, WITHERS S D, 2007. Family migration and mobility sequences in the United States: spatial mobility in the context of the life course[J]. Demographic Research, 17: 591-622.

COULTER R, SCOTT J, 2015. What motivates residential mobility? Re-examining self-reported reasons for desiring and making residential moves[J]. Population Space and Place, 21: 354-371.

COUMOU D, ROBINSON A, RAHMSTORF S, 2013. Global increase in record-breaking monthly mean temperatures[J]. Climatic Change, 118: 771-782.

DE GROOT C, MULDER C H, DAS M, et al. 2011. Life events and the gap between intention to move and actual mobility[J]. Environmental Planning A, 43: 48-66.

DE JONG G, ROOT B D, GARDNER R W, et al. 1985. Migration intentions and behaviour: decision making in a rural Philippine province[J]. Population and Environment, 8: 41-62.

DE JONG G F, 1999. Choice process in migration behaviour[R]//PANDIT K, WITHERS S. Migration and restructuring in the United Sates. Rowman and Littlefield, Lanham.

DE SHERBININ A, CASTRO M, GEMENNE F, et al. 2011. Preparing for resettlement associated with climate change[J]. Science, 28: 456-457.

DILLMAN D A, 2007. Mail and internet surveys: the tailored design method-2007 update with new internet, visual, and mixed-mode guide[R]. Wiley, New York.

FANG J, LI M, SHI P, 2015. Mapping heat wave risk of the world[M]//SHI P, KASPERSON R. World atlas of natural disaster risk. Heidelberg: Springer.

FISHBEIN M, AJZEN I, 1975. Belief, attitude, intention, and behavior: an introduction to theory and research[R]. Addison-Wesley, Reading.

FLEMING C,BOWDEN M,2009. Web-based surveys as an alternative to traditional mail methods [J]. Journal of Environmental Management,90: 284-292.

GOLDI J,SHERWOOD S C,GREEN D,et al,2015. Temperature and humidity effects on hospital morbidity in Darwin,Australia[J]. Annals of Global Health,81: 333-341.

GRAY C L,MUELLER V,2012a. Drought and population mobility in rural Ethiopia[J]. World Development,40: 134-145.

GRAY C L,MUELLER V,2012b. Natural disasters and population mobility in Bangladesh[J]. Proceedings of the National Academy of Sciences of the United States of America,109: 6000-6005.

GRAY C,WISE E,2016. Country-specific effects of climate variability on human migration[J]. Climatic Change,135: 555-568.

HATVANI-KOVACS G,BELUSKO M,SKINNER N,et al,2016. Heat stress risk and resilience in the urban environment[J]. Sustainable Cities and Society,26: 278-288.

HUGO G,2011. Future demographic change and its interactions with migration and climate change [J]. Global Environmental Change,21: S21-S33.

IPCC,2014. Annex II: Glossary[R]// MACH K J,PLANTON S,STECHOW C VON. Climate Change 2014: Synthesis Report. Contribution of Working Groups I,II and III to the Fifth Assessment Report of the Intergovernmental Panel on Climate Change. IPCC,Geneva.

KING D,BIRD D,HAYNES K,et al,2014. Voluntary relocation as an adaptation strategy to extreme weather events[J]. International Journal of Disaster Risk Reduction,8: 83-90.

LINDHJEM H,NAVRUD S,2011. Are internet surveys an alternative to face-to-face interviews in contingent valuation[J]? Ecological Economics,70: 1628-1637.

LONG L H,1972. The influence of number and ages of children on residential mobility[J]. Demography,9: 371-382.

LU M,1998. Analyzing migration decision making: relationships between residential satisfaction, mobility intentions,and moving behavior[J]. Environmental Planning A,30: 1473-1495.

MANSKI C F,1990. The use of intentions data to predict behavior: a best-case analysis[J]. Journal of the American Statistical Association,85: 934-940.

MASSEY D S,AXINN W G,GHIMIRE D J,2010. Environmental change and out-migration: evidence from Nepal[J]. Population and Environment,32: 109-136.

MCLEMAN R,SMIT B,2006. Migration as an adaptation to climate change[J]. Climatic Change, 76: 31-53.

MIN S K,CAI W,WHETTON P,2013. Influence of climate variability on seasonal extremes over Australia[J]. Journal of Geophysical Research: Atmospheres,118: 643-654.

MORTREUX C,BARNETT J,2009. Climate change,migration and adaptation in Funafuti,Tuvalu [J]. Global Environmental Change,19: 105-112.

MUELLER V,GRAY C,KOSEC K,2014. Heat stress increases long-term human migration in rural Pakistan[J]. Nature Climate Change,4: 182-185.

OCELLO C,PETRUCCI A,TESTA M,et al,2015. Environmental aspects of internal migration in Tanzania[J]. Population and Environment,37: 99-108.

PARSONS K,2003. Human thermal environment. the effects of hot,moderate and cold temperatures on human health,comfort and performance(2$^{nd}$)[M]. New York: CRC Press.

PERKINS S E,ALEXANDER L V,NAIRN J R,2012. Increasing frequency,intensity and duration of observed global heatwaves and warm spells[J]. Geophysical Research Letters, 39: L20714.

PERKINS S E,ALEXANDER L V,2013. On the measurement of heat waves[J]. Journal of Climate, 26: 4500-4517.

POLACHEK S,HORVATH F,1977. A life cycle approach to migration: analysis of the perspicacious peregrinator[M]// EHRENBERG R. Research in labor economics. Greenwich. CT: JAI Press.

ROBINE J M,CHEUNG S LK,LE ROY S,et al,2008. Death toll exceeded 70,000 in Europe during the summer of 2003[J]. Comptes Rendus Biologies, 331: 171-178.

SAKDAPOLRAK P,PROMBUROM P,REIF A,2014. Why successful in-situ adaptation with environmental stress does not prevent people from migrating? Empirical evidence from Northern Thailand[J]. Climate and Development, 6: 38-45.

SANDU D,DE JONG G F,1996. Migration in market and democracy transition: migration intentions and behaviour in Romania[J]. Population Research and Policy Review, 15: 437-457.

SCHEFFRAN J,MARMER E,SOW P,2012. Migration as a contribution to resilience and innovation in climate adaptation: Social networks and co-development in Northwest Africa[J]. Applied Geography, 33: 119-127.

SOLECKI W D,ROSENZWEIG C,PARSHALL L,et al,2005. Mitigation of the heat island effect in urban New Jersey[J]. Environmental Hazards, 6: 39-49. .

STEFFEN W, HUGHES L, PEARCE A, 2014. Heatwaves: hotter,longer,more often[R/OL]. [2016-12-05]. Public Climate Council of Australia Limited. https://www. climatecouncil. org. au/uploads/7be174fe8c32ee1f3632d44e2cef501a. pdf.

TACOLI C,2009. Crisis or adaptation? Migration and climate change in a context of high mobility [J]. Environment and Urbanization, 21: 513-525.

THISSEN F,FORTUIJN J D,STRIJKER D,et al,2010. Migration intentions of rural youth in the Westhoek,Flanders,Belgium and the Veenkoloniën,The Netherlands[J]. Journal of Rural Studies, 26: 428-436.

VAN DALEN H P,HENKENS K,2008. Emigration intentions: mere words or true plans? explaining international migration intentions and behavior[P]. Center Discussion Paper 2008-60,Center for Economic Research,Tilburg University.

WARNER K,AFIFI T,2014. Where the rain falls: evidence from 8 countries on how vulnerable households use migration to manage the risk of rainfall variability and food insecurity[J]. Climate and Development, 6: 1-17.

WINDLE J,ROLFE J,2011. Comparing responses from internet and paper-based collection methods in more complex stated preference environmental valuation surveys[J]. Economic Analysis and Policy,41: 83-97.

WMO,WHO, 2015. Heatwaves and health: guidance on warning-system development[R/OL].

[2016-12-05]. World Meteorological Organization and World Health Organization. https://www. who. int/globalchange/publications/heatwaves-health-guidance/en.

XIANG J, BI P, PISANIELLO D, et al, 2014. The impact of heatwaves on workers? Health and safety in Adelaide, South Australia[J]. Environmental Research, 133: 90-95.

ZANDER K K, PETHERAM L, GARNETT S T, 2013. Stay or leave? Potential climate change adaptation strategies among Aboriginal people in coastal communities in northern Australia[J]. Natural Hazards, 67: 591-609.

ZANDER K K, BOTZEN W J W, OPPERMANN E, et al, 2015. Heat stress causes substantial labour productivity loss in Australia[J]. Nature Climate Change, 5: 647-651.

ZANDER K K, SURJAN A, GARNETT S T, 2016. Exploring the effect of heat on stated intentions to move[J]. Climatic Change, 138: 297-308.

ZANDER K K, MOSS S A, GARNETT S T, 2017. Drivers of heat stress susceptibility in the Australian labour force[J]. Environmental Research, 152: 272-279.

# 第9章 设计适合女性的韧性城市

杰西卡·L·巴恩斯(Jessica L. Barnes)

**摘要**：城市景观可以而且确实会影响我们生活的各个方面,包括我们的整体生活品质和灾害韧性。研究表明,一些人群在灾害中经历的负面影响,至少部分原因是设计糟糕的城市环境,尤其是妇女和女孩的韧性,受到城市景观体验的影响。作为回应,城市设计师有机会和义务使性别敏感的设计方式融入他们所有的项目中,确保整个社区都能享受城市景观带来的益处。本章研究了成功城市设计的现有证据和策略,可支持女性及其所居住城市的韧性。

**关键词**：性别主流化；城市设计；景观设计；包容性设计；韧性城市

## 9.1 引言

城市景观可以而且确实会影响我们生活的各个方面,包括我们的整体生活品质(Rondeau et al.,2005；Urban Development Vienna,2013)。促使我关注景观结构和城市设计的是,创造我们社区和城市的人有大规模和积极影响的潜力。尽管城市设计师们最近才开始认识到这些景观并不是同等地影响着每一个人,研究人员已经证实,社会、经济和政治因素会影响我们对所占据的空间的感知及互动(Garcia-Ramon et al.,2004),并且在某些情况下,这些不同的经历会影响个人和社区的灾害韧性(Tidball et al.,2013)。

我认为,城市设计师有义务降低灾害风险和支持社区的韧性(见12章)。这不仅仅是因为灾害发生率在增加(UNDRR,2019),还因为,正如 Wisner 等(2003)所写"……在更广泛的社会格局中可以感知到灾难,并且……用这种方式分析它们,可能提供一种更加有效的方式建立减少灾害和减轻危害的政策,同时更普遍地提高居民的生活水平以及条件"。换言之,灾害韧性和生活品质是互相联系的,提高其中一方面将对另一方面产生积极的影响。对于我来说,这是作为一个城市设计师的关键：通过对社区发展采取多种方法来改善我们所服务社区人们的生活品质,该方法应认

---

杰西卡·L·巴恩斯(Jessica L. Barnes),美国新奥尔良杜兰大学灾害韧性领导学院。E-mail：jessi@jessibarnes.com。

识到经济、社会和性别不平等在创建真正具有韧性的社区中所起的作用。

当谈到灾害韧性和城市景观时,大多数人会讨论工程、基础设施和自然系统对于保护社区不受物理伤害的重要性,却较少探究城市景观与经济、社会、制度和社区能力等所构成的灾害韧性连接的重要性(Cutter et al.,2010；Tidball et al.,2013)。将城市设计局限在基础设施和自然系统会错失在这些相互关联的领域进行能力建设的机会。

为了扩大城市设计对于灾害韧性所起积极作用的影响范围,我建议设计师关注那些几乎是普遍被边缘化的群体,这些群体占全球人口的一半,却经常在灾害中承受不合标准的后果,她们就是女性。本章将女性的灾害韧性与她们在建筑环境中的经历和参与联系起来。令我惊讶的是,尽管性别和灾害的研究领域已经建立了几十年(Ashraf et al.,2015；Enarson et al.,2009；Enarson et al.,1998a),但很少有研究关注性别与灾害和建筑环境的相互关系。类似的,研究者长期研究建筑环境对健康和幸福的各种可衡量的影响(Ekkel et al.,2017；Markevych et al.,2017；WHO Regional Office for Europe,2016),但是这些研究很少将性别作为因素去分析数据或将其与韧性联系起来的。意识到这一点后,我想引发研究者、设计专家、女性及其社区之间的对话,以考虑共同努力带来的无数潜在利益。正如我将论证的那样,将这些利益相关者聚集在一起设计和建造我们的城市,有可能会积极提高全球一半以上的人口韧性,并且可能对另一半人口也产生积极的影响。

为什么要关注女性的灾害韧性呢？正如 Wisner 等(2003)在《面临危险:自然危害、人的脆弱性和灾害》中提到的,"性别是影响所有社会的普遍问题,它引导获取社会和经济资源的渠道从女性转移到男性"。Enarson 等(2009)主张,性别必须是所有倡议的强制性和关键维度,以建立更可持续的社会。为了理解城市景观是如何对社区产生不同影响的,城市官员必须在做出有关建筑环境的决策时,确定知道哪些利益相关者的声音最有限。由于男性在城市规划和设计领域中占绝对优势(Rustin,2014；The American Institute of Architects,2015),女性是此方面的主要目标人群。简而言之,我们的城市景观存在男性偏见——必须解决并纠正这一偏见,以提高社区的整体灾害韧性。

本章整理了记录女性在灾害中的性别差异结果的公开发表文章和相关文献。然后,将这些研究与有关建筑环境可能对个人和社区能力产生可衡量影响的研究进行比较,同时寻找两个领域之间的重叠和共性。最后,推测了城市设计和灾害韧性之间的联系如何影响未来建筑环境的设计,以及迄今为止吸取的教训如何对韧性产生更广泛的影响。

## 9.2　定义

将妇女和女孩作为一个同质的人口群体进行讨论,掩盖了她们中丰富的多样性。作为个体的女性会有独特和有价值的技能、知识和经验,这些都可以为建设更有韧性的城市做出贡献(Hankivsky,2005)。虽然当信息可获得时,我会指出女性的特定人口统计信息,但通常使用这个词语时为泛指。本文的"女性"是指出生时性别为女的各年龄段的人、被识别为妇女的人和/或从事传统上分配给妇女来劳动的人,例如护理和家务劳动等。每一个广义上的女性群体间可能有重合,一些可能还包括男性。可能正是因为这种多样性,为女性考虑的城市设计有可能会对整个社区的许多人口都带来益处(Micklow et al.,2015;Women in Cities International,2010)。

当谈到女性的灾害韧性时,我所讨论的资源是支持应对灾害和从灾害中恢复的个人和社区的能力。能力与韧性的五个主要相关领域为:社会韧性、经济韧性、基础设施韧性、制度韧性和社会资本(Cutter et al.,2010)。脆弱性被定义为限制个人和社区应对灾害能力的障碍。重要的是,所有的社区都有脆弱性和韧性。

社会性别主流化,也称为基于性别的分析,是指决策的规范化,即任何计划中的决策、政策或程序考虑如何影响女性和男性(Bellitto,2015)。它被认为是全球城市设计专业人士最青睐的性别融合策略(Hankivsky,2005)。尽管经常会与女性有很强的关联,性别主流化强调女性和男性的需求同样重要,并且在做决策时也需要同等地被考虑(Bellitto,2015)。

正如上文所说,只考虑性别可能过于宽泛,将会漏掉有用的机会和反馈。Hankivsky(2005)指出,性别主流化的问题之一是,它以男女交错为代价,造成了男女之间的二分对立。她倡议,应该注意性别、阶级、种族、民族和权力之间的关系。我认为,与多样化的管理相比,性别主流化有可能会将边缘化的人口排除在外。然而,如Bellotto(2015)这样的学者认为,性别主流化可能是挑战国家现状的最可接受的切入点,例如美国,在实现性别平等方面落后,因此可以自上而下和自下而上得以实现。今后的研究应该对比城市设计中性别和多样性主流化的结果,以确定有最积极影响的可能框架。

遵循《城市绿色空间与健康:证据综述》(WHO Regional Office for Europe,2016)中的先例,我选择以一种整体的方式来研究城市景观的定义。也许最明显的一点是,这些术语描述了城市所占据的物理环境,包括绿色空间,如公园、广场和自然保护区等;自然特征,如河流、森林和空气质量;以及交通网,如自行车道、公交路线和街道(WHO Regional Office for Europe,2016)。城市景观还描述了指导如何形成物理环境形态的政策,例如新发展的分区政策、规划条例和设计指导(Micklow et al.,2014)。城市景观的各个组成部分结合在一起,创造了对城市的整体体验。

## 9.3　女性和灾害

性别对灾害韧性的影响被很好地记录下来,与男性相比,面对灾害时,女性常常是边缘化和脆弱的,这并不奇怪(Ashraf et al.,2015;Criado Perez,2019;Enarson et al.,2009)。例如,女性更容易受到灾害的影响,在灾害中更容易死亡和受伤(O'Reilly et al.,2015)。可悲的是,她们在灾后遭受男性暴力的比例也升高了(Wilson et al.,1998)。女性的灾中需求也很少被考虑到。例如,不止一次的灾后重建房屋没有厨房(Criado Perez,2019),灾后避难所和临时住房中与月经和与母乳喂养相关用品短缺的情况比比皆是(Criado Perez,2019;Hargest-Slade et al.,2015)。常见的创收支持设施,如小型市场和托儿所,一般都会被忽略或者没有建造(Enarson et al.,1998b)。鉴于这些现实,以及考虑到女性占所有人口的一半的事实,逻辑上的问题是:为什么会这样?

Ariyabandu(2009)认为,女性在灾害中的脆弱性源于早已存在的性别关系,使得男女的社会和经济地位、死亡率、需求、性别偏见和其他方面都有所不同。Criado Perez(2019)采取一种更简单的方法,找出了女性地位不平等的原因与"女性的身体、女性无薪护理负担以及男性对女性的暴力行为"有关。Cannon(2002)提出,脆弱性有赖于"初始状态",如个人健康、流动性和自力更生能力等。无论如何,在灾难发生之前,我们的日常生活中都会出现有助于更好或更坏结果的环境。我们对女性改善或降低其灾害韧性的现有条件了解多少,这些条件与建筑环境有什么关系?为了回答这个问题,我确定了四个调查领域:女性的交通和经济韧性、进入安全的公共场所、女性特定的健康需求以及通过性别主流化实现包容和领导。

# 9.4　交通和经济韧性

经济能力通常是个体灾后韧性和恢复能力的最重要预测指标(Ashraf et al.,2015;Cutter et al.,2010)。当灾害来临时,女性的经济状况往往比男性差。2007年,23.8%的美国女性户主处于贫困之中(English et al.2009)。单身有工作的女性占所有有子女家庭的五分之一,她们失业的可能性是已婚男人的近两倍,这可能是因为寻找工作和育儿方面面临的挑战,两者的日程和地点常常互不相干(English et al.,2009)。即使对于那些工作的女性,就业也不一定能保证公平的经济机会。Hegewisch等(2018)注意到,女性在以女性主导的领域持续工作时,相似的技术水平下,其平均工资低于男性主导领域的工资。而在女性主导的就业领域中,男性的工资还是高于女性(Hegewisch et al.,2018)。考虑这样的问题:在美国,每一个工资在贫困线的男人,对应着八个也处于贫困状态的女性(Hegewisch et al.,2018)。随着越来越少的边缘化工作机会,增加女性获得经济资源的机会有可能会显著提高其韧性。

可靠的交通提供获取很多城市资源(包括经济资源)的基础,并且与女性的韧性有直接关联。行动不便的人可能会因无法获得更多的工作和就业、职业发展、经济状况以及个人幸福和健康状况相关渠道而降低韧性(Loukaitou-Sideris et al.,2009;

Madariaga,2013)。女性确实在挣扎。尽管在日常生活中女性平均下来比男性更加依赖公共交通,但是许多公共交通路线和时间表的设计往往会使女性感到挫败(Action Aid International,2013;Loukaitou-Sideris et al.,2009;Madariaga,2013)。她们的挫败感源于男女在出行模式上的巨大差异,但是交通系统更倾向于优先考虑通勤需要,而这在传统上来讲更有利于男性(Micklow et al.,2015)。由于女性继续承担大部分无薪家庭护理工作和家务,以通勤者为中心的设计进一步使女性处于不利地位(Khazan,2016;Madariaga,2013)。做家庭护理工作和家务的人更喜欢旅行链这种出行方式,其特征在于将多个旅程连成一体(Micklow et al.,2014)。例如,一名女性可能会将孩子送到学校、上班、下班、接孩子、去杂货店购物、在一天结束时(回家前)看望父母。如果这样的一位女性依靠公共交通,她一天中不少的时间将用于交通(Micklow et al.,2015)。除此之外,她还将额外花费无薪时间从事诸如儿童和老人护理以及家务之类的劳动,而在世界范围内,女性更可能负责这些工作(OECD,2014)。尽管城市设计对护理和家庭工作的划分影响有限,但对交通选择却产生了巨大影响。

尽管女性使用公共交通的频率高于男性,但交通系统过去是在牺牲照料者的情况下为通勤者设计的,更确切地说,交通设计更加注重从家到工作地点或者学校的单一行程(Madariaga,2013)。一个原因是交通规划者评估出行需求的方式。通常,交通规划者将出行划分为"必要"和"非必要",然而,许多被标记为"非必要"的出行实际上是必要的家庭护理活动,如杂货店购物和送孩子上学(Madariaga,2013)。当家庭护理活动聚集到一起,它们构成了所有出行的三分之一,很难再是"非必要的"(Madariaga,2013)。其他流动性差异包括女性往往很少有汽车,女性不再开车的年龄要低于男性,女性需要更多方式的出行,并且她们的出行更倾向于"多边形的"(与男性的两点一线的直线型相对比),这往往需要赶上中转的火车或公共汽车去她们需要去的地方(Madariaga,2013;Micklow et al.,2015)。基本上,女性的移动方式比男性的更加复杂,但是城市景观和交通系统的设计常常没有考虑到女性的这些需求(Madariaga,2013;Micklow et al.,2015)。

正如本章后面将要讨论的那样,出于安全考虑,许多妇女无法进入公共场所或独自走在大街上,包括乘坐公共交通。根据英国交通部的数据,如果公众更有安全感,英国的公共交通出行率将增加 10.5%(Loukaitou-Sideris et al.,2009)。当被问及在出行时如何提高他们的安全感时,女性常常将光线不足视为头等大事(Loukaitou-Sideris et al.,2009)。城市设计专业人员经常试图提高公共区域亮度,尤其是在街道和车站,以作为最初的设计干预。然而,只有在这些交通枢纽周围的区域(例如停车场)有充足的光线以避免"鱼缸"效应时,此策略才有效(Loukaitou-Sideris et al.,2009)。此外,女性指出,维护良好的、干净无涂鸦和无碎屑的区域比维护不好的区域会让人感到更加安全(Loukaitou-Sideris et al.,2009)。

Loukaitou-Sideris 等(2009)开展的一项关于交通安全的工作,调查了与此主题相关的 16 个女性利益群体的代表,发现在公共交通安全干预措施中男女的偏好有所不同。与男性更喜欢的 CCTV 等技术干预相比,女性显然更喜欢在公共场所增加保安人员等更明显的干预措施(Loukaitou-Sideris et al.,2009)。女性在非常明亮的、没有角落或者可以藏身的狭小空间里更有安全感(Loukaitou-Sideris et al.,2009)。相反,对美国 245 个运输当局的调查显示,交通运输机构选择的是女性想要的对立面,并且明显偏爱技术(Loukaitou-Sideris et al.,2009)。更加奇怪的是,大多数交通运输机构应对该调查时没有或者没有打算雇佣保安人员。相反,安排工作人员的运输公司设施报告中说,它们"非常有效,并能给你一种良好、安全的感觉"(Loukaitou-Sideris et al.,2009)。

改善交通运输以提升社区的——尤其是女性的——韧性,是通过增加可用于工作、学习和社交的时间来改善获得经济资本的机会(Cutter et al.,2010)。城市设计专业人员需要设计一个对用户友好的、安全的交通运输系统,来适应多种不同的出行方式,特别注意改善女性的选择。

## 9.5　进入安全的公共场所

交通运输场所不是唯一需要更加安全的公共场所。在全世界范围内,并不仅仅是对女性,而是对整个社会而言,对女性的暴力仍然是一场严峻的危机,它限制了一半的人口充分参与公共生活(Johnson et al.,2014)。除了暴力,女性受到的性骚扰几乎普遍。非营利组织"停止街头骚扰"(Stop Street Harassment)的最新研究发现,81％的女性和 43％的男性报告在其生活中的某个时刻遭受了某种形式性骚扰或性侵犯(Kearl,2018)。更糟糕的是,官方犯罪统计数据并未涵盖针对妇女的性犯罪的全部范围。纽约市的一项调查显示,96％的受害者没有向警方或者交通运输机构报案(Stringer,2007)。在极端情况下,性暴力已被明确用来防止妇女占用公共场所。埃及的一项研究发现,一些组织故意派遣男性强奸和骚扰女性参与 2013 年开罗解放广场(Tahrir Square)的抗议(Langohr,2013)。Tandogan 等(2016)推测,由于这些现实,当女性在公共场所讨论自己的恐惧时,她们真正讨论的是女性对公共场所中性暴力的恐惧。性暴力、公开骚扰和粗鲁的言论都为许多女性创造了敌对的城市环境(Tandogan et al.,2016)。

此信息对于将更广泛的公共场所暴力统计资料进行背景分析非常重要。尽管女性更有可能在私人场所因暴力报案,但在公共场所暴力和犯罪的报案受害者更多的是男性(而非女性)(Rollnick,2007)。尽管如此,女性在公共场所更容易感到不安——是某些估计恐惧的 2 至 3 倍(Reid et al.,2004)。因此,尽管男性更可能处于危险中,但女性更容易意识到危险(Loukaitou-Sideris et al.,2009)。除了鼓励女性利用城市景观外,女性对公共安全的观点也有可能减少针对男性的犯罪,因为更安全的场所将对每个人都更安全(Micklow et al.,2015)。

进一步讨论该问题,Loukaitou-Sideris 等(2009)在一个美国女性的调查中发现,在传播女性的恐惧时,文化的作用很大。正如一个受访者所说,"(社会对话)在说服女性公共场所是不安全的方面做得非常好"(Loukaitou-Sideris et al.,2009)。与儿子相比,父母对女儿的宵禁和行动能力有更严格的规定,这可能是因为媒体对侵害女性罪行的关注过多(Loukaitou-Sideris et al.,2009)。我们教会女孩们相信她们在公共场所很脆弱,男孩可能会从警告中受益更多。

因此,Loukaitou-Sideris 等(2009)得出对犯罪的恐惧是女性进入城市景观的主要障碍的结论也就不足为奇了,而 Madariaga(2013)将对公共场所的恐惧与对公共交通的恐惧联系起来,这一点我也已经讨论过。这种可以察觉到的危险——无论直接与否——造成了许多女性限制自我行动(UN Women,2017)。女性可能不愿在特定时间到公共场所或完全避开某个地方(Madariaga,2013)。许多避开广场或公园的女性可能会减少偶然接触的可能,从而失去建立自己社交网络的机会(Johnson et al.,2014);避免在一天中的特定时间出行可能会影响经济机会(Halsall,2001);花较少的时间在户外行走可能会有损健康(Frank et al.,2008);限制公共空间的使用有可能会减少公共议题中的女性意见(Perera,2008)。由于不安全的环境限制了人们使用城市景观的各种资源,因此将安全性视为城市景观中,尤其是影响女性的关键脆弱性因素是合理的。城市设计专业人员必须认识到,提高安全性是支持韧性的机会,尤其是对女性而言。

城市设计专业人员在设计城市景观时如何才能考虑到这些因素呢?显而易见的答案是问女性她们需要什么和缺少什么(Criado Perez,2019)。例如,多伦多市针对女性和儿童暴力的行动委员会为此开发了女性安全审核工具。它使城市能够对其建筑环境进行严格的评估,并且自此成为全世界评估城市安全性最广泛使用的工具(Rollnick,2007;Women in Cities International,2008)。在这些审核中,女性记录了一些特定特征,这些特征会增加或降低她们经常去的地方(如公共汽车站和火车站)的安全感(Lambrick et al.,2011)。其他普遍的工具有焦点小组讨论和街头调查(Lambrick et al.,2011)。

注意:在记录女性需求时,城市设计专业人士必须对自己的行为和语言进行自我筛查,以防善意的性别歧视。善意的性别歧视是基于固有的性别刻板印象的好心的行为或措辞(Meagher Benjamin,2017);城市必须避免"遇险少女"的言论,而是鼓励女性带头设计自己的安全措施(Rogers,2014)。在考虑有争议的干预措施(例如创建仅限女性的空间)时,这一点尤其重要。为了解决公共交通方面的安全问题,日本、墨西哥、德国和泰国的一些火车和公交车指定了女性专用区域,许多城市正在实施仅限女性使用的乘车共享和公共空间,如健身房和公寓大楼(Hillin,2016)。东京的火车公司记录了指派专为女性服务的火车后,报告的性骚扰案例减少了 3%,因此这些计划似乎在减少骚扰方面取得了一些成效(Pravda,2006)。同样,德国、中国和瑞士都尝试过为女性设置专用停车位,使她们离目的地更近(Hillin,2016)。然而,尽管女性专用的空间越来越常见,但是一些学者和积极分子拒绝这种提高女性安全的隔离方案,他们主张男人有责任尊重女人,而不是女人逃避男人(Hillin,2016)。当地女性需要确定哪种方法适合她们,答案在各个社区之间会有所不同。

对犯罪的恐惧不仅影响女性进入公共场所,也会对女性的健康造成伤害。Stafford等(2007)发现,担心罪犯的人表现出较低水平的健康、锻炼少,并且整体的生活品质有所降低。她们参加的社会活动较少,会友的频率也更低(Stafford et al.,2007),因此提高公共安全将有可能有利于女性健康。

## 9.6 女性特有的健康需求

一份2012年对57个国家的男女进行的整合分析显示,女性的健康状况明显低于男性,并且不同的年龄、社会经济地位和国家都如此(Hosseinpoor et al.,2012)。美国疾病预防控制中心估计,疾病和伤害每年给经济造成2258亿美元的损失(CDC Foundation,2015)。由于健康状况不佳带来的误工还会造成个人财务负担(Gould et al.,2017)。与妇女在糟糕的交通系统中浪费时间一样,疾病造成也从其他有益于韧性的活动中抢占了时间。慢性病可能会对一个人的整体生活品质产生负面影响(Ekkel et al.,2017)。由于女性比男性更容易遭受不良健康状况的困扰,因此改善健康状况可以直接提高女性的适应能力。那么城市设计者可以从哪些地方着手呢?

扩大健康社区范围内的一个方法是增加去绿色空间的机会(Markevych et al.,2017;Wood et al.,2017)。一份来自世界卫生组织欧洲区域办事处的报告总结了针对城市绿色空间和健康之间关系的数十年研究,证实已有证据支持以下观察:增加对绿色空间的接触与更好的健康和幸福状况有关。特别是与已研究健康的其他方面相比,绿色空间对心理健康的影响最显著(WHO Regional Office for Europe,2016)。

尽管绿色空间的哪些方面会影响健康尚不明确,但是世界卫生组织欧洲区域办事处确定了实现这些益处的九种可能途径(表9.1)。绿色空间可能对健康有一些负面的影响,但是积极的影响大于消极影响(WHO Regional Office for Europe,2016)。同样的,作者发现,维护方面的设计和最佳实践可以减轻这些负面影响,例如,维护人员可能只使用最低剂量的农药和除草剂,这将减少或消除暴露的风险(WHO Regional Office for Europe,2016)。

表9.1 城市绿色空间与健康调查结果汇总:证据综述(WHO Regional Office for Europe,2016)

| 改善健康的途径 | 城市绿色空间的积极影响 | 城市绿色空间的消极影响 |
| --- | --- | --- |
| 采取有利于放松和恢复的方法 | 改善心理健康和认知功能 | 有过敏和哮喘的风险 |
| 增加社会资本 | 降低心血管疾病发病率 | 接触杀虫剂和除草剂 |

续表

| 提升免疫系统的功能 | 降低Ⅱ型糖尿病患病率 | 接触病媒和人畜感染的传染病 |
|---|---|---|
| 增强体育活动,改善体质,减少肥胖 | 改善妊娠 | 意外伤害 |
| 减缓人为噪声,产生自然声音 | 降低死亡率 | 过度暴露于紫外线辐射中 |
| 减少空气污染暴露 | | |
| 减轻城市热岛效应 | | |
| 增加环境保护行为 | | |
| 晒太阳并改善睡眠 | | |

从女性角度看,相关研究表明,绿色空间与改善孕妇的生殖健康有关。研究发现,接近绿色空间可降低血压(Grazuleviciene et al.,2014),降低抑郁的发生率(McEachan et al.,2016),可能增高新生儿的体重(Dzhambov et al.,2014)。立陶宛一项类似的研究显示,随着居住点和城市公园距离的缩短,早产和低胎龄的孕育风险也随之降低(Grazuleviciene et al.,2014)。女性在其他方面也从绿色空间受益匪浅。对四个欧洲城市的横向研究发现,所有在绿色空间停留更多时间的参与者报告的焦虑症状更少,但只有女性报告的抑郁症状明显较少(van den Berg et al.,2016)。同时,van den Bosch(2015)发现,宁静的景观——被描述为安全、平静的环境——将会很大程度上降低女性的心理健康疾病,与 Annerstedt 等(2012)的研究结果相似。Kuo 等(2001)在对城市内公共住房居民的一项研究中发现,住处靠近自然环境的女性报告侵犯或暴力行为的可能性大大降低。一项对密歇根州底特律混乱社区的研究发现,居住在具有强大的本地街道网络并与周围市区连接社区中的人们步行水平较高(Wineman et al.,2014)。然而,该研究的作者并没有分析按性别分类的数据。相反,一个关于亚特兰大人的横向综述表明,男性体重随着连接性的增加而变轻,而女性则变重(Frank et al.,2008)。Frank 等(2008)推测,这可能与女性对安全性和公共空间使用的感知有关。正如早已讨论过的,如果女性担心她们的安全,她们走出去的可能会降低。作者没有提到的另一个可能性是,街道网络无法满足女性的需求,可能是因为缺乏足够的人行道,使婴儿推车、儿童或行动不便的人可以轻松地通过(Loukaitou-Sideris et al.,2009)。

绿色空间的不同品质和类型对健康有不同的影响。Akpinar 等(2016)的研究指出,绿色空间的类型影响其整体效果。他们分析发现,在华盛顿州,相比湿地、牧场或农业用地,森林和绿色空间可降低精神健康病例报告。Goto 等(2017)评估了体验日式花园设计对认知健康的影响,发现与"非结构化"花园相比,痴呆症和阿尔茨海默症患者在日式花园中的认知能力和休息状态得到了改善。研究小组之前就发现,暴露于日式花园中时,认知完好无损的人感到压力较小,并且总体情绪有所改善(Goto et al.,2013)。

绿色空间已被用于灾后辅助治疗,部分原因是其与心理健康相关。Okvat 等

(2013)认为,(暴露于)社区花园有利于灾后建立韧性。他们以路易斯安那州新奥尔良的公共地面救援为例进行说明。公共地面救援是在飓风"卡特琳娜"之后成立的非营利组织,旨在帮助社区成员创建自己的城市和社区花园。Okvat 等(2013)认为,这项工作提供了运动和短暂休息的机会。同样在新奥尔良杂货店开张之前,当地越南人社区的花园生产的农产品有助于邻里早日归来。同时,Krasny 等(2013)提出利用接近大自然的方法来帮助退伍军人建立韧性并适应家庭生活。他们指出,园艺疗法越来越受欢迎,在绿色工作中雇用退伍军人,或者鼓励他们参与园艺、狩猎、钓鱼和其他户外活动。这些绿色空间为在灾害中受到精神创伤的人员所做的恢复效果是新的研究领域,但只有很少的研究,毋论性别分类的数据,因此,需要做更多的工作来学习如何在灾后环境中针对不同的人口制订基于自然的康复计划。

## 9.7  通过性别主流化实现包容和领导

我们已经研究了建筑环境中与运输、安全和健康等相关方面对女性韧性的影响。在这一点上,你可能会问自己,为什么这些不平等现象在我们的社区中仍然存在?简单来说就是,女性在领导和决策位置上的代表性严重不足。

为什么在规划社区灾害韧性时,城市设计和应急管理需要雇佣更多的女性?首先,领导的多样性会激发创新,并且使社区更加灵活和有适应能力(Lorenzo et al.,2018)。在城市设计中,可以确定的是女性参与人数严重不足。女性代表在城市设计中严重不足,在领导和专业角色中尤为严重(Rustin,2014;The American Institute of Architects,2015)。此外,社区的女性不太可能在公共会议或者公共设计论坛中发表意见(Micklow et al.,2015)。由于决策者严重偏向男性,因此越来越多的研究表明在城市景观中普遍存在对女性的偏见也就不足为奇了(Greed,1996;Micklow et al.,2015;Urban Development Vienna,2013)。

美国是仅有的尚未批准联合国《消除对女性一切形式歧视公约》的七个联合国成员之一(Bellitto,2015),而在《2017 年全球性别差异报告》中美国排名第 49 位(World Economic Forum,2017),当然,还有很大的进步空间。也就是说,一些地区——尤其是欧洲、加拿大和澳大利亚——以身作则,数十年来一直处于性别主流化的榜样(Bacchi et al.,2010)。一些社区已经开始过渡到更具包容性,将多样性纳入主流政策,也称为多样性管理(Executive Group for Organisation,Safety and Security,2011)。

城市景观中的男性偏见使城市趋向于满足男性的需求,而忽视或边缘化女性和少数群体的需求(Garcia-Ramon et al.,2004)。男性偏见鲜有恶意,更多的是因为掌握权力的男性忘记(因此未察觉到)女性的知识和能力(Criado Perez,2019)。偏见的根源在于缺乏女性和少数群体在城市规划、城市政府和社区设计中的代表权,尤其是在领导和决策角色中的代表权(Enarson et al.,1998a)。这种代表权的缺失造成了城市设计领域中的盲点,阻碍了城市响应女性和少数群体的观点、智慧和见解并从中受益的能力提升,而这在公众讨论中往往是缺乏的(Greed,2007;Sham et al.,2013;UN Women,2017;Women in Cities International,2010)。这种盲点的一个例子是,对美国 624 位规划者的一项调查发现,只有 2%的综合计划专门针对女性的需求,仅 7%的受访者同意"开发人员对妇女的特殊需求做出响应"的说法(Micklow et al.,2015)。美国建筑师协会(The American Institute of Architects,2015)在一项 2014 年的调查中发现,当女性认为行业没有达到性别平等时,仅有一半的男性持相同观点。这表明,有一半的男性不承认在他们所在领域有对女性的偏见。这对美国未来提升代表权来说不是个好兆头。简而言之,女性的声音没有被听到。没有察觉到女性的需求,城市怎么可能响应她们呢?

城市设计专业人员越来越多地将性别主流化视为包括女性和反抗男性偏见的一种途径(Bacchi et al.,2010)。由于该策略优先同时考虑男性和女性,性别主流化可积极满足所有利益相关者的需求。与社区女性直接接触的重要性不可低估。全球,甚至是同一城市中女性的需求都有所不同(Loukaitou-Sideris et al.,2009;Urban Development Vienna,2013)。如果没有性别主流化,估测这些需求是不现实的。不出所料的是,美国的性别主流化的例子还很少(Abbey-Lambertz,2016),但是这也说明有足够大的进步空间。

性别主流化要求采取有效的综合方法(Executive Group for Organisation,Safety and Security,2011;Urban Development Vienna,2013)。自 20 世纪 90 年代初以来,维也纳就因其在城市规划和治理中的包容性进程而备受赞誉,一直积极推行性别主流化(Bellitto 2015)。他们的模型包括公共文档中包含性别语言的指南、人口统计学上的多样决策团队以及城市预算和项目对性别影响的分析(Executive Group for Organisation,Safety and Security,2011)。在他们性别主流化努力的初期,女性表达出对交通服务的担忧(Executive Group for Organisation,Safety and Security,2011)。维也纳通过纳入女性并征求她们的意见改善女性的交通服务,如设置以社区为中心的公交路线,为上楼梯困难的人(比如一个推着婴儿推车的人)提供电梯服务以及改善整个系统的照明(Criado Perez,2019)。维也纳的女性找出了不能为她们服务的公共空间——从公园到房屋开发,女性的意见改变了维也纳的城市设计方式(Foran,2013)。为表彰其工作,该计划于 2010 年获得了联合国人类居住区规划署城市规划卓越奖(Hassan,2010),它是将性别主流化纳入城市景观的领先例子。

通过女性参与到城市设计过程中从而倾听其需求,这样可以促进城市景观的公平利用。这在巴塞罗那的努里·巴里斯(Nou Barris)居民区很明显,如 Garcia-Ramon 等(2004)记录的在女性强有力领导下完成的朱莉亚大街(Via Julia)改造。在寻求公众参与重新设计的过程中,女性表达了自己对"路灯、人行道和照明等"的需求

(Garcia-Ramon et al.，2004)。她们要求为商店、游乐场、休息区和安全的公共交通提供整合的空间(Garcia-Ramon et al.，2004)。考虑到女性的需求，Garcia-Ramon 等(2004)记录了经过重新设计的公共林荫大道的时间，达到男女之间的使用几乎平衡。他们发现不同的人群倾向于根据传统的时间表在一天的不同时间漫步林荫大道。研究人员总结公共空间成功的部分原因是，在设计时与包括女性在内的整个社会的磋商使得邻里中不同群体的人认为空间有自己的一部分，也能为自己所用。

## 9.8  展望

城市景观有助于提升并影响灾害韧性，并且，由于每个人的知识、经历和技能会影响他们对城市景观的感知和关系，景观可以在不同人群中以不同的方式影响其韧性。男性是城市环境的主要塑造者，在城市设计时常常会忽视女性的需求。城市设计专业人员可以运用性别主流化使景观平等化，在各种韧性范围内提高女性的能力，并在此过程中提高城市的整体灾害韧性。通过考虑周全的、综合的城市设计，交通运输、安全的公共空间和健康都可以得到提升，这表明这些领域的投资可以广泛地影响灾害韧性的提升。

本章确定了广泛的有可能提升整体韧性的设计干预领域。城市必须实施自己的参与计划，以找到其社区自有独特的方法将城市景观性别化并提升其灾害韧性。行政人员和领导者必须大力支持女性城市规划人员、景观设计师、建筑师和工程师的教育和招聘(Fleming et al.，2016)。他们应寻求性别主流化方面的全球领导者的启发和指导，例如，可以向维也纳咨询"更易施行的性别主流化：维也纳城市管理中的性别更加平等的实用建议"(Executive Group for Organisation，Safety and Security，2011)，以获取城市可以采取的详细而实际的步骤，从而开始他们的性别平等之旅。城市设计专业人员应该努力收集目标城市韧性和当前性别平等的初始数据，以监测社区性别化的城市景观和韧性之间的进程与关系。城市管理者应注意，性别主流化是每个部门的责任，同时还应任命专门的工作队或性别主流化管理者，以确保有人负责监督和制订该计划(Bacchi et al.，2010)。

城市景观在支撑灾害韧性各个方面的作用尚不明确，更不用说它是如何支撑不同人群的，但初步数据显示这个方向很有希望。城市设计专业人员和研究人员拓展了这些话题的知识，他们将找到更多机会来最大限度地投资城市景观，从而满足所有社区成员的需求并增强韧性。

## 参考文献

ABBEY-LAMBERTZ K，2016. Cities aren't designed for women. Here's why they should be[EB/

OL]. [2016-04-26] Huffington Post. https://www. huffingtonpost. com/entry/cities-designed-for-women_us_571a0cdfe4b0d0042da8d264.

Action Aid International,2013. Women and the city II: combating violence against women and girls in urban public spaces-the role of public services[R].

AKPINAR A,BARBOSA-LEIKER C,BROOKS K R,2016. Does green space matter? Exploring relationships between green space type and health indicators[J/OL]. Urban Forestry & Urban Greening,20: 407-418. https://doi. org/10. 1016/j. ufug. 2016. 10. 013.

ANNERSTEDT M,ÖSTERGREN P O,BJÖRK J,et al,2012. Green qualities in the neighbourhood and mental health-results from a longitudinal cohort study in Southern Sweden[J/OL]. BMC Public Health,12: 337. https://doi. org/10. 1186/1471-2458-12-337.

ARIYABANDU M M, 2009. Sex, gender and gender relations in disaster[M]//ELAINE E, CHAKRABARTI P G D. Women,gender,and disaster. New Delhi: SAGE Publications.

ASHRAF M A,AZAD MD A K,2015. Gender issues in disaster: understanding the relationships of vulnerability,preparedness and capacity[J/OL]. Environment and Ecology Research,3(5): 136-142. https://doi. org/10. 13189/eer. 2015. 030504.

BACCHI C,EVELINE J,BINNS J,et al,2010. Gender analysis and social change: testing the water [M]//Mainstreaming politics: gendering practices and feminist theory. Adelaide: University of Adelaide Press.

BELLITTO M,2015. Gender mainstreaming in the United States: a new vision of equality[J]. UCLA Women's Law Journal,22(2): 125-150.

CANNON T,2002. Gender and climate hazards in Bangladesh[J]. Gender and Development,10(2): 45-55.

CDC Foundation,2015. Worker illness and injury costs u. s. employers $225. 8 billion annually[EB/OL]. [2018-04-15]. https://www. cdcfoundation. org/pr/2015/worker-illness-and-injury-costs-us-employers-225-billion-annually.

CRIADO PEREZ C,2019. Invisible women: data bias in a world designed for men[M]. New York: Abrams Press.

CUTTER S L,BURTON C G,EMRICH C T,2010. Disaster resilience indicators for benchmarking baseline conditions[J/OL]. Journal of Homeland Security and Emergency Management,7(1). https://doi. org/10. 2202/1547-7355. 1732.

DZHAMBOV A M,DIMITROVA D D,DIMITRAKOVA E D,2014. Association between residential greenness and birth weight: systematic review and meta-analysis[J/OL]. Urban Forestry & Urban Greening,13(4): 621-629. https://doi. org/10. 1016/j. ufug. 2014. 09. 004.

EKKEL E D,DE VRIES S,2017. Nearby green space and human health: evaluating accessibility metrics[J/OL]. Landscape and Urban Planning,157: 214-220. https://doi. org/10. 1016/j. landurbplan. 2016. 06. 008.

ENARSON E,MORROW B H,1998a. Why gender? why women? An introduction to women in disaster[M]//The gendered terrain of disaster: through women's eyes. Westport,Connecticut: Praeger Publishers.

ENARSON E,MORROW B H,1998b. Women will rebuild miami: a case study of feminist response to disaster[M]//The gendered terrain of disaster: through women's eyes. Westport,Connecticut: Praeger Publishers.

ENARSON E,CHAKRABARTI P G D,2009. Women,gender and disaster: global issues and initiatives(1st)[M]. Thousand Oaks,California: SAGE Publications.

ENGLISH A,HARTMANN H,HEGEWISCH A,2009. Unemployment among single mother families(No. C369)[R]. Institute for Women's Policy Research.

Executive Group for Organisation, Safety and Security, 2011. Gender mainstreaming made easy: practical advice for more gender equality in the Vienna city administration[R]. Vienna: City of Vienna.

FLEMING Rew,TRANOVICH A,2016. Why aren't we designing cities that work for women,not just men[EB/OL]? [2018-04-03]. https://www. theguardian. com/global-development-professionals-network/2016/oct/13/why-arent-we-designing-cities-that-work-for-women-not-just-men.

FORAN C,2013. How to design a city for women[EB/OL]. [2018-03-30]. https://www. theatlanticcities. com/commute/2013/09/how-design-city-women/6739/.

FRANK L D,KERR J,SALLIS J F,et al,2008. A hierarchy of sociodemographic and environmental correlates of walking and obesity[J/OL]. Preventive Medicine,47(2): 172-178. https://doi. org/10. 1016/j. ypmed. 2008. 04. 004.

GARCIA-RAMON M D,ORTIZ A,PRATS M,2004. Urban planning,gender and the use of public space in a peripherial neighbourhood of Barcelona[J]. Cities,21(3): 215-223.

GOTO S,BUM-JIN Park,TSUNETSUGU Y,et al,2013. The effect of garden designs on mood and heart output in older adults residing in an assisted living facility[J]. Health Environments Research & Design Journal(HERD)(Vendome Group LLC),6(2): 27-42.

GOTO S,GIANFAGIA T J,MUNAFO J P,et al,2017. The power of traditional design techniques: the effects of viewing a Japanese garden on individuals with cognitive impairment[J/OL]. HERD: Health Environments Research & Design Journal, 10 (4): 74-86. https://doi. org/10. 1177/1937586716680064.

GOULD E,SCHIEDER J,2017. Work sick or lose pay?: The high cost of being sick when you don't get paid sick days(No. 130245)[EB/OL]. https://www. epi. org/publication/work-sick-or-lose-pay-the-high-cost-of-being-sick-when-you-dont-get-paid-sick-days/.

GRAZULEVICIENE R,DEDELE A,DANILEVICIUTE A,et al,2014. The influence of proximity to city parks on blood pressure in early pregnancy[J/OL]. International Journal of Environmental Research and Public Health,11(3): 2958-2972. https://doi. org/10. 3390/ijerph110302958.

GRAZULEVICIENE R,DANILEVICIUTE A,DEDELE A,et al,2015. Surrounding greenness, proximity to city parks and pregnancy outcomes in Kaunas cohort study[J/OL]. International Journal of Hygiene and Environmental Health,218(3): 358-365. https://doi. org/10. 1016/j. ijheh. 2015. 02. 004.

GREED C,1996. Promise or progress: women in planning[J]. Built Environment,22(1): 9-21.

GREED C,2007. A place for everyone? Gender equality and urban planning[EB/OL]. https://

www. alnap. org/resource/6972.

HALSALL D,2001. Transport and travel: better for women[J]? Geography,86(1): 79-81.

HANKIVSKY O,2005. Gender vs diversity mainstreaming: a preliminary examination of the role and transformative potential of feminist theory[J]. Canadian Journal of Political Science/Revue Canadienne de Science Politique,38: 977-1001.

HARGEST-SLADE A C,GRIBBLE K D,2015. Shaken but not broken: supporting breastfeeding women after the 2011 Christchurch New Zealand earthquake[J]. Breastfeeding Review,23(3): 7-13.

HASSAN Z A,2010. UN-HABITAT awards city of Vienna for excellence in urban planning[EB/OL]. [2018-04-03]. https://www. unis. unvienna. org/unis/pressrels/2010/unisinf391. html.

HEGEWISCH A,WILLIAMS-BARON E,2018. The gender wage gap by occupation 2017(No. C467)[EB/OL]. https://iwpr. org/wp-content/uploads/2018/04/C467 _ 2018-Occupational-Wage-Gap. pdf.

HILLIN T,2016. Do ladies-only taxis and trains empower women—or set them back[R]?

HOSSEINPOOR A R,WILLIAMS J S,AMIN A,et al,2012. Social determinants of self-reported health in women and men: understanding the role of gender in population health[J]. PLoS ONE, 7(4),e34799.

JOHNSON A M,MILES R,2014. Toward more inclusive public spaces: learning from the everyday experiences of Muslim Arab women in New York City[J/OL]. Environment and Planning A,46 (8): 1892-1907. https://doi. org/10. 1068/a46292.

KEARL H,2018. The facts behind the #MeToo movement: a national study on sexual harassment and assault [R]. Reston,Virginia: Stop Street Harassment.

KHAZAN O,2016. The scourge of the female chore burden[R].

KRASNY M E,PACE K H,TIDBALL K G,et al,2013. Nature engagement to foster resilience in military communities[M]//Greening the red zone: disaster, resilience and community greening. New York,London: Springer Dordrecht Heidelberg.

KUO F E,SULLIVAN W C,2001. Aggression and violence in the inner city: effects of environment via mental fatigue[J/OL]. Environment and Behavior, 33(4): 543-571. https://doi. org/10. 1177/00139160121973124.

LAMBRICK M,VISWANATH K,HUSAIN S,et al,2011. Tools for gathering information about women's safety and inclusion in cities[R]. Montréal,Canada: Women in Cities International.

LANGOHR V,2013. "This is our square": fighting sexual assault at Cairo protests[J]. Middle East Report,268: 18-25.

LORENZO R,REEVES M,2018. How and where diversity drives financial performance[J]. Harvard Business Review Digital Articles,1:2-5.

LOUKAITOU-SIDERIS A,BORNSTEIN A,FINK C,et al,2009. How to ease women's fear of transportation environments: case studies and best practices [EB/OL]. https://transweb. sjsu. edu/MTIportal/research/publications/documents/2611-women-transportation. pdf.

MADARIAGA I S DE,2013. From women in transport to gender in transport: challenging conceptual frameworks for improved policymaking[J]. Journal of International Affairs,67(1): 43-65.

MARKEVYCH I,SCHOIERER J,HARTIG T,et al,2017. Exploring pathways linking greenspace to health: theoretical and methodological guidance[J/OL]. Environmental Research,158: 301-317. https://doi. org/10. 1016/j. envres. 2017. 06. 028.

MCEACHAN R R C,PRADY S L,SMITH G,et al,2016. The association between green space and depressive symptoms in pregnant women: moderating roles of socioeconomic status and physical activity[J/OL]. J Epidemiol Community Health,70(3): 253-259. https://doi. org/10. 1136/jech-2015-205954.

MEAGHER BENJAMIN R,2017. Judging the gender of the inanimate: benevolent sexism and gender stereotypes guide impressions of physical objects[J/OL]. British Journal of Social Psychology,56(3): 537-560. https://doi. org/10. 1111/bjso. 12198.

MICKLOW A C,WARNER M E,2014. Not your mother's suburb: remaking communities for a more diverse population[J/OL]. Urban Lawyer,46(4): 729-751. https://doi. org/10. 1002/nbm. 3369. Three.

MICKLOW A,KANCILIA E,WARNER M,2015. The need to plan for women: planning with a gender lens[R].

OECD,2014. Balancing paid work,unpaid work,and leisure[EB/OL]. [2019-04-03]. https://www. oecd. org/gender/data/balancingpaidworkunpaidworkandleisure. htm.

OKVAT H A,ZAUTRA A J,2013. Sowing seeds of resilience: community gardening in a post-disaster context[M]//Greening the red zone: disaster, resilience and community greening. New York,London: Springer Dordrecht Heidelberg.

O'REILLY M, SÚILLEABHÁIN A Ó, PAFFENHOLZ T, 2015. Reimagining peacemaking: women's roles in peace processes [EB/OL]. https://www. ipinst. org/wp-content/uploads/2015/06/IPI-E-pub-Reimagining-Peacemaking. pdf.

PERERA G,2008. Claiming the right to the city: a question of power[J]. Right to the City Alliance,15(1): 12-13.

PRAVD A,2006. Japanese women can now travel in women-only train cars to avoid groping[EB/OL]. [2006-08-21]. https://www. pravdareport. com/news/society/21-08-2006/84007-groping-0/.

REID L W,KONRAD M,2004. The gender gap in fear: assessing the interactive effects of gender and perceived risk on fear of crime[J/OL]. Sociological Spectrum,24(4): 399-425. https://doi. org/10. 1080/02732170490431331.

ROGERS R,2014. Women are kind and men are strong: how benevolent sexism hurts us all[EB/OL]. [2018-04-15]. https://www. themuse. com/advice/women-are-kind-and-men-are-strong-how-benevolent-sexism-hurts-us-all.

ROLLNICK R,2007. The global assessment on women's safety[R]. Nairobi,Kenya: United Nations Human Settlements Programme.

RONDEAU M B,BRANTINGHAM P L,BRANTINGHAM P J,2005. The value of environmental criminology for the design professions of architecture, urban design, landscape architecture, and urban planning[J]. Journal of Architectural and Planning Research,22(4): 294-304.

RUSTIN S,2014,December. If women built cities,what would our urban landscape look like[R]? The Guardian.

SHAM R,HAMID H A,NOAH R M,2013. Routine activities and crime in the city: cases of working women[J/OL]. Procedia-Social and Behavioral Sciences,101: 345-353. https://doi. org/10. 1016/j. sbspro. 2013. 07. 209.

STAFFORD M,CHANDOLA T,MARMOT M,2007. Association between fear of crime and mental health and physical functioning[J/OL]. American Journal of Public Health,97(11): 2076-2081. https://doi. org/10. 2105/AJPH. 2006. 097154.

STRINGER S M,2007. Hidden in plain sight: sexual harassment and assault in the New York city subway system[R].

TANDOGAN O,ILHAN B S,2016. Fear of crime in public spaces: from the view of women living in cities[J/OL]. Procedia Engineering,161:2011-2018. https://doi. org/10. 1016/j. proeng. 2016. 08. 795.

The American Institute of Architects,2015. Diversity in the profession of architecture [EB/OL]. https://www. architecturalrecord. com/ext/resources/news/2016/03-Mar/AIA-Diversity-Survey/AIA-Diversity-Architecture-Survey-02. pdf.

TIDBALL K G,KRASNY M E,2013. Greening in the red zone: disaster,resilience and community greening[M]. New York,London: Springer Dordrecht Heidelberg.

UN Women,2017. Safe cities and safe public spaces[R].

UNDRR,2019. Global assessment report on disaster risk reduction [R]. Geneva,Switzerland: United Nations Office for Disaster Risk Reduction(UNDRR).

Urban Development Vienna,2013. Gender mainstreaming in urban planning and urban development (Workshop report No. 130A; p. 104) [R]. Vienna: Municipal Department 18-Urban Development and Planning.

VAN DEN BERG M,VAN POPPEL M,VAN KAMP I,et al,2016. Visiting green space is associated with mental health and vitality: a cross-sectional study in four European cities[J/OL]. Health & Place,38: 8-15. https://doi. org/10. 1016/j. healthplace. 2016. 01. 003.

VAN DEN BOSCH M A,ÖSTERGREN P O,GRAHN P,et al,2015. Moving to serene nature may prevent poor mental health—results from a Swedish longitudinal cohort study[J/OL]. International Journal of Environmental Research and Public Health,12(7): 7974-7989. https://doi. org/10. 3390/ijerph120707974.

WHO Regional Office for Europe,2016. Urban green spaces and health: a review of evidence [EB/OL]. https://www. euro. who. int/en/health-topics/environment-and-health/urban-health/publications/2016/urban-green-spaces-and-health-a-review-of-evidence-2016.

WILSON J,PHILLIPS B D,NEAL D M,1998. Domestic violence after disaster[M]//The gendered terrain of disaster: through women's eyes. Westport,Connecticut: Praeger Publishers.

WINEMAN J D,MARANS R W,SCHULZ A J,et al,2014. Designing healthy neighborhoods: contributions of the built environment to physical activity in Detroit[J/OL]. Journal of Planning Education and Research,34(2): 180-189. https://doi. org/10. 1177/0739456X14531829.

WISNER B,BLAIKIE P,CANNON T,et al,2003. At risk: natural hazards,people's vulnerability, and disasters(2nd)[EB/OL]. https://www. degruyter. com/view/j/jhsem. 2005. 2. 2/jhsem. 2005. 2. 2. 1131/jhsem. 2005. 2. 2. 1131. xml.

Women in Cities International,2008. Women's safety audits: what works and where? [EB/OL]. www. unhabitat. org.

Women in Cities International,2010. Learning from women to create gender inclusive cities: baseline findings from the gender inclusive cities programme[R].

WOOD L,HOOPER P,FOSTER S,et al,2017. Public green spaces and positive mental health-investigating the relationship between access,quantity and types of parks and mental wellbeing[J/OL]. Health & Place,48: 63-71. https://doi. org/10. 1016/j. healthplace. 2017. 09. 002.

World Economic Forum,2017. The global gender gap report: 2017[R]. Geneva: World Economic Forum.

# 第 10 章　自然灾害事件期间生命线基础设施故障的综合影响

艾玛·A·辛格(Emma A. Singh)

**摘要**：关键基础设施,如交通运输系统、通信网络、电力和供水等早已融入我们现代化和全球化的世界,直到这些服务遭到破坏,它们的存在都被视为理所当然。这些生命线服务在自然灾害事件中出现故障时,有可能加剧灾害和/或者阻碍危害应对或者灾后恢复重建从而影响人口变化。生命线基础设施的故障可使得灾害范围扩大,致使没有受到直接影响的地区遭到破坏。理解自然灾害事件中生命线设施故障的潜在顺势影响,对于未来减灾、应对和灾后恢复来说至关重要。2009 年澳大利亚东南部的热浪和 2010 年冰岛艾雅法拉的火山爆发被用来强调和讨论在自然灾害的冲击破坏下生命线的脆弱性和自然灾害事件中生命线设施故障的综合影响。

**关键词**：关键基础设施;生命线;自然灾害;综合影响;间接破坏;级联灾害

## 10.1　引言

生命线是关键的基础设施和系统,对于人类生活、社会功能和经济繁荣的商品与服务的分销和流通至关重要。它们包括但不限于交通运输、电信和公用事业,如电力和供水系统。交通运输系统实现人每天往返工作地点和学校,在制造厂、供应商和顾客之间运输商品;电信系统用于联系人、开展业务和进行金融交易等;电力和燃气为家庭和工业提供动力;给排水系统有利于社区的公共健康(Murray et al.,2007)。这些生命线已经融入我们现代社会,被视为是理所当然的,直到它们出现问题。生命线的故障会在社会和经济上给人群带来不便,甚至削弱人群的社会、经济能力(Davis,1999;Hawk,1999)。一般来说,短时间内没有电或者水是可以忍受的。然而,这些服务长时间的被破坏会引起重大经济损失,损害公共健康,包括导致人口死亡率上升,最终造成人口迁移(Rose et al.,1997;Brozovic et al.,2007;Rose et

---

艾玛·A·辛格(Emma A. Singh),澳大利亚麦考瑞大学环境科学系。地址:Department of Earth and Environmental Sciences,Macquarie University,Sydney,NSW 2109,Australia。E-mail:emma. a. singh@gmail. com。

本章内容源于作者 2019 年博士论文的一个部分,因此,某些表述会重复出现在两项内容中。

al.,2008,Anderson et al.,2012;Klinger et al.,2014;Yates,2014(译注:原著未列该文献,应为遗漏))。新西兰奥克兰的电力故障(Leyland,1998)、澳大利亚悉尼的饮用水质量危机(Clancy,2000)和澳大利亚维多利亚州的天然气中断(Dawson et al.,1999)等事件都发生在1998年。媒体指出,有照明、供热和管道的现代化建筑,在失去这些服务后,非常容易成为第三世界的贫民窟(Hawk,1999)。饮用水危机时居民只能烧开水喝,燃气泄漏时居民只能用凉水洗澡(Hawk,1999)。奥克兰的电力故障影响了商业运转,有的商家关停,有的暂时性地搬出CBD,少数商家使用发电机继续运行。所有的商家都因此损失巨大。那些照常工作的商家以牺牲其员工为代价,让他们不得不在夏季炎热的时候爬楼梯,因没有空调或足够的通风而忍受闷热(Leyland,1998)。如果持续数月而不是几天或者几周的话,这些公共服务危机的影响可能会更加严重(Hawk,1999)。

生命线基础设施大都由大量相互连接的部分组成,这些部分通常跨越广阔的地理区域,在某些情况下还包括多个城市中心、州和国际边界(Kinney et al.,2005;Guikema,2009)。相互依赖的生命线基础设施集中于城市中心,形成了复杂和互相关联的系统、反馈回路和拓扑结构。这种结构可以以多种方式触发或中断传播(Rinaldi et al.,2001;McEvoy et al.,2012)。结果是,一种生命线的故障会级联和直接或间接地影响其他生命线或者服务,造成的影响可能会不仅限于当地,还会蔓延至全国甚至全世界(McEvoy et al.,2012)。例如,严重的电力故障会引起电信和交通运输系统的中断。最著名的例子是2003年8月的美国东北部大停电,影响了美国东北部和加拿大部分地区(US-Canada Power System Outage Task Force,2004)。这次事件不仅造成约5000万人断电,也导致了互联网通信中断。银行、制造业、商业服务和教育机构被迫离线几个小时至数天,受到严重的干扰(Cowie et al.,2003;Murray et al.,2007)。这次事件造成给60亿美元的损失(Electricity Consumers Resource Council,2004)。停电给受影响者的生活造成重大破坏。地铁停止运营,造成数千通勤人员滞留数小时;主要制造厂的关停使得数千名工人无所事事;汽车排队等候加油;高层公寓的送水泵关闭使得给水服务暂停;大量食品由于没有冷藏而变质;高温、疲劳和压力造成住院人数增多(Electricity Consumers Resource Council,2004;Anderso et al.,2007;Lin et al.,2011)。Anderson等(2012)研究了停电对纽约市死亡率的影响,发现因该事件大约多出90起死亡案例(高28%),整个8月的死亡率仍然高于平均水平。尽管意外死亡率急剧上升,研究者发现,多出的死亡案例起因与疾病相关,而非偶然。这是因为停电(所以依赖电力的服务和设备暂停)使疾病的治疗恶化和复杂化。65~74岁年龄段的人尤其容易受影响(Anderson et al.,2012)。

生命线可以被各种冲击所干扰,包括结构的和技术性的故障、人为错误、针对性的攻击和本章所讨论的自然灾害事件(Murray,2013)。通常自然灾害事件的影响范围较大,有可能会造成生命线不同部分同时产生故障,涉及范围可从单点到更大范围的网络(Erjongmanee et al.,2008)。例如,暴风雨时大风或者倒塌的树木会损坏电线,同时洪水会切断交通运输路线(Chang et al.,2007；King et al.,2016)；地震通过地面震动或液化摧毁各种生命线,如管道和公路(Menoni,2001；Giovinazzi et al.,2011；O'Rourke et al.,2012；Lanzano et al.,2012)；火山喷发出的仅几毫米厚的火山灰沉降可以破坏大部分的生命线服务(Blong,1984；Jenkins et al.,2014；Wilson et al.,2012)。

　　自然灾害的另一个复杂之处是事件持续时间可能被延长。例如,它们会持续一周或更久,或者它们可能由一系列接连发生的事件组成(Blong et al.,2017)。次生灾害与自然灾害相关,会同时或者随后发生。例如,地震常常伴随着地面震动或液化、山体滑坡、火灾、海啸和余震(EERI,2011；Daniell et al.,2017)。火山喷发与一系列现象有关,例如熔岩流、火山泥流、火山碎屑流和火山灰沉降(Jenkins et al.,2014；Wilson et al.,2012),可以持续数周、数月甚至是数年(Siebert et al.,2011；Sword-Daniels et al.,2014)。长期的自然灾害事件可能会长时间影响该地区,会对灾难响应和社区恢复至关重要的生命线服务造成巨大且持续的破坏。

　　易发生自然灾害的地区,例如沿海地区和火山地区,由于食物、自然资源和肥沃的土壤而吸引了大量的人口(Chester et al.,2001；Small et al.,2001；Klein et al.,2003)。如今,有的定居点已经发展成大城市,并随着城市化和自然人口增长而持续扩张。这些大城市中,很大一部分位于世界上社会和经济水平最低的国家(Kummu et al.,2011)。这些国家位于靠近赤道(10°～30°)的容易遭受飓风袭击的区域内。随着对发展需求的不断增加,尽管存在风险,但人口和基础设施仍扩展到了更易遭受自然灾害影响的区域,例如在先前避开的洪泛平原上建造房屋(Huppert et al.,2006；Cutter et al.,2008；Lall et al.,2010)。在易受自然灾害影响的区域中,持续增长的人口和基础设施,加之气候变化影响,有可能加剧生命线在受到自然灾害冲击时的暴露和脆弱性(Wu et al.,2002(译注:原著未列该文献,应为遗漏)；Van Aalst,2006)。因此,很容易预见未来生命线会面临不同程度的故障(Hawk,1999),需要更好地了解因灾害受到干扰时,生命线及其功能会受到怎样的影响,以及生命线故障给高危人群带来的社会和经济成本。

　　本章旨在通过研究两个案例来增加这一领域的知识:2009 年澳大利亚东南部热浪期间的高温对电力和交通运输系统的影响,2010 年冰岛埃亚菲亚德拉火山爆发造成的欧洲空域关闭。本章探索在自然灾害期间造成生命线故障的综合影响,通过这些事件的经验教训,讨论为降低高危人群未来的脆弱性所需的潜在变化。

# 10.2　2009 年澳大利亚东南部热浪

## 10.2.1　灾害

　　热浪是在白天和晚上都持续较长时间的高温,导致人们很难从高温中得到喘息。根据澳大利亚气象局(Bureau of Meteorology,BoM,2018)的定义,当三天或三天以上的最高和最低温度异常高时,就视为热浪。Scorcher(2019)定义热浪为"……至少连续 3 天出现排在该日历年记录最高温前 10% 的温度"。

热浪会造成严重的健康、社会和经济问题(McInnes et al.,2013;Wong,2016(译注:原著未列该文献,应为遗漏))。尽管严重性不如其他自然灾害,如野火和大暴雨,但是热浪能造成巨大的生命损失。例如,2003 年的欧洲热浪造成了超过 40000例与高温相关的人员死亡(García-Herrera et al.,2010)。在澳大利亚,热浪在生命损失方面是最严重的自然灾害(除了流行病),过去 200 年中造成超过 4000 人死亡(见第 8 章)(McInnes et al.,2013;Coates et al.,2014)。

个体应对热浪的能力取决于在热危害中的暴露程度和他们的适应能力,后者与社会、经济和生理因素,以及获得资源、技术、信息和基础设施的能力有关(García-Herrera et al.,2010;Reeves et al.,2010;Coates et al.,2014;Wong,2016)。老年人、小孩、病患、城里人、无家可归的人和与社会隔离的居民常常是热浪中脆弱性最高的人群,缺乏避免或者减少接触热浪的能力(Reeves et al.,2010)。老年人的身体健康状况较差,社交孤立,流动性小并且社会经济条件较差(McInnes et al.,2013;Coates et al.,2014)。他们体温调节和生理热适应能力较差,口渴感改变(McInnes et al.,2013;Coates et al.,2014)。由于城市热岛效应,城市居民所处的环境温度高于其周边农村地区(Wong,2016;Petkova et al.,2014)。无家可归的人在影响评估中通常被忽略,但是在热浪暴露中却有很大的风险。这类人群健康受损,获得的资源(包括食物、水和避难场所)有限,暴露风险增加的同时常常伴随着毒品和酒精的滥用(Reeves et al.,2010)。

热浪会对医疗设施和支持服务造成压力,不仅会增加发病率,还影响到支持服务严重依赖的生命线,例如电力系统和交通基础设施(Reeves et al.,2010)。热浪会造成电网需求的增加,因为居民会依靠空调和电风扇降温(Miller et al.,2008)。重要的是,高温会直接影响电力基础设施。大多数问题包括地下输电线路过热短路;或者过热的地上电线伸展下垂伸缩,接触到树枝并对地短路(Palecki et al.,2001)。为了防止系统过热并避免完全断电,必须减少产生的能源总量并将其分配给最终用户(McEvoy et al.,2012)。为了减轻电力系统故障导致过热和潜在的火灾,可以强制执行轮流停电方案(Broome et al.,2012)。

热浪中的极端高温也会使铁路变形,融化道路,从而直接影响交通运输基础设施(Palecki et al.,2001;Zuo et al.,2015(译注:原著未列该文献,应为遗漏))。依赖电力运行的公共交通和交通信号等交通运输系统,也会因为电力故障而受到间接影响(Rinaldi et al.,2001)。极端高温也会影响公共交通系统员工和乘客的健康(Reeves et al.,2010;McEvoy et al.,2012)。

## 10.2.2　事件概况

2009 年,澳大利亚东北部遭遇了有记录以来最严重的热浪。维多利亚州和南澳大利亚州受到了严重而广泛的影响,高温从 1 月开始,到 2 月共持续了 2 周。这种情况是由天气条件变化缓慢导致澳大利亚东南部热空气停滞而引起的。海风和海湾的微风在沿海地区几乎没有起到缓解作用(Reeves et al.,2010;McEvoy et al.,2012)。热浪期间,南澳大利亚州和维多利亚州的首府——阿德莱德和墨尔本——日最高温刷新了记录(分别为 45.7 ℃和 46.4 ℃)(Reeves et al.,2010)。阿德莱德的气温连续八天超过 40 ℃,墨尔本有三天超过 43 ℃,比该季节平均温度高 12~15 ℃(Reeves et al.,2010;McEvoy et al.,2012)。维多利亚州的霍普顿镇气温达到了新高 48.88 ℃(McInnes et al.,2013)。

2009 年热浪中的极度高温造成人员死亡率和发病率的大幅增加。持续性的高温引起与高温相关的疾病,并且使慢性病恶化。急诊的救护车派遣和有关热状况的报告有所增加(Reeves et al.2010;Lindstrom et al.2013)。极端高温造成维多利亚州多出约 374 人死亡,南澳大利亚州多出约 50~150 人死亡(Department of Human Services,2009;Reeves et al.2010;McInnes et al.,2013)。2009 年澳大利亚东北部的热浪中,维多利亚的死亡案例多发生在 75 岁及以上人口中(表 10.1)(Department of Human Services,2009;Reeves et al.2010;Bi et al.2011;McInnes et al.,2013)。Zhang 等(2013)发现,在南澳大利亚州的阿德莱德,热浪高危人员是那些独居的、社会经济水平较低的、患有肾脏疾病的或者有跌倒危险的、需要社区帮助的人。在 2009 年事件中,职业性高温暴露可能是劳动年龄男性(35~64 岁)住院人数增加的原因(Reeves et al.2010;Bi et al.2011)。然而,这需要进一步的调查。

表 10.1　2009 年 1 月 26 日至 2 月 1 日的总死亡率(预期死亡人数来自 2004—2008 年的平均死亡人数和 2009 年 Department of Human Services 报告的死亡人数)

| 年龄/岁 | 预期死亡数/人 | 2009 年死亡数/人 | 超出的死亡数/人 | 超出比例/% | 增加率/% |
|---|---|---|---|---|---|
| ≥75 | 388 | 636 | 248 | 66 | 64 |
| 65~74 | 99 | 145 | 46 | 12 | 46 |
| 5~64 | 116 | 180 | 64 | 17 | 55 |
| 0~4 | 4 | 7 | 3 | 1 | — |
| 未知* | — | ~12 | ~12 | ~4 | — |
| 总数 | 606** | 980 | 374*** | 100 | 62 |

注:* 少数死亡者报告年龄不明;

** Department of Human Services)(2009)报告的总数,此处的预期死亡总数为 607,差异可能是由四舍五入引起的;

*** Department of Human Services(2009)报告的总数,此处的预期死亡总数为 373,差异可能是由四舍五入引起的。

## 10.2.3　生命线故障及其综合影响

2009 年 1 月 29 日和 30 日,墨尔本的电力系统故障造成了滚动停电。由于高温,塔斯马尼亚州和维多利亚州之间的供电连接被中断,维多利亚州的发电机无法提供额外的电力。变压器故障导致主要输电线路中断,西部大都市地区的供电负荷受到限制。多达 50 个本地的电压互感器还发生了其他故障。最终分级减载以保护电网的安全,同时,进一步限制供电(Reeves et al.,2010;McEvoy et al.,2012)。累积的系统故障、老化的基础设施和主要由于使用空调导致的用电需求激增(打破维多利亚州负荷记录 7%),共同造成了该系统易受热浪的影响(Reeves et al.,2010;McEvoy et al.,2012)。滚动停电导致 1 月 30 日晚上超过 50 万名居民无电可用。中断持续了 1~2 小时,但连锁反应持续了两天(McEvoy et al.,2012)。

定期断电限制了人们使用空调、电风扇和制冷设备,而这些是应对长期高温所依赖的重要工具。这对那些最容易受到热浪影响的人,例如老年人、病人和独居的人,尤其有害(Reeves et al.,2010)。这次事件也表明,极端高温天气中夜间舒缓是多么重要。在 2009 年的热浪期间,许多死亡案例发生在夜间、没开空调的闷热房间中(Reeves et al.,2010)。在这些情况下,停电不仅仅阻碍了此类服务的使用,而且电费也是很大的问题,许多居民无力承受整夜连续运行空调的费用(Reeves et al.,2010)。

在热浪中,运输系统遭受了轻微至中度的破坏,其中铁路受高温的影响最大。在初始的热浪峰值(1 月 27—30 日),墨尔本超过三分之一、阿德莱德约 7%的铁路服务被取消(Reeves et al.,2010;McEvoy et al.,2012)。墨尔本报道了近 30 例铁轨弯曲变形的记录,变形会使铁路服务变慢或者暂停,也会增加铁路运输行业维修的费用(McEvoy et al.,2012)。有一半火车年代久远,其空调设备的设计没有考虑如何在高于 34.5 ℃的环境下运行。空调故障是火车司机罢工造成服务取消的主要原因(Reeves et al.,2010;McEvoy et al.,2012)。在考虑关键基础设施的脆弱性时,这是一个常常被忽略但重要的因素。尽管对于基础设施元件的影响不是直接的,但是员工们可能无法在极端高温天气下持续工作。有些生命线的运行依靠其他生命线基础设施的运行。例如,供电中断会对交通运输系统有间接干扰。墨尔本 1 月 30 日的滚动停电损坏了 124 个路口的交通信号灯,造成城市环线铁路服务暂停,使很多市内通勤的人滞留(Reeves et al.,2010)。总的来看,供电中断和交通运输故障造成的经济损失大约为 8 亿澳元(Reeves et al.,2010)。

尽管交通运输对于缓解高温暴露不是很重要,但是会使通勤者被迫选择备用方案,如骑自行车或者步行,这可能会导致疲劳和暴露于极端高温环境。铁路服务的缺失也影响了公共交通的使用者,干扰他们与工作、家庭或亲人的联系。公共交通通常是学生、老年人和低收入人群负担得起的交通方式,其停运在很大程度上影响了这些群体的流动性(Rodrigue et al.,2017)。

## 10.2.4 吸取的教训

2009 年的热浪后果被概括为健康服务需求激增、电力供应和公共交通运输系统中断。政府、理事会、公共事业提供者、医院、应急响应组织和社区对这种规模的事件基本上没有做好准备,特别是这种在季节性预报中没有预料到的极端情况(Reeves et al.,2010)。过量的死亡人数(大约 374 人)表明了极端热浪对人口的影响,尤其是对于老年人来说很严重(过量死亡人口中 66% 为 75 岁及以上的老年人)(表 10.1)。

Reeves 等(2010)在关于 2009 年事件的报告中总结,就对生命线基础设施的影响而言,极端高温天气应该与高影响的自然灾害(如野火或洪灾)一样,得到高度重视。报告强调了生命线的脆弱性,尤其是电力系统和交通运输系统会有热应激,以及生命线故障对于居民和城市系统直接和间接影响的重要性。总的来说,"当人们有电和交通运输系统时,他们就能应付得了"(Reeves et al.,2010)。这些服务的缺失会对人们应对高温灾害的能力产生负面效果,并加剧人们在热浪中的不良体验。Broome 等(2012)计算出,没有电因此不能使用空调,会使那些可能死于与热有关的疾病患者风险增加 50%,尤其是老年人和偏远农村社区的人。对 2009 年热浪的估算显示,如果维多利亚州停电一整天,可能会有 28 人死亡。因此,在未来的风险评估和缓解措施中需要考虑整个城市系统,包括生命线。

2009 年热浪事件后,南澳大利亚州和维多利亚州都从被动反应和响应驱动的方法转变为缓解和降低风险的方法。健康和应急服务发展了识别和管理脆弱群体的战略(Reeves et al.,2010)。重视生命线的脆弱性和备用设施的缺失,如交通运输系统和电力系统。还确定了在未来热浪事件中提高韧性的阻力,包括态度、社会经济、行为和财务。特别是,人口老龄化和成年人肥胖的增加导致人口对高温相关死亡的脆弱性增加,这是需要特别关注的领域(Petkova et al.,2014)。人们对警告和及时建议的紧急服务期望和依赖性有所增加(Reeves et al.,2010)。但是,必须指出的是,在热浪第二阶段不幸发生的黑色星期六森林大火掩盖了热浪本身的影响,阻碍了 2009 年热浪的巨大健康影响、生命线对极端高温的脆弱性和事后反思的公众宣传。

2014 年 1 月,澳大利亚东南部又一次受到热浪冲击。尽管最高温度没有 2009 年 1 月那么高,但是平均温度更高,并且热浪峰值持续的时间更长(2014 年持续 4 天,2009 年为 3 天)(Department of Health,2014)。2014 年的热浪造成维多利亚州超出的死亡人数为 167 人,而 2009 年为 374 人。超出死亡人数估计值的降低是因为实施了维多利亚应对热浪计划(Department of Health,2014)。2014 年后,维多利亚州政府在他们的《如何安全应对极端高温天气》手册中着重教育脆弱人群如何为停电做准备(Victoria State Government,2015)。这类信息是否对人们为未来热浪事件所做的准备和采取的行动有积极影响,需要进一步研究确定。研究这些信息是否能传达到最脆弱的人群也很重要。

交通运输部门也采取了一些措施应对极端高温事件:升级铁路基础设施以防止轨道弯曲变形;为驾驶员制定更好的应对高温政策并提供更容易获得凉水和冰的通道;制订更好的应急计划,包括提供备用替换服务(Chhetri et al.,2012)。2014 年的热浪中,火车低速运行,对墨尔本的公共交通造成了轻微干扰(Mullett et al.,2014)。电力部门在2014年的热浪中应对得更好,系统在最高温期间也避免了减载;只有少量的由于配电设备故障造成的局部分布中断。然而,低储量时期令人担忧。澳大利亚能源市场运营商AEMO(2014)认为,中继电路或主发电机的任何故障都可能改变结果并导致减载。2014年,系统应对高温的能力部分归功于南澳大利亚安装的嵌入式太阳能光伏(PV)发电机,有助于支持峰值期间的电力使用(AEMO,2014)。

在澳大利亚,提高灾害韧性和应对热浪的能力方面还有许多路要走。尽管相关责任人采取了许多措施来确保对未来的风险进行适当的管理,但他们似乎是各自孤立地在做(McEvoy et al.,2012)。由于城市系统的综合性,所有利益相关者都需要采取"整个系统"层面的方法。McEvoy等(2012)得出结论,细分部门和缺乏整体的城市基础设施管理,是提高城市对未来热浪事件韧性的主要障碍。

热敏感的基础设施,如电网和轨道交通,未来依然会在极端高温环境下很脆弱,使事件的影响更加复杂。气候变暖可能会增加热浪发生的可能性(Meehl et al.,2004;Revi et al.,2014),对扩大的城市区域造成更大的压力(McInnes et al.,2013)。扩大的城市化和高密度的房屋会通过城市热岛效应加剧这种情况(Coates et al.,2014;Petkova et al.,2014;Wong,2016)。越来越多的人生活和工作在气候控制的环境下,靠空调缓解热应激,因此使人们隔离起来免受气候变化的影响,但也限制了他们的适应能力(Coates et al.,2014;Petkova et al.,2014)。这进一步增强了人们对空调的依赖,但是在热浪期间无法保障空调的运行。空调在减轻热应激风险方面有反作用。Farbotko等(2011)认为,使用空调以减少人们暴露于极端高温环境,会造成在热浪期间的能源需求激增,导致整个系统的停电,能源价格上涨并加剧现有的社会经济不平等。重要的是,空调释放的余热也会造成更高的室外温度,加剧城市热岛效应(Salamanca et al.,2014)。

# 10.3　2010年冰岛埃亚菲亚德拉火山爆发

## 10.3.1　灾害

火山灰是火山爆发产生的物质,由岩石和火山玻璃的细小碎片组成(Wilson et al.,2012)。火山灰可以扩散得很远、很广,具有坚硬、高度磨性、腐蚀性和导电性,仅需几毫米厚就可以破坏大多数必不可少的生命线服务(Blong,1984;Barsotti et al.,2010;Wilson et al.,2011,2012;Magill et al.,2013;Jenkins et al.,2014)。火山灰很容易渗入、堵塞空气过滤系统开口并擦伤表面(Jenkins et al.,2014)。火山灰尤其会影响无论在地面还是空中的航空运输。尘埃落在机场跑道上可能会影响航线的运行;如果火山灰喷发到大气中的高度足够高,则有可能对飞行中的飞机造成危险

(Casadevall,1994；Jenkins et al.,2015；Webley,2015)。

1982 年,英国航空公司的一架飞机飞过西爪哇省的加隆贡山,火山喷发时产生的高浓度火山灰对现代航空的风险开始引起人们的关注。在恢复动力并紧急降落在雅加达之前,波音 747 的四个发动机都失去了动力,下降了超过 12000 英尺(1 英尺≈0.3048 m)的高度(Lund et al.,2011；Ellertsdottir,2014；Gislason et al.,2011)。1989 年阿拉斯加的堡垒火山爆发,以及 1991 年菲律宾的皮纳图博火山爆发,也造成了发动机故障,与灰云接触的飞机发动机和挡风玻璃遭到了严重破坏(Przedpelski et al.,1994；Casadevall et al.,1996；O'Regan,2011；Webley,2015)。总的来说,火山灰可以造成飞机发动机故障、巨大的经济损失和可能的人员生命危险。2010 年埃亚菲亚德拉火山喷发时,"无阈值"指南被普遍采用,并且在空域可检测到火山灰时,将实施禁飞区(O'Regan,2011；Ellertsdottir,2014)。

## 10.3.2　事件概述

2010 年 3 月 20 日,在冰岛埃亚菲亚德拉艾雅法拉火山和米尔达斯火山喷发口之间的无冰区裂隙处开始出现火喷泉现象,并于 4 月 13 日结束。许多人认为喷发到此结束(Donovan et al.,2011；Porkelsson et al.,2012)。然而,4 月 14 日艾雅法拉火山又开始喷发。冰和融化的水与更黏稠的岩浆相互作用,造成比第一阶段更具爆发力的喷发(Donovan et al.,2011；Gislason et al.,2011；Porkelsson et al.,2012),向大气中喷出的火山灰高达 10 km(Carlsen et al.,2012；Porkelsson et al.,2012；Stevenson et al.,2012)。

火山灰落到火山南部,影响了农村地区的农业和旅游业(Adey et al.,2011；Donovan et al.,2011；Bird et al.,2012；Bird et al.,2018)。火山爆发同时伴随着冰川融化洪水,影响了道路和农业用地,造成约 800 名居民的疏散(Porkelsson et al.,2012)。火山以北的大部分冰岛地区没有受到火山灰的影响。尤其是雷克雅未克,尽管离火山只有不到 150 km 的距离,但是仅受到有限的影响,其机场仅在 4 月 21 日短暂关闭(Lund et al.,2011；Porkelsson et al.,2012)。最大的影响是留在大气层中的火山灰造成的。这种飞灰被迅速吹向欧洲大陆的南部和东部,并造成了自第二次世界大战以来欧洲空域最大规模的关闭(Budd et al.,2011；Ellertsdottir,2014)。

当火山灰自冰岛扩散至整个欧洲时,欧洲航空管理局由于担心公共安全,逐渐关闭了空域(Ellertsdottir,2014)。苏格兰和挪威的领空最先于 4 月 14 日晚上关闭。随着火山灰进一步向南部和东部蔓延,爱尔兰、荷兰、比利时和瑞典的领空也受到影响。到 4 月 18 日,爱尔兰、乌克兰和加那利群岛的空域也被关闭(Budd et al.,2011)。4 月 21 日,取消飞行限制,第二天恢复接近正常的空中交通流量(Ellertsdottir,2014)。在 7 天的时间里,有超过 10 万次进出欧洲的航班被取消(Budd et al.,2011,IATA,2010,Oxford Economics,2010)。受到影响最严重的是英国、爱尔兰和芬兰,这些地方的空中交通量下降 90%(Ellertsdottir,2014)。4 月 18 日关闭的空域最广,造成全世界近30%的航班停飞,航空业损失了17亿美元的收入(IATA,2010)。由于没有"物质损失",通常无法通过航空公司的商业中断保险索赔(O'Regan,2011)。有报道称,如果空域的关闭持续时间再长一些,那么一些航空公司就有破产的危机(Ellertsdottir,2014)。

### 10.3.3 生命线中断带来的持续影响

欧洲空域是全世界最繁忙的空域之一,有150个航空公司使用,每年飞越约15万条航线的航班达950万次(O'Regan,2011)。空域和占领它的飞机形成了庞大网络的一部分,确保了私人、军事和经济上的流动性。由飞行人员、空中交通管制、防撞软件操纵并受严格的国际法规控制的复杂飞行路径、航线和控制区网络,在很大程度上是乘客所看不到的(Budd et al.,2011)。在航班被延误、改道或者取消前,这是一个被认为理所当然的系统。

2010年欧洲空域关闭的影响是深远的,发现了人和商品的流动对全球航空有极大的依赖性。制造商依靠航空运输来进行按空间分类的操作,从而使对时间敏感且易腐烂的货物可以在短时间内长距离运输(Bowen et al.,2006;Pedersen,2001;Button et al.,2013;Mukkala et al.,2013;Rodrigue et al.,2017)。

空域关闭后随即出现了进口鲜花、水果和电子硬件的短缺。制药、汽车、运输和送货公司也受到了影响。依靠航空即时运送的和易腐的出口商品供应链受到最严重的冲击。一些商品可以之后再运送,但是易腐的商品不可以(Oxford Economics,2010)。非洲的鲜花和水果种植商受到的打击尤其严重,原本需要空运到欧洲的新鲜产品只能任其腐烂(Oxford Economics,2010;Budd et al.,2011;Ellertsdottir,2014)。世界银行估算非洲国家因空域的关闭造成出口损失约650万美元(Oxford Economics,2010)。肯尼亚的鲜花和蔬菜行业占到国内生产总值的五分之一,雇用了成千上万的工人。欧洲空域关闭期间,在内罗毕国际机场停飞的本应将产品运往欧洲的航班,每天估计损失约130万美元(Wadhams,2010)。无法移动的产品被迫丢弃或者堆放起来,上千工人暂时性下岗。尽管自从1999年肯尼亚花卉委员会成立以来,肯尼亚农场的工作环境有所好转,但是大部分工人的工资低于生活标准,无法拥有任何积蓄(Nowakowska,2015;Leipold et al.,2013)。因此,任何长时间无薪工作都将严重影响依靠农场谋生的人。

欧洲航线的暂停也导致电气和汽车制造业所必需的空运部件短缺。例如,由于压力传感器交付的延迟,美国、日本和德国的尼桑与宝马工厂的汽车生产被临时暂停(Oxford and Economics,2010)。

估测有1000万旅客因此事件而滞留,造成重大延误或者更多花费(Budd et al.,2011;Oxford and Economics,2010)。无力负担其他交通和住宿的人滞留在机场(Ellertsdottir,2014)。幸运的是,根据欧洲第241/2004号法规要求,许多乘客因航班取消而收到航空公司的赔偿(Ellertsdottir,2014)。廉价航空公司在本次事件中受到了经济上的重创,他们对欧盟委员会要求的乘客赔偿提出异议,理由是这种情况超出了他们的控制范围。然而,欧盟委员会坚持航空公司对他们的乘客负责(Ellertsdottir,2014)。

英国和欧洲的航空出行暂停了一周之久,降低了全球的流动性,严重影响了经济活动,阻碍了社会联系。陆地和海洋的交通运输通常受到地理障碍的限制,转向这些运输方式会极大地增加出行的时间,扰乱供应链,并导致一些人口和经济的孤立。任何对世界上大部分航空运输能力的长期停止,都将最终影响全球的发展。好在 2010 年的火山爆发时间相对较短,过去埃亚菲亚德拉的爆发和地球上其他的火山爆发都持续数月或者数年(Gertisser,2010)。

## 10.3.4　吸取的教训

世界上每年大约有 60 座火山爆发,火山灰或者潜在的火山灰几乎每天都会造成空域管制(Donovan et al. ,2011)。尤其是冰岛的火山,每个世纪大约会喷发 20 次,包括许多重大的爆发活动(Langmann et al. ,2012)。据记载,过去 7000 年来,冰岛数次火山爆发的火山灰(Tephra)已到达欧洲(Swindles et al. ,2011;Stevenson et al. ,2012)。2010 年埃亚菲亚德拉火山爆发并不是一个反常的事件。火山爆发对于行业的影响应该提前做好准备。

尽管科学家、运营的气象机构和航空管理局已经认识到火山灰的风险,但它被认为是风险相对较低的,因此尚未渗透到政策中(Adey et al. ,2011;Donovan et al. ,2011)。因此,2010 年相对较小的火山喷发造成仓促而就和极端的应对,从而被动构建了整个欧洲的咨询委员会和相关会议(Bonadonna et al. ,2011a,2011b;Donovan et al. ,2011;Bonadonna et al. ,2012)。

世界贸易和运输对航空业的严重依赖导致 2010 年火山爆发时已制定的"无阈值"指南受到质疑。决策者被夹在关注公共安全和满足全球流动性需求之间(Lund et al. ,2011)。欧洲空域的完全关闭被视为过度反应,要求对正常程序进行审查。Gislason 等(2011)研究了埃亚菲亚德拉火山灰的物理和化学性质,认为火山灰是非常尖锐、坚硬的很小颗粒,可能会使飞机受到发动机磨损和融化的威胁。但是,火山灰安全浓度的范围是多少,在当时国际安全监管机构、航空公司、飞机工程师和制造商之间引起了激烈的争论(Budd et al. ,2011;Ellertsdottir,2014)。结果是,包括汉莎航空公司、荷兰航空公司和英国航空公司在内的主要航空公司,开展了一系列的航空测试,确定了 2000 $\mu g/m^3$ 火山灰是飞机飞行可以接受的阈值(Budd et al. ,2011;O'Regan,2011)。

2010 年火山喷发和空域关闭的反对受到阻碍,原因是缺少详细说明飞机和发动机耐灰性的数据,而且国际安全监管机构、航空公司、飞机工程师和制造商无法就火山灰的"安全"浓度达成共识(Budd et al. ,2011)。Budd 等(2011)强调指出,国家政策与其他国家(例如美国)不一致。如果在喷发之前就成立咨询小组,而不是被动地应对,那么本来可以在政治和财政上进行准备,并预先确定安全的火山灰阈值(Donovan et al.,2011)。

该事件强调了对全球流动性的依赖,认识到自然灾害及其影响并不总是局限于地理或政治边界的。全球化使得平常的地理事件可以造成全世界范围内的混乱。随着贸易、外包的全球化程度越来越高,以及专注于削减成本的更精简的全球供应链的出现,世界各国的经济更加容易受到正常商品流通中断的影响(Besedeš et al.,2017)。2010 年埃亚菲亚德拉火山爆发后,人们呼吁通过适应性的物流能力和从各地采购产品来提高供应链的灵活性。Besedeš 等(2017)关于空域关闭的贸易影响的研究发现,一些供应链能够应对某些干扰,尤其美国市场,能够与欧洲以外的国家建立贸易关系,以补充部分损失的供应。

另外,非洲花卉和蔬菜种植商却没有应对的方案。肯尼亚的花卉市场几乎完全依靠出口欧洲。由于国内需求低迷,该行业(肯尼亚的最大外汇收入来源)正面临外国需求的波动和空运到欧洲的可行性的风险(Leipold et al.,2013;Kargbo et al.,2010)。当时,肯尼亚的园艺行业仍处于 2008/2009 年暴力选举后造成影响的恢复中(Justus,2015)。这些干扰事件呼吁肯尼亚花卉和蔬菜产业减少对国际市场的过度依赖,多元化地进入本地和区域化的市场,作为应对短期市场冲击的缓冲(Justus,2015;Leipold et al.,2013)。一旦部分机场重新开放,大量的农产品就可以被运往西班牙,并用卡车运往北欧(Gettlemen,2010)。

2010 年埃亚菲亚德拉火山爆发是一个"昂贵"的教训,但是,毫无疑问的是,这让航空业和全球化商业应对未来火山爆发做好了准备。2011 年,冰岛的另一座火山格林斯沃特火山开始爆发就突显了这一点。火山喷发柱最高达到 20 km,而埃亚菲亚德拉高峰的高度约为 10 km,产生的火山灰几乎是埃亚菲亚德拉火山爆发的两倍(Stevenson,2012)。尽管 2011 年的格林斯沃特火山喷发量比 2010 年的艾亚菲亚德拉火山的喷发量大了近 100 倍,但没有造成同样的影响。格林斯沃特火山爆发的参数和天气状况与埃亚菲亚德拉火山爆发有所不同,盛行风阻止大量火山灰进入国际空域。进入空域中的火山灰也更好处理。关于安全火山灰浓度的新条例意味着在欧洲的中断规模较小,在爆发最初的 3 天里,约 90000 条航班中仅有 900 条被取消,而 2010 年的事件中前 3 天有 42600 条航班被取消(European Commission,2011;Parker,2015)。

# 10.4  讨论

自然灾害事件中生命线网络的故障可能会通过加剧灾害本身和/或阻碍应对灾害或者从灾害中恢复的能力,从而影响人口变化。2009 年澳大利亚东南部的生命线故障造成的主要人口影响是过量死亡,尤其是老年群体。生命线故障也可能传播到灾害足迹还没有触及的范围，从而在不受事件直接影响的区域造成破坏。在 2010 年埃亚菲亚德拉火山爆发的案例中，约 8500 km 之外的非洲花卉和蔬菜种植业受到重创。

这两个案例事件的结果都受到准备不足的影响。澳大利亚东南部热浪有对这次事件本身规模准备不足的原因。澳大利亚东南部之前早已经历过热浪事件（1908年和 1939 年），但是与之前相比，2009 年热浪的范围非常广泛、更加持久和严重（Chhetri et al. ,2012）。而冰岛火山对英国/欧洲的潜在影响被认为是不太可能发生的场景，因此之前被忽略了。这两个事件敲响了对管理规划和政策亟须进行重大审查的警钟。各种建议的实施被证明是有益的，改善了后续同类事件的管理。

每一个研究案例中的进步都是值得赞扬的。然而，在澳大利亚东南部的案例中，减轻灾害的方式是脱节的，部门交叉管理很少。Chhetri 等（2012）关于澳大利亚应对和适应主要气候灾害的报告发现，个体的灾后行动仅会造成总体韧性很小的提升。为了提高整个城市对自然灾害事件的韧性，需要改善所有部门之间的交流、信息共享、协作与协调。交通和电力等关键基础设施部门的分散性，以及跨越地方或州政府边界的生命线基础设施，可能会给制定协调一致的政策和规划框架带来挑战，从而阻碍对自然灾害冲击的结构化响应。

世界从未像今天这样如此依赖生命线。随着城市化和老龄化加剧，我们对生命线服务和技术的依赖性只会持续增加。人口和建筑环境越来越集中在易受灾害影响的区域，加上气候变化的影响，很有可能会增加关键基础设施和基本服务受到自然危害冲击的可能性。未来的自然灾害事件几乎总会造成生命线中断和故障。重要的是不仅提高生命线基础设施抵御未来冲击破坏的韧性，而且还需要通过使社区做好准备以更好地应对服务中断，从而提高韧性。

此外，随着全球联系日益紧密，间接破坏成本（包括经济和社会成本）有可能与危害事件造成的直接破坏成本相当（如果不超过）。本章案例研究表明，在准备不足时这种破坏的代价是多么高昂。在全球化的世界中，要想提升应对干扰的韧性，我们需要"超越我们的后院"，并认识到生命线通常可以跨越较大的地理区域，而破坏的连锁效应超出地区和国家的界限。灾害中生命线的脆弱性还取决于基础设施的质量和管理水平。生命线故障对人群的影响取决于生命线恢复运行所花费的时间、由谁负责维修费用和由此造成的破坏。

诸如贫富和健康差距日益扩大等社会因素，可能会加剧特定人群的脆弱性（Cutter et al. ,2000）。人口统计资料（年龄、种族、收入、性别和住房）是如何影响（放大或减少）自然灾害的总体脆弱性，已经一再得到证明（Donner et al. ,2008；Wisner et al. ,2004（译注：原著未列该文献，应为遗漏）；Cutter et al. ,2003,2000）。本章已经表明，应对生命线故障的能力也取决于这些因素。因此，为应对未来自然灾害的真实影响，现代社会中的我们需要更好地理解生命线网络的互联和行为，以识别依靠其运行的脆弱人群。未来的减灾计划不仅包含生命线基础设施系统，而且要考虑到居民适应或应对生命线中断的能力。因此,需要做更多的工作衡量生命线故障的社会影响。Klinger 等(2014)在对极端自然事件期间的停电进行回顾时发现,停电通过阻碍人们获得医疗保健而对健康产生影响,但文献中很少有人尝试从发病率、死亡率或生活品质方面量化对健康的影响。这方面的研究可能很困难,但要强调的是需要做更多的工作,以便我们可以从过去的事件中学习并提高对未来的适应能力。我们不仅要着眼于失败,而且要着眼于成功。社区要设法避免极端事件发生时生命线的故障,或者能够提出故障的解决方案,还需要做更多工作来整理有效策略,以便共享和利用这些经验和知识(Klinger et al.,2014)。

# 致谢

感谢 Christina Magill 博士和 Deanne Bird 博士对本章的编辑,还要感谢丛林大火与自然灾害合作研究中心、麦格理大学卓越研究奖学金以及风险前沿提供的顶级奖学金的经济支持。

# 参考文献

ADEY P,ANDERSON B,GUERRERO L L,2011. An ash cloud,airspace and environmental threat [J]. Transactions of the Institute of British Geographers,36:338-343.

AEMO,2014. Heatwave 13-17 January 2014[R]. Australian Energy Market Operator.

ANDERSON C W,SANTOS J R,HAIMES Y Y,2007. A risk-based input-output methodology for measuring the effects of the August 2003 Northeast Blackout[J]. Economic Systems Research,19:2,183-204.

ANDERSON G B,BELL M L,2012. Lights out:impact of the August 2003 power outage on mortality in New York,NY[J]. Epidemiology(Cambridge,Mass),23:189-193.

BARSOTTI S,ANDRONICO D,NERI A,et al,2010. Quantitative assessment of volcanic ash hazards for health and infrastructure at Mt. Etna(Italy) by numerical simulation[J]. Journal of Volcanology and Geothermal Research,192:85-96.

BESEDEŠ T,MURSHID A P,2017. Experimenting with ash:the trade-effects of airspace closures in the aftermath of Eyjafjallajökull[R/OL]. Working paper. Georgia Institute of Technology. [2019-05-22]. https://besedes. econ. gatech. edu/wp-content/uploads/sites/322/2017/08/besedes-volcano. pdf.

BI P,WILLIAMS S,LOUGHNAN M,et al,2011. The effects of extreme heat on human mortality and morbidity in Australia:implications for public health[J]. Asia Pacific Journal of Public Health,23(S):27-36.

BIRD D K,GÍSLADÓTTIR G,2012. Residents'attitudes and behaviour before and after the 2010 Eyjafjallajökull eruptions—a case study from southern Iceland[J]. Bulletin of Volcanology,74:

1263-1279.

BIRD D K,JÓHANNESDÓTTIR G,REYNISSON V,et al,2018. Crisis coordination and communication during the 2010 Eyjafjallajökull eruption[M]// FEARNLEY C J,BIRD D K,HAYNES K,et al. Observing the volcano world. Advances in volcanology(An official book series of the international association of volcanology and chemistry of the Earth's interior-IAVCEI,Barcelona, Spain). Berlin,Heidelberg:Springer.

BLONG R J,1984. Volcanic hazards: a source book on the effects of eruptions[M]. Sydney:Academic Press.

BLONG R,TILLYARD C,ATTARD G,2017. Insurance and a volcanic crisis—a tale of one(big)eruption,two insurers,and innumerable insureds. In advances in volcanology[M]. Berlin,Heidelberg:Springer.

BONADONNA C,FOLCH A,2011a. Ash dispersal forecast and civil aviation workshop-consensual document[R].

BONADONNA C,FOLCH A,2011b. Ash Dispersal Forecast and Civil Aviation Workshop-Model Benchmark Document[R].

BONADONNAC,FOLCH A,LOUGHLIN S,et al,2012. Future developments in modelling and monitoring of volcanic ash clouds: outcomes from the first IAVCEI-WMO workshop on ash dispersal forecast and civil aviation[J]. Bulletin of Volcanology,74:1-10.

BOWEN J T,LEINBACH T R,2006. Competitive advantage in global production networks: air freight services and the electronics industry in Southeast Asia[J]. Economic Geography,82:147-166.

BROOME R A,SMITH W T,2012. The definite health risks from cutting power outweigh possible bushfire prevention benefits[J]. Medical Journal of Australia,197:440.

BROZOVIĆ N,SUNDING D L,ZILBERMAN D,2007. Estimating business and residential water supply interruption losses from catastrophic events[J]. Water Resources Research,43:W08423.

BUDD L,GRIGGS S,HOWARTH D,et al,2011. A fiasco of volcanic proportions? Eyjafjallajökull and the closure of European airspace[J]. Mobilities,6:31-40.

Bureau of Meteorology,2018. About the heatwave service[EB/OL]. [2018-05-06]. https://www.bom.gov.au/australia/heatwave/about.shtml.

BUTTON K,YUAN J,2013. Airfreight transport and economic development: an examination of causality[J]. Urban Studies,50:329-340.

CARLSEN H K,GISLASON T,BENEDIKTSDOTTIR B,et al,2012. A survey of early health effects of the Eyjafjallajökull 2010 eruption in Iceland: a population-based study[J]. BMJ open, 2:e000343.

CASADEVALL T J,1994. Volcanic ash and aviation safety: proceedings of the first international symposium on volcanic ash and aviation safety[R]. US Government Printing Office.

CASADEVALL T J,DELOS REYES P,SCHNEIDER D J,1996. The 1991 Pinatubo eruptions and their effects on aircraft operations[R]. Fire and Mud: eruptions and lahars of Mount Pinatubo, Philippines.

CHANG S E,MCDANIELS T L,MIKAWOZ J,et al,2007. Infrastructure failure interdependencies in extreme events: power outage consequences in the 1998 ice storm[J]. Natural Hazards, 41: 337-358.

CHESTER D K,DEGG M,DUNCAN A M,et al,2001. The increasing exposure of cities to the effects of volcanic eruptions: a global survey[J]. Global Environmental Change Part B: Environmental Hazards, 2: 89-103.

CHHETRI P,HASHEMI A,BASIC F,et al,2012. Bushfire,heat wave and flooding-case studies from Australia[R]. Report from the International Panel of the Weather project funded by the European Commission's 7th framework programme. Melbourne.

CLANCY J L,2000. Sydney's 1998 water quality crisis[J]. American Water Works Association Journal, 92:55.

COATES L,HAYNES K,O'BRIEN J,et al,2014. Exploring 167 years of vulnerability: an examination of extreme heat events in Australia 1844-2010[J]. Environmental Science & Policy, 42: 33-44.

COWIE J H,OGIELSKI A T,PREMORE B,et al,2003. Impact of the 2003 blackouts on internet communications[R]. Preliminary Report,Renesys Corporation(updated March 1,2004).

CUTTER S L, MITCHELL J T,SCOTT M S,2000. Revealing the vulnerability of people and places: a case study of Georgetown County,South Carolina[J]. Annals of the Association of American Geographers, 90: 713-737.

CUTTER S L,BORUFF B J,SHIRLEY W L,2003. Social vulnerability to environmental hazards [J]. Social Science Quarterly, 84: 242-261.

CUTTER S L,FINCH C,2008. Temporal and spatial changes in social vulnerability to natural hazards[J]. Proceedings of the National Academy of Sciences, 105: 2301-2306.

DANIELL J E,SCHAEFER A M, WENZEL F,2017. Losses associated with secondary effects in earthquakes[J]. Frontiers in Built Environment, 3:30.

DAVIS G,1999. The Auckland electricity supply disruption 1998: emergency management aspects [J]. Australian Journal of Emergency Management, 13: 44-46.

DAWSON D M,BROOKS B J,1999. The Esso Longford gas plant accident: report of the Longford Royal Commission[R]. Government Printer,South Africa.

Department of Health,2014. The health impacts of the January 2014 heatwave in Victoria[R]. State Government of Victoria Melbourne.

Department of Human Services,2009. January 2009 heatwave in Victoria: an assessment of health impacts[R]. Victorian Government Department of Human Services.

DONNER W,RODRÍGUEZ H,2008. Population composition,migration and inequality: the influence of demographic changes on disaster risk and vulnerability[J]. Social Forces,87: 1089-1114.

DONOVAN A R,OPPENHEIMER C,2011. The 2010 Eyjafjallajökull eruption and the reconstruction of geography[J]. The Geographical Journal, 177: 4-11.

EERI,2011. Learnings from earthquakes-the March 11,2011,Great East Japan(Tohoku)Earthquake and Tsunami: societal dimensions[R]. EERI Special Earthquake Report-August 2011.

Electricity Consumers Resource Council(ELCON),2004. The economic impacts of the August 2003 blackout[R]. February 2004.

ELLERTSDOTTIR E T,2014. Eyjafjallajökull and the 2010 closure of European airspace: crisis management,economic impact,and tackling future risks[R]. The Student Economic Review XX-VIII,129-137.

ERJONGMANEE S,JI C,STOKELY J,et al,2008. Large-scale inference of network-service disruption upon natural disasters[R].

European Commission,2011. Volcano Grimsvötn: how is the European response different to the Eyjafjallajökull eruption last year[R]? Frequently Asked Questions. Brussels.

FARBOTKO C,WAITT G,2011. Residential air-conditioning and climate change: voices of the vulnerable[J]. Health Promotion Journal of Australia, 22: 13-16.

GARCÍA-HERRERA R,DÍAZ J,TRIGO R M,et al,2010. A review of the European summer heat wave of 2003[J]. Critical Reviews in Environmental Science and Technology, 40: 267-306.

GERTISSER R,2010. Eyjafjallajökull volcano causes widespread disruption to European air traffic [J]. Geology Today, 26: 94-95.

GETTLEMAN J,2010. With flights grounded,Kenya's produce wilts[N/OL]. New York Times. [2010-04-20]. https://www. nytimes. com/2010/04/20/world/africa/20kenya. html.

GIOVINAZZI S,WILSON T,DAVIS C,et al,2011. Lifelines performance and management following the 22 February 2011 Christchurch earthquake,New Zealand: highlights of resilience[J]. Bullentin of the New Zealand Society for Earthquake Engineering, 44: 402-417.

GISLASON S R,HASSENKAM T,NEDEL S,et al,2011. Characterization of Eyjafjallajökull volcanic ash particles and a protocol for rapid risk assessment[J]. Proceedings of the National Academy of Sciences,108(18): 7307-7312.

GUIKEMA S D,2009. Natural disaster risk analysis for critical infrastructure systems: an approach based on statistical learning theory[J]. Reliability Engineering & System Safety,94: 855-860.

HAWK F,1999. You would cry too if it happened to you: the legal and insurance implications of major utility failure[J]. Australian Mining & Petroleum LJ, 18:42.

HUPPERT H E,SPARKS R S J,2006. Extreme natural hazards: population growth,globalization and environmental change[J]. Philosophical Transactions of the Royal Society of London A: Mathematical,Physical and Engineering Sciences, 364: 1875-1888.

IATA,2010. The impact of Eyjafjallajokull's volcanic ash plume[R]. In IATA Economic Briefing.

JENKINS S,SPENCE R,FONSECA J,et al,2014. Volcanic risk assessment: quantifying physical vulnerability in the built environment[J]. Journal of Volcanology and Geothermal Research, 276: 105-120.

JENKINS S,WILSON T,MAGILL C,et al,2015. Volcanic ash fall hazard and risk[M]//Global volcanic hazards and risk. Cambridge: Cambridge University Press.

JUSTUS F K,2015. Coupled effects on Kenyan horticulture following the 2008/2009 post-election violence and the 2010 volcanic eruption of Eyjafjallajökull [J]. Natural Hazards, 76 ( 2 ): 1205-1218.

KARGBO A,MAO J,WANG C Y,2010. The progress and issues in the Dutch,Chinese and Kenyan floriculture industries[J]. African Journal of Biotechnology,9(44):7401-7408.

KING A,MCCONNELL D,SADDLER H,et al,2016. What caused South Australia's State-wide blackout[R]? The Conversation.

KINNEY R,CRUCITTI P,ALBERT R,2005. Modeling cascading failures in the North American power grid[J]. The European Physical Journal B-Condensed Matter and Complex Systems, 46: 101-107.

KLEIN R J,NICHOLLS R J,THOMALLA F,2003. Resilience to natural hazards: how useful is this concept[J]? Global Environmental Change Part B: Environmental Hazards, 5: 35-45.

KLINGER C,LANDEG O,MURRAY V,2014. Power outages,extreme events and health: a systematic review of the literature from 2011-2012[R]. PLOS Currents Disasters.

KUMMU M,VARIS O,2011. The world by latitudes: a global analysis of human population,development level and environment across the north-south axis over the past half century[J]. Applied geography,31(2):495-507.

LALL S V,DEICHMANN U,2010. Density and disasters: economics of urban hazard risk[J]. The World Bank Research Observer, 27: 74-105.

LANGMANN B,FOLCH A,HENSCH M,et al,2012. Volcanic ash over Europe during the eruption of Eyjafjallajökull on Iceland,April-May 2010[J]. Atmospheric Environment,48: 1-8.

LANZANO G,SALZANO E,SANTUCCI DE MAGISTRIS F et al,2014. Seismic vulnerability of gas and liquid buried pipelines[J]. Journal of Loss Prevention in the Process Industries, 28: 72-78.

LEIPOLD B,MORGANTE F,2013. The impact of the flower industry on Kenya's sustainable development[J]. International Public Policy Review,7(2): 1-31.

LEYLAND B,1998. Auckland central business district power failure[J]. Power Engineering Journal, 12: 109-114.

LIN A,FLETCHER B A,LUO M,et al,2011. Health impact in New York city during the Northeastern Blackout of 2003[J]. Public Health Reports,126: 384-393.

LINDSTROM S,NAGALINGAM V,NEWNHAM H,2013. Impact of the 2009 Melbourne heatwave on a major public hospital[J]. Internal Medicine Journal, 43: 1246-1250.

LUND K A,BENEDIKTSSON K,2011. Inhabiting a risky earth: the Eyjafjallajökull eruption in 2010 and its impacts[J]. Anthropology Today, 27: 6-9.

MAGILL C,WILSON T,OKADA T,2013. Observations of tephra fall impacts from the 2011 Shinmoedake eruption,Japan[J]. Earth,Planets and Space, 65,18.

MCEVOY D,AHMED I,MULLETT J,2012. The impact of the 2009 heat wave on Melbourne's critical infrastructure[J]. Local Environment, 17: 783-796.

MCINNES J A,IBRAHIM J E,2013. Preparation of residential aged care services for extreme hot weather in Victoria,Australia[J]. Australian Health Review, 37: 442-448.

MEEHL G A,TEBALDI C,2004. More intense,more frequent,and longer lasting heat waves in the 21st century[J]. Science, 305: 994-997.

MENONI S,2001. Chains of damages and failures in a metropolitan environment: some observations on the Kobe earthquake in 1995[J]. Journal of Hazardous Materials, 86: 101-119.

MILLER N L,HAYHOE K,JIN J,et al,2008. Climate, Extreme Heat, and Electricity Demand in California[J]. Journal of Applied Meteorology and Climatology, 47: 1834-1844.

MUKKALA K,TERVO H,2013. Air transportation and regional growth: which way does the causality run[J]? Environment and Planning A: Economy and Space, 45: 1508-1520.

MULLETT J,MCEVOY D,2014. With more heatwaves to come, how will our cities hold up[R]? The Conversation.

MURRAY A T,2013. An overview of network vulnerability modelling approaches[J]. Geo Journal, 78: 209-221.

MURRAY A T, GRUBESIC T, 2007. Critical infrastructure: Reliability and vulnerability[R]. Springer Science & Business Media.

NOWAKOWSKA M,2015. Safety of supply chain of Kenya's cut flower industry: case of Kongoni River farm[J]. Logistics and Transport,26(2): 43-48.

Oxford Economics,2010. The economic impacts of air travel restrictions due to volcanic ash[R]. A report prepared for airbus.

O'REGAN M,2011. On the edge of chaos: European aviation and disrupted mobilities[J]. Mobilities, 6: 21-30.

O'ROURKE T,JEON S,TOPRAK S,et al. ,2012. Underground lifeline system performance during the Canterbury earthquake sequence[R]. Proceedings of the 15th world conference on earthquake engineering,Lisbon,Portugal,24.

PALECKI M A,CHANGNON S A,KUNKEL K E,2001. The nature and impacts of the July 1999 heat wave in the midwestern United States: learning from the lessons of 1995[J]. Bulletin of the American Meteorological Society, 82: 1353-1367.

PARKER C F,2015. Complex negative events and the diffusion of crisis: lessons from the 2010 and 2011 Icelandic volcanic ash cloud events[J]. Geografiska Annaler: Series A,Physical Geography, 97: 97-108.

PEDERSEN P O,2001. Freight transport under globalisation and its impact on Africa[J]. Journal of Transport Geography, 9: 85-99.

PETKOVA E P,MORITA H,KINNEY P L,2014. Health impacts of heat in a changing climate: how can emerging science inform urban adaptation planning[J]? Current Epidemiology Reports, 1: 67-74.

PORKELSSON B,KARLSDóttir S,GYLFASON Á G,et al,2012. . The 2010 Eyjafjallajökull eruption,Iceland[R].

PRZEDPELSKI Z J,CASADEVALL T J,1994. Impact of volcanic ash from 15 December 1989 Redoubt volcano eruption on GE CF6-80C2 turbofan engines[R]. Volcanic ash and aviation safety: Proc. of the First International Symposium on Volcanic Ash and Aviation Safety.

REEVES J,FOELZ C,GRACE P,et al,2010. Impacts and adaptation response of infrastructure and communities to heatwaves: the southern Australian experience of 2009[R]. National Climate

Change Adaptation Research Facility.

REVI A,SATTERTHWAITE D E,ARAGÓN-DURAND F,et al,2014. Urban areas[M]//Climate change 2014: impacts,adaptation,and vulnerability. Part A: global and sectoral aspects. contribution of working group II to the fifth assessment report of the intergovernmental panel on climate change. Cambridge,United Kingdom and New York,NY,USA: Cambridge University Press.

RINALDI S M,PEERENBOOM J P,KELLY T K,2001. Identifying,understanding,and analyzing critical infrastructure interdependencies[J]. IEEE Control Systems, 21: 11-25.

RODRIGUE J P,COMTOIS C,SLACK B,2017. The geography of transport systems[M]. New York: Taylor & Francis Group.

ROSE A,BENAVIDES J,CHANG S E,et al,1997. The regional economic impact of an earthquake: direct and indirect effects of electricity lifeline disruptions[J]. Journal of Regional Science, 37: 437-458.

ROSE A Z,OLADOSU G,2008. Regional economic impacts of natural and man-made hazards: disrupting utility lifeline services to households[M]//RICHARDSON H,GORDON P,MOORE J. Economic impacts of hurricane Katrina. Cheltenham: Edward Elgar.

SALAMANCA F,GEORGESCU M,MAHALOV A,et al,2014. Anthropogenic heating of the urban environment due to air conditioning[J]. Journal of Geophysical Research: Atmospheres,119 (10): 5949-5965.

Scorcher,2019. Welcome to Scorcher[EB/OL]. [2019-10-01]. https://scorcher. org. au/.

SIEBERT L,SIMKIN T,KIMBERLY P,2011. Volcanoes of the world[M]. Berkeley: Univ of California Press.

SINGH E A,2019. Modelling the impact of lifeline infrastructure failure during natural hazard events[EB/OL]. [2019-10-01]. Doctoral dissertation,Macquarie University,Faculty of Science and Engineering,Department of Environmental Sciences. https://hdl. handle. net/1959. 14/1268491.

SMALL C,NAUMANN T,2001. The global distribution of human population and recent volcanism [J]. Global Environmental Change Part B: Environmental Hazards, 3: 93-109.

STEVENSON J,2012. An Icelandic eruption 100 times more powerful than Eyjafjallajökull[EB/OL]. [2018-06-24]. https://all-geo. org/volcan01010/2012/04/an-icelandic-eruption-100-times-more-powerful-than-eyjafjallajokull/.

STEVENSON J, LOUGHLIN S, RAE C, et al, 2012. Distal deposition of tephra from the Eyjafjallajökull 2010 summit eruption [J]. Journal of Geophysical Research: Solid Earth, 117:B00C10.

SWINDLES G T,LAWSON I T,SAVOV I P,et al,2011. A 7000 yr perspective on volcanic ash clouds affecting northern Europe[J]. Geology, 39: 887-890.

SWORD-DANIELS V,WILSON T,SARGEANT S,et al,2014. Consequences of long-term volcanic activity for essential services in Montserrat: challenges,adaptations and resilience[J]. Geological Society,London,Memoirs,39: 471-488.

US-Canada Power System Outage Task Force,2004. Final report on the august 14,2003 blackout in the United States and Canada: causes and recommendations[R]. US Department of Energy.

VAN AALST M K,2006. The impacts of climate change on the risk of natural disasters[J]. Disasters, 30: 5-18.

Victoria State Government,2015. How to cope and stay safe in extreme heat[R]. Department of Health & Human Services. Melbourne.

WADHAMS N,2010. Iceland volcano: Kenya's farmers losing ＄1. 3m a day in flights chaos[EB/OL]. [2019-05-22]. https://www. theguardian. com/world/2010/apr/18/iceland-volcano-kenya-farmers.

WEBLEY P,2015. Volcanoes and the aviation industry[J]. Global Volcanic Hazards and Risk,295.

WILSON T M,COLE J,STEWART C,et al,2011. Ash storms: impacts of wind-remobilised volcanic ash on rural communities and agriculture following the 1991 Hudson eruption,southern Patagonia,Chile[J]. Bulletin of Volcanology, 73: 223-239.

WILSON T M,STEWART C,SWORD-DANIELS V,et al,2012. Volcanic ash impacts on critical infrastructure[J]. Physics and Chemistry of the Earth,Parts A/B/C, 45-46: 5-23.

# 第 11 章　福岛和切尔诺贝利的社区
## ——核灾害区恢复的有利因素和抑制因素

冈田哲也(Tetsuya Okada)　　　谢尔希·乔利(Serhii Cholii)

大卫·卡拉克松伊(Dávid Karácsonyi)　　　松本美智(Michimasa Matsumoto)

**摘要：**本章提供了在社区参与下的灾害恢复研究案例，介绍并探讨比较了切尔诺贝利和福岛的核灾害事件。尽管 1986 年的苏联和 2011 年的日本社会经济状况不同，但切尔诺贝利和福岛的核灾害提供了一个讨论灾害管理中权力关系和当地社区在其中起到作用的机会。这两次大规模的核灾害造成全球受灾社区的最痛苦经历之一。本章讨论了移民安置措施的实施，以及利益相关者内部和利益相关者之间的社会政治权力关系。在整个恢复进程中，这些组合对社区日常生活产生了重要影响。本章讨论案例的研究基础包括查阅政府文件，以及在 2012 年至 2016 年期间对撤离人员、社区领导人和决策者进行的访谈。

**关键词：**社区；权力关系；切尔诺贝利；福岛；疏散；安置

# 11.1　引言

本章提供了在社区参与下的灾害恢复研究案例，介绍并探讨比较了切尔诺贝利和福岛的核灾害事件。尽管 1986 年的苏联和 2011 年的日本社会经济状况不同，但切尔诺贝利和福岛的核灾害提供了一个讨论灾害管理中权力关系和当地社区在其中起到作用的机会。这两次大规模的核灾害造成全球受灾社区的最痛苦经历之一

冈田哲也(Tetsuya Okada)，澳大利亚麦考瑞大学人文地理学在读博士。地址：School of International Studies，Faculty of Arts and Social Sciences，University of Technology，Sydney，235 Jones St.，Ultimo，NSW 2007，Australia。E-mail：tetsuya. okada@uts. edu. au。

谢尔希·乔利(Serhii Cholii)，乌克兰伊戈尔·西科尔斯基基辅理工学院。E-mail：scholij@ukr. net

大卫·卡拉克松伊(Dávid Karácsonyi，通讯作者)，匈牙利科学院(布达佩斯)地理研究所。地址：Geographical Institute，CSFK Hungarian Academy of Sciences，Budaörsi út 45，Budapest 1112，Hungary。E-mail：karacsonyi. david@csfk. mta. hu。

松本美智(Michimasa Matsumoto)，日本仙台东北大学国际灾害科学研究所。E-mail：matsumoto @ irides. tohoku. ac. jp。

(Josephson, 2010)。

本章讨论了移民安置措施的实施,以及利益相关者内部和利益相关者之间的社会政治权力关系。在整个恢复进程中,这些组合对社区日常生活产生了重要影响。本章讨论案例的研究基础包括查阅政府文件,以及在 2012 年至 2016 年期间对撤离人员、社区领导人和决策者进行的访谈。

## 11.2　灾后恢复中的社区参与[①]

灾害管理部门的组织文化常常是自上而下的,管理灾后恢复和减灾时往往会轻视或者忽视当地人的需求(Cannon, 2015；Gaillard, 2008；Manyena, 2006；McEntire et al. , 2002)。因此,在灾后恢复的决策制定过程中,受灾的社区是没有参与的。

通过维持搬迁后的社区来维持社会网络,对于个人恢复以及建筑的物理恢复和重建是必不可少的。尽管如此,最近社区的重要性才在减灾和灾后恢复重建中突显出来(Oliver-Smith, 2013)。社区的灾后恢复重建能力有助于社区成员一起努力解决问题,以构成集体行动和决策(Norris et al. , 2008)。社区能力通过发展当地知识来构建,平衡个人和集体的利益(Patterson et al. , 2010)。然而,拥有社会政治力量的权威常常会忽视或者漠视当地的知识和经验,将主流价值观和受灾社区之外发展的专门知识相结合(Bird et al. , 2009；Haalboom et al. , 2012；Howitt et al. , 2012)。负责灾害管理的组织往往采用自上而下的方式实施政策,在管理灾后恢复重建和减灾时淡化甚至是忽视当地社区的需求和偏好(Cannon, 2015；Gaillard, 2008；Manyena, 2006；McEntire et al. , 2002)。结果是,已实施的措施和政策无法满足当地需求,给当地社区带来有害后果和/或过度依赖,而掌权的政府对此仍然不知情或无动于衷(Haalboom et al. , 2012)。

在灾害发生前,将社区集中在减少风险的进程中,可以最大限度地降低风险,确保在这一进程中建立有效的伙伴关系,同时融入当地知识(Hayashi, 2007；Ingram et al. , 2006；Pandey et al. , 2005；Patterson et al. , 2010)。通过分配明确的角色和责任,决策者可以促进当地社区自我维持的恢复和风险的降低(Ahrens et al. , 2006)。灾害管理的社区参与有利于社区成员更加理解在灾后恢复和减灾进程中的责任(Aguirre, 1994；Pearce, 2003)。社区参与也有助于所有相关行为者之间关系的适当平衡(Berke et al. , 1993；Davidson et al. , 2007)。总之,社区成员应该在灾后恢复和减灾中作为关键动力发挥积极的作用,而不是当局提供的服务和信息的被动接收者(Pearce, 2003；Usamah et al. , 2012；Bird et al. , 2011；Haynes et al. , 2008)。

---

[①]　本章文献综述也包括在博士学位论文中(Okada, 2017)。2017 年 4 月,向麦格理大学提交并通过的论文中包含对福岛案例研究的材料(Okada, 2017)。

## 11.3  数据和方法

在切尔诺贝利事件中,我们研究了灾后恢复社区转移安置的过程,基于两个主要信息来源进行一系列综合分析。第一个信息来源是官方历史文献,包括从地方政府和档案馆收集的政府政策。这些文件使我们能够重点关注由苏联政府立法和实施的法规(包括决议和决定)。这是因为应对灾害的广泛后果所采取的行动主要是在基辅(现乌克兰首都)协调,因为切尔诺贝利位于乌克兰。然而,当时白俄罗斯和俄罗斯的一些邻近地区也是苏联的一部分,受到了大量的核沉降[①]。

第二个信息来源于对搬迁过程目击者的 30 次深入采访。这些访谈环节在乌克兰的日托米尔州和基辅地区进行,被污染地区的流离失所家庭全部来自村庄。2012—2015 年的大多数时间都是对个人和目标小组进行结构化访谈。大多数受访者根据可得性和随机标准选择,因为在过去的几十年中,搬迁人员的死亡率很高,并且他们受到心理上的困扰。30 名受访者分别在不同的定居地(图 11.1)。大多数受访者都处于生育年龄,其中 80% 的受访者在灾害发生时(1986 年)年龄为 20～40 岁。

比较苏联政府文件与对撤离者的深入采访,使我们能够理解权力平衡和社区对恢复进程的反应。

2011—2017 年,在日本开展的实地工作包括对疏散人员、社区团体、支持组织和政府官员的 49 次访谈。研究参与者通过直接交流进行招募。很大程度上抽样通过滚雪球的方式进行,因为社区中的居民彼此非常了解,并且相互联系,尽管疏散后他们的住所遍布福岛县及更远的地方。各种各样的参与者都以不同的方式、在不同程度上受到灾害和恢复过程的影响。

定性的深度研究以半结构化访谈进行,因此,他们没有打算量化响应或在整个社区推广。相反,访谈(本章)旨在以定性的方式理解和探索浪江町社区在恢复过程中遇到的一些问题。

## 11.4  逐步民主化和增加公众参与框架下的切尔诺贝利灾后恢复进程

切尔诺贝利核电站位于乌克兰,核事故发生时(1986 年)乌克兰是苏联的一部分。自 20 世纪 80 年代中期以来,在戈尔巴乔夫时代,苏联经历了逐渐民主化和市场化进程(所谓的改革)。早在 20 世纪 80 年代中期,集中化和计划的指令性经济就已经深陷危机。经济改革导致混乱并加速了衰退。这影响了处理切尔诺贝利灾害后

---

[①]  白俄罗斯的放射性污染区实际面积比乌克兰大。该电厂距白俄罗斯-乌克兰边界仅 8 km。

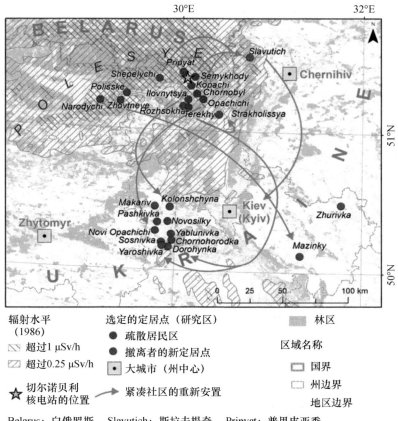

辐射水平
（1986）

超过 1 μSv/h

超过 0.25 μSv/h

★ 切尔诺贝利
核电站的位置

选定的定居点（研究区）
● 疏散居民区
● 撤离者的新定居点
▣ 大城市（州中心）

→ 紧凑社区的重新安置

林区

区域名称

▭ 国界
▭ 州边界
　 地区边界

Belarus：白俄罗斯　Slavutich：斯拉夫提奇　Pripyat：普里皮亚季
Shepelychi：谢佩利基　Polisske：波利斯基　Kopachi：科帕奇
Chernihiv：切尔尼希夫　Narodychi：纳罗德基　Zhovtneye：兹霍夫特内伊
Rozhsokha：罗兹索卡　Terekhy：特雷基　Strakholissya：斯特拉斯堡
Ilovnytsya：伊洛夫尼西亚　Makariv：马卡里夫　Kolonshchyna：科隆希纳
Kiev (Kyiv)：基辅　Zhurivka：兹胡里夫卡　Zhytomyr：日托米尔
Pashkivka：帕什基夫卡　Novosilky：诺沃斯基　NoviOpachichi：诺维奥帕奇
Yablunivka：亚布利夫卡　Chornohorodka：邱诺霍罗德　Mazinky：马辛基
Sosnivka：索斯尼夫卡　Yaroshivka：雅罗夫卡　Dorohynka：多罗辛卡

图 11.1　乌克兰的研究区域（作者：Cholii, Karácsonyi；制图：Karácsonyi，见彩图）

果的资金供应。估测出的代价是巨大的，超过了苏联自 20 世纪 50 年代建立以来整个民用核能工业的经济效益（Bekar, 2014；Prister et al., 2013）。一方面，作为世界历史上最大的灾难之一，公开性（开放、透明）[①]的兴起揭示了这场灾难更现实、更完整的图景。另一方面，随着时间的推移，不断变化的社会、政治和经济环境也逐渐影

---

　　① 公开性是苏联在 1985—1991 年的一项国家主导政策，旨在逐步实现社会民主化。它的主要原则是逐步取消对公民基本民主权利的限制，如言论自由、集会自由、意识自由，同时取消审查制度，并在苏联组织第一次（部分）民主选举（1989 年）。

响到恢复进程中的社区参与,受影响的人越来越多地参与进来。

## 11.4.1 切尔诺贝利疏散和安置措施概述

位于莫斯科的苏联中央政府把彻底清理切尔诺贝利灾难的后果作为恢复工作的主要目标(Leukhina,2010;Vendland,2011)。与此同时,恢复工作的责任往往被强加给基辅的地方当局。地方当局之间缓解措施的协调是一项政治挑战。根据一般统计数据(基于2004年灾害18周年发布的一份文件集,以下简称"18周年",18th anniversary of Chernobyl disaster,2004),约16.4万人从受污染地区被转移安置到全国各地的204个安置点,在那里建造了29000多个居住单元。

切尔诺贝利灾害造成转移安置的一个重要特点是,大多数受影响的人口生活在农村地区(从普里皮亚季镇疏散的人口除外,见图11.1)。许多人被安置在农村社区,如基辅地区的朱日夫卡区,专门接待来自同一村庄的被疏散人群。他们中的许多人遭受了社区分裂、缺乏就业机会和难以适应新地方环境的痛苦。这些新的定居点利用邻近现有城镇和村庄的可用土地建立,有时距离易受灾害地区数百公里。这些地方的新环境使得新移民难以融入现有的当地社区。大多数转移安置措施都是根据苏联实行指令性经济的紧凑时间表仓促完成的,以便在有挑战的形势下推进。然而,苏联的经济危机和政治崩溃以及灾害的负面后果(辐射风险、巨大的重建成本、大量人口的重新安置)造成了重大延误。这些延误延长了清理和恢复的时间,最终耗费了数十年之久。

## 11.4.2 疏散和重新安置阶段

转移安置的过程分为三个阶段(The Human Consequences,2002)。首先是1986年4—5月的紧急疏散(立即转移阶段)。被疏散的人居住在辐射水平最高的地区,大多位于禁区(分区见第2章)。基辅及其周边地区为这些人安排了替代居住区(Belyakov,2003)。被疏散者通常会得到已经有人居住的公寓,与其他家庭合住一段时间①。一些工业地产也变成了短期居住设施。

虽然疏散令是在爆炸后24小时内发出的,但只有普里皮亚季镇(核电站工人居住的城市)迅速做出了反应(1986年4月27日)。位于禁区的村庄后来才被疏散(例如,5月2—3日的塞米霍迪、谢贝利奇和科帕奇),由于决策失误和政治原因(为了避免恐慌和掩盖灾难的真实程度),其居民暴露在高水平的辐射之下。被疏散的人收拾和携带必要物品的时间非常有限,都是被强行撤离的。除了禁区(辐射半径在10 km范围内)外,还对距离较远但辐射水平被评估为危险的其他地区发布了强制疏散令。这

---

① 公寓由苏联或市议会所有,出租给家庭或个人。并不是因为紧急情况才让更多的家庭共同住在一个公寓或者独立式住宅里。1917年,布尔什维克为克服住房短缺引入了公共公寓,即所谓的kommunalka(一户一室,共用厨房和浴室)。这在20世纪80年代末的苏联大都市仍然很常见。

些地区包括 5 月 6 日被疏散的切尔诺贝利镇(Belyakov,2003;Prister et al.,2013)。

及时疏散 30 km 区域内的全部人口是一项挑战,因为涉及的面积和人口非常大(详见第 2 章)。这导致了延误,并可能推动后来的政治决定,即把那些辐射水平不太严重的地区转移安置的疏散人员送回家。

居住在 30 km 区域内的儿童和他们的母亲被临时从居住地疏散。体检后,他们被送往远离污染区的医院或疗养院,并在这些地方待了三个月(直到 1986 年夏末)。相比之下,受污染地区的大多数男性留在家里继续农业工作或在当地集体农场(kolkhoz)照看牲畜。这可能导致了事故发生之后十年里男性人口的高死亡率。这种男性受害的情况是由当局为了避免恐慌和放弃当地农业生产而发布的命令造成的。由于仍然处于苏联的指令性经济之下,担心这种混杂着恐慌的紧急情况有可能动摇苏联体系(Ioffe,2007;Romashko,2016),政府当局显然想不惜任何代价避免破坏。

政府当局认识到被疏散者可能永远无法返回家园之后,开始第二阶段的疏散,即立即重新安置(1986—1987 年)。从强制安置区(30 km 区域内)搬迁的准备从 1986 年 5 月开始,包括调查为撤离者提供住房的建筑地点、规划不同类型的建筑、估计所需的房屋数量,以及规划建筑工程。施工必须在很短的时间内完成。例如,在基辅地区的 Kolonshchyna 和 Novi Opachichi 村,只给了三个月的时间来建造转移安置的住房。这使得有些人被安置在没有修好的建筑物中,两到三个家庭挤在一个房子里;有些人在附近的村庄里等待,直到建筑工程完工(但不一定能完工)。1987 年初,国家花了大约一年时间解决这些问题。

大多数情况下,在立即转移安置阶段,整个社区被重新安置,不会破坏现有的当地社交联系。这一阶段新建的定居点通常规模很大,每个住宅区都有一百或更多的房屋。第一和第二阶段的转移安置发生在 1986 年 4 月至 1987 年底的短暂时期,大约 9 万名居民参与了乌克兰境内的迁移和随后的转移安置。

第三阶段是有组织的重新安置(1988—2002 年),旨在转移安置居住在有保障的自愿转移安置区(30 km 区域外)的人。与 1986—1987 年强制安置的迅速实施形成鲜明对比的是,对政府是否应该将重新安置的工作扩大到 30 km 以外存在争议(Tykhyi,1998;Malko,1998)。这一转移安置阶段花了很长时间,在灾难发生后的十年里,受污染地区的当地人口暴露在辐射之下。这种拖延的主要原因是苏联解体的深刻危机和后苏联转型期间新出现的独立国家(如乌克兰)的经济问题。

有组织的重新安置阶段由两个子阶段组成。这两个子阶段由政府法规定义,即所谓的切尔诺贝利建设项目。第一个子阶段以 1989 年 12 月 30 日开始的第 333 号政府法规(1989 年)为基础。它包括建造 2318 栋房屋、18 栋公寓楼(共 1052 套公寓)、17 所幼儿园、11 所学校和 210 km 长的天然气管道。这些工程预计为从日托米尔州的纳罗季区和基辅区的波利斯基区搬迁来的 3370 个家庭服务。第二个子阶段以 1990 年 8 月 23 日开始的第 228 号(1990)法规为基础。它为有保障自愿安置区的另外 14700 个家庭建造居住区。乌克兰有组织的转移安置阶段一直持续到 21 世纪初,当时政府停止建设重新安置区,而是为那些受到灾害影响但没有得到政府援助的人提供额外的补偿资金(Baranovska,2011;Nr. 333,1989;Nr. 228,1990)。

这些转移安置过程使老年人能够返回家园(Davies et al.,2015)。他们常常被称为自我定居者,即使在禁区内,他们仍然生活在自己的家乡。其他居民反复经历了多次搬迁和转移安置[①]。

许多在基辅等大城市公寓楼重新定居的人也与他们原来的社区分离了(Nr. 333,1989;Nr. 228,1990)。许多受访者表示,在有组织的转移安置阶段,他们的社区往往在转移安置过程中被分裂和/或撤销。尽管政府试图将社区作为一个整体重新安置,但每个社区往往因为人口规模很大,而被分成两个或更多的社区(The Human Consequences,2002)。在疏散和立即转移安置阶段搬迁了九万多名居民后,政府不可能继续为每个社区调整安置土地以适应其庞大的人口。在其他情况下,来自不同社区的人被转移到一个新的定居点并混合在一起。这些新定居者在日常生活的各个方面都经历了挑战。例如,在诺沃丝卡,一个家庭搬迁至一个新的定居点,与来自不同地区的其他被疏散者一起生活,除了悲剧事件发生后在全新的环境中定居带来的心理问题之外,他们还面临额外的社交问题。

## 11.4.3 政治结构变化背景下的转移安置和社区

苏联后期社会与政府的关系也影响了重新安置过程。所谓的改革,是苏联戈尔巴乔夫时期的一系列民主化进程,与灾后重新安置进程同步快速推进。民主化的兴起可能削弱了苏联当局的政治影响力(Lane,1992;Pickett,2016;Plokhy,2014)。在第三个有组织的转移安置阶段,越来越多的私人和社区倡议在政府的监督下建立起来,私营企业参与了与政府转移安置相关的建设工作。这种情况与搬迁的前两个阶段形成鲜明对比:疏散和紧急转移安置阶段。

然而,这个民主阶段仍然受到一些矛盾的影响。虽然苏联逐渐将民主思想纳入其治理,但其公民的民主权利,如行动自由,仍然有限(Marples,1988)。例如,虽然许多转移安置的居民参与了地方治理活动,如派代表参加他们的议会,但中央集权化的政治系统严格限制了这些议会的决策权。这些地方议会只被允许处理地方问题,在 20 世纪 80 年代末,更高层次的政治仍然没有民主化。尽管几乎所有受访者都承认他们的新地方政府(村或集体农场管理机构)给予了高度支持,如整合

---

① 例如,一个来自 T 村的家庭首先在位于 30 km 区域之外邻近的 S 村重新定居。过了一阵,这家人回到了他们原来在 T 村的家。下一次重新安置是在 1986 年夏末进行的,当时 T 村和 S 村的所有居民都被转移到基辅地区 F 区建造的新住宅区。但是,这个家庭和其他几个家庭在 1986 年底回到了 T 村。从 1986 年到 1991 年,这些家庭中的许多人试图说服基辅和莫斯科的政府让他们留在 T 村,但他们(包括这个家庭)都被强行转移到基辅地区马卡里夫区的不同地点。

从不同地区转移过来的转移安置人员,但新定居者无权直接影响拥有统治权力的国家。

社区也因围绕安置的个人和集体倡议兴起而分裂。有保障的自愿安置区的居民继续讨论他们的转移安置及方案。由于大量人口的反复搬迁和重新安置变得越来越具有挑战性,国家积极投资(再)发展有保障的自愿重新安置区的基础设施和服务,希望许多当地人选择留在他们原来的地区(Nr. 315,1989;Nr. 1006-286,1986)。这通常会将当地社区分割成两个部分——希望留下的保守组(年长一代)和相反的希望离开组。希望离开的组通常由年轻人和/或有小孩的家庭组成,因为他们担心辐射会影响健康(The Human Consequences,2002)[①]。社区通常会被告知有保障的自愿安置区的辐射水平,这也引发了对转移安置的争论或反对。国家为大多数积极的人群,尤其是有孕妇和小孩的家庭,提供了尽快转移安置的选择,但是这一支持并非始终一致(Nr. 115,1990;Nr. 886,1989)。这些争论结束于 1989—1990 年,政府最终决定从强制安置区和有保障的自愿安置区疏散所有人。

## 11.5 福岛的恢复——不确定性下的社区解体

本书第二章讨论了 2011 年 3 月 11 日日本东北地区太平洋海岸发生 9.0 级地震后,因福岛第一核电站核事故而流离失所的疏散人员社区的过渡和形成。根据福岛县的网站(Fukushima Prefecture,2013),该地大约疏散 154000 人,其中 109000 人在 2013 年 2 月 19 日前被强制疏散。截至 2017 年 1 月,福岛县大约疏散 810000 人(Fukushima Prefecture,2017)。

本节我们详细介绍与搬迁或重新安置过程给受灾人群日常生活带来影响的相关访谈和文件分析结果,对来自福岛县浪江町、奈良、富冈町以及磐城市(图 11.2)的社区成员和利益相关者进行半结构化访谈。每一个半结构化访谈均侧重于灾害及其恢复过程。浪江町和奈良在位置和大小上完全不同,但是均收到疏散的指示(2017 年 3 月和 4 月部分被取消),都有地方在 5 年内不适合居民返回居住[②](Cabinet Office,2013)。2015 年 9 月,奈良镇解除了疏散令。磐城市没有发布疏散令,但沿海地区遭受严重的海啸破坏,接收了从其他城镇涌入的疏散人员。

---

① 这里有一个 Zhovtneve 地区的典型例子,该地区位于半径 30 km 区域之外,该地区被转移安置分成几个部分,1990—1991 年被转移安置到不同的地方,主要是基辅地区的马卡里夫区和主要的人口聚集区,几年后被转移安置到基辅地区 Pereyaslav 区的 Mazinky 村。它展示了这样一种情况,即倡议团体被排除在社区之外并被分散,而社区的主要部分后来被转移安置,这种情况在转移安置后部分破坏了社区的团结。

② 疏散令下的区域被分为三个区:难以返回区的年综合剂量超过 50 mSv,居民至少五年内不能返回居住;限制居住区的辐射水平在 20～50 mSv,白天且不过夜的商业活动通常是允许的;疏散取消准备区的辐射水平低于 20 mSv,这些区域已经随着净化结果被重新塑造(见 https://www.pref.fukushima.lg.jp/site/portal-english/en03-08.html)。

辐射水平

⬛ 超过1 μSv/h (2011.05.25)
▢ 疏散区

☆ 福岛第一核电站的位置

▢ 县边界
市界

*Soma* 所选城市名

选定的定居点（研究区）

● 疏散安置点/社区

● 社区的新位置

▪ 大城市（县中心）

海拔

0 100 300 500 700 900 1000 2000 m

Sendai：仙台市　Iwanuma：岩沼市　Shiroishi：白石市　Yonezawa：米泽市
Fukushima：福岛市　Oguni：小国町　Date：伊达　Kitakata：喜多方市
Nihonmatsu：野村市　Kawamata：川俣町　Soma：相马市
Minamisoma：南相马市　Namie：浪江町　Tomioka：富冈町　Naraha：奈良
Tamura：田村　Aizuwakatatsu：会津若松　Sukagawa：须贺川　Koriyama：郡川市
Shirakawa：白川市　Iwaki：磐城市　Otawara：大田原市　Kitaibaraki：北茨城市
Tochigi：栃木县　Utsunomiya：宇都宫　Ibaraki：茨城县

图11.2　日本的研究区域（制图：Karácsonyi，见彩图）

## 11.5.1　灾后第一年居民群体的形成

在日本，邻里委员会被称为jichikai，是一种自组织的团体，得到地方政府的正式认可，并为居住在各自社区中的居民发挥游说作用。被疏散者在他们安置的每一个临时住房单位(日本 kasetsu)也组建了邻里委员会,以便所在单元的居民和当地政府之间联络。一些受访者强调,与个人意见相比,这些自下而上的组织团体在与当局谈判和合作时更有效。例如,一名临时住房委员会领导人表示,他于 2011 年 7 月正式成立了被疏散者委员会,这是第一批来自浪江町的正式被疏散者。他回顾,关于临时住房条件的请求在他以个人身份提出时被当地政府拒绝,但在疏散者委员会成立后,大多都得到解决。官方邻里居委会的地位提高了居民集体意见的有效性,让地方政府认识到,提出的问题更多的是社区层面而不是个人产生的。

2011 年 7 月,从奈良疏散的人员获得了临时住房。然而,一些最初临时住房单元中的奈良被疏散者没有建立邻里委员会,因为建立邻里委员会的决定权在于居民。最终,当镇办公室和居民都认识到官方联络的必要性时,每个住宅区都成立了被疏散者委员会。在富冈市,镇政府最大限度地利用与居民之间的已有联系,建立了临时住房疏散委员会,并在疏散初期与当地领导人进行了磋商。因此,在富冈(2011 年 5 月——灾难后仅两个月)建立这样的委员会比在奈良要快,根源在于被疏散者委员会建立过程中分散的富冈居民发挥了主导作用。在任何情况下,被疏散者员委员会都会预先处理来自政府和居民的请求和通知,尽管它们的工作重点主要是与居民集体打交道,而不是个人。从 2012 年 10 月开始,被疏散者委员会的镇办公场所投入使用,帮助这些委员会迅速和成功地启用。

被疏散者委员会的架构也有利于居住在临时住房单元之外的人,包括住在当地政府补贴出租房的被疏散者(日本的 kariage)①。在一系列的临时住房委员会组建之后,奈良也在不同地方建立了自己的被疏散者委员会。许多受访者强调,照料居住在临时住房单元之外的被疏散者与住在其中的一样重要。这是因为,通常住在临时住房之外的人,由于他们不太显眼,因此比住在其中的人受到的关注更少。临时住房单元在物理上是可见的,并可被识别为居住群(见第 2 章图 2.4),但是政府补贴出租房(kariage)在地理上融入了东道社区。从奈良和富冈撤离的公共住房人员的情况与浪江町撤离人员的情况相似。住在政府补贴出租房里的撤离人群得到了一些服务,如城镇杂志、可租用的平板电脑,以及社会福利委员会工作人员的定期探访以保持基本的交流。

浪江町社会福利理事会的工作人员指出,向分散在补贴出租房中的疏散人员平等、及时地分享信息是一项挑战。由于这些被疏散者突然面临陌生环境,他们往往变得不愿意出去,最终变得与外界隔绝。据浪江町公民领导的支持团体 Shinmachi-Namie 称,这些被疏散者几乎没有机会与其他浪江町居民聚集或互动,分享他们的感受和经历。在临时安置的早期阶段,这是浪江町社区面临的主要挑战之一。

保持疏散人员之间更广泛的联系也是一个重要问题,因为一些居民不仅疏散到福岛地区,还疏散到日本全境和其他地方。Shinmachi-Namie 是由当地浪江町商人

---

①　kariage 住房是指一个租赁的公寓,无论是商业地产还是公共住房,当地政府都会向租户补贴租金。

协会的一些成员建立的。据 Shinmachi-Namie 的一名主要工作人员称,该组织采用非营利的形式,以最大限度地增加恢复方面的社会和财务机会,如拨款申请。该组织举办了疏散人员网络活动,并支持为居住在二本松市、郡山市和须贺川市补贴租赁住房中的人建立疏散人员委员会和以社区为基础的浪江町恢复委员会。

## 11.5.2 灾后恢复第二年和第三年的新兴社区和问题

许多住在临时住房单元的受访者非常重视对新社区的归属感。这些新兴社区是他们从一个地方到另一个地方多次转移后,可以一起生活的地方。虽然这种社区意识有所发展,疏散人员的日常生活似乎没有疏散初期那么混乱,但各种变化还是在不断扩大个人和社区之间的差距。

浪江町社区社会福利理事会成员关注到,有些住在临时住房单元的居民,尤其是最脆弱的居民,感到被落下了。当临时住房关闭后,他们通常没有可去的地方,而其他人开始逐渐从这些地方搬迁出去。除此之外,新町-浪江町的工作人员警告说,这并不意味着那些从住宅区迁出的人已经恢复,因为迁出只是他们在恢复过程中需经历的几个阶段之一。疏散人员对接受外部支持的看法也各不相同。2012 年在奈良和富冈的采访中,疏散人员委员会领导经常关注管理他们的自力更生能力,展望他们从临时住房搬出后的未来生活。然而,有些其他临时住房居民要求更多的外部支持。这表明,现阶段居民对自己未来生活的看法已经有所不同。

浪江町社会福利委员会的工作人员通过长期的定期访问与许多疏散人员建立了信任关系,但也发现疏散人员的一些要求变得过于依赖外部支持。例如,一些家庭成员拒绝照顾年迈的父母。因为担心康复问题带来的过度压力,他们可能会对父母过于不耐烦和咄咄逼人。这些问题以前是在当地社区内部解决的,但以前的社区已经消失了。因此,他们在地方微观尺度上的相互支持没有以前那样有效。

当然,一些居民在灾害前后都保留了社区意识。他们经常保持社区内的联系,在灾后定期举行会议和活动。这似乎在一定程度上缓解了居民对长时间疏散的不确定感。有些被疏散者委员会与他们所在社区发展了友谊,共同组织社交活动、庆祝节日。基于这一发展,在被疏散者和所在社区之间建立了新的邻里关系。其他被疏散人员委员会,如浪江町 So-So Jichikai 参与并促进了当地的清洁活动,Aizu-Miyasato Jichikai 参与了当地的体育赛事,Sasaya-Tobu Jichikai 和东道社区的福岛 Kita-Nakajo Jichikai 联合举办了定期社交活动。

总的来说,有些被疏散者委员会与所在社区保持定期会议和集会。Tanaka 等 (2013)指出,尽管当地社区依然存在,但福岛已经没有了。这意味着,尽管社区存在于当地人民的灾后生活中,但在他们的社区生活中灾前人们个性化的生活方式持续减少。

关于开展更广泛的疏散人员联系工作方面,以公民为基础的新町-浪江町非营利组织进一步扩大了与其他支持团体(如学界和企业)的项目。例如,非营利组织和东京早稻田大学的研究小组联合推出了一个半公共交通系统,利用外部企业资助的大型客车为福岛县及其他地区的浪江町疏散人员提供服务。

与此同时,由于恢复的长期不确定性,非营利组织在维持组织方面开始遇到新的困难。2013—2015 年,非营利组织人数从 10 人降至 3 人。一些成员指出,一个主要原因是由于生活环境不稳定,许多被疏散者无法在一个地区安顿下来为非营利组织工作。由于该组织的是非营利的,往往无法获得人员费用预算,长时间不确定的疏散阻碍了他们的工作开展。因此,即使该组织赢得了有价值的项目资助,由于人员短缺,他们通常也无法开展这些项目。

### 11.5.3　差距越来越大的回归或者不回归——灾后四年及以后

尽管重建工作取得了进展,解除疏散令也开始生效(至少在政治上),但恢复过程中的不稳定局势进一步显现。此外,当局、支持团体和居民之间开始出现严重缺乏信息共享、恢复项目和目标的影响。政治上的不确定性使局势更加复杂。

在浪江町案例中,政府与其管辖范围内的居民在对未来的认识和期望方面出现了很大的分歧。一般来说,两个半永久居住的主要想法已经同时被公开讨论并分享:①集体定居在受灾害影响的城镇之外,并在那里重建被疏散者的日常生活;②在灾区内外修建公共公寓供人员返回(Namie Town,2012)。然而,2015 年,中央政府(和地方政府)几乎只关注后一种"回归"的想法,地方政府也紧随其后,尽管这种重心转移的想法没有明确宣布。浪江町和富冈分别于 2017 年 3 月 31 日和 4 月 1 日解除了疏散令(难以返回区除外)(Namie Town,2017;Tomioka Town,2017)。

这种重心的转移也体现在浪江町办公室对住宅开发的反应上。据一名接受采访的浪江町官员称,镇办公室批准浪江町居民搬进由郡山和福岛提供的公共灾害住房。在同一地点也有扩建计划,建造更多的公共灾害住房。然而,浪江町办公室没有批准另一个广泛的住宅开发计划。这是一个非政府项目,但得到了福岛办公室的批准。造成浪江町办事处决策差异的可能原因是项目的驱动因素(是否为政府主导)、项目的规模(郡山约 20 间房屋,福岛 400 个街区)以及他们正在处理的项目(公共住房或地块)。这似乎与政府目前强制要求浪江町居民返回的意图有关。

关于居民对返回或不返回的看法,一名新町-浪江町非营利组织的成员指出,2015 年,近期 80% 的政府调查受访者表示,出于安全和社会服务等各种原因,他们或将不能很快返回(Reconstruction Authority et al.,2016)。然而,另一名官员在采访中对这一调查结果有不同的解释:80% 的不回归者不一定意味着放弃该地。该官员还解释说,在其他城镇建设浪江町社区将有几个困难,如税收、公共服务和设施使用。

富冈疏散令(除了难以返回区)于 2017 年 3—4 月取消,为返回疏散人员建造公共住房;医疗和商业设施等基础设施正在重新开发。然而,与浪江町类似,许多居民已经在城外获得了他们的房子,因此,很难期望高返回率。

2015 年 9 月 5 日,奈良解除了全镇疏散令。然而,截至 2016 年 9 月,居民返回率不到灾前人口的 10%。返回率如此之低的一个潜在原因是,在奈良没有指定任何难以返回区(不像浪江町和富冈)。由于没有难以返回区,奈良居民没有资格获得位于城外的灾害公共住房,而公用事业和基本服务没有得到充分组织开展。与此同时,该镇约 80% 的人口疏散到附近的磐城市,他们通常生活在磐城市,并没有太多不便。这些因素可能促使奈良居民倾向他们在城外的单独保障住房,从而导致了低返回率(Fukushima Minpo,2016)。

住在补贴出租房的被疏散者也开始接受现实,并试图找到应对当前居住地挑战的方法,尽管他们经常面临在所在社区生活和与当地人相处的困难。例如,据报道,当地人就日常问题(如管理生活垃圾倾倒场)批评浪江町疏散人员。被疏散者委员会的一名领导人在他们的定期社交场合与其他被疏散人员探讨了如何更好地应对这种情况,以便被疏散人员和所在社区能够维持和改善他们的生活,而不是相互之间产生冲突。媒体报道称,日本各地欺负和歧视福岛被疏散人员的案件越来越多(Japan Times,2017;Asahi Shimbun,2017)。

受访者表示,时间的推进和互动的进步带来了更好的相互理解,磐城市疏散人员和所在社区之间的冲突关系正在得到缓和。这种缓和也是因为该市认识到因灾后恢复人口减少的重要挑战。在 2011 年海啸造成的严重影响下,磐城市失去了大量沿海人口,类似东北地区北部的宫城县和岩手县的沿海地区。

在探索与疏散人员的联系时,有些受访者(主要是居民)表达了他们的困境:他们想返回,但他们知道这实际上几乎是不可能的。主要是因为那里没有他们已经习惯的日常社区生活环境。此外,有些人说,那些决心返回的人经常在某些时候改变主意,因为疏散持续得太久了。他们无法决定,因为他们不知道何时或者是否能回来。他们经常忍不住想起来,因为没有明确的答案而变得沮丧。

一名浪江町受访者表示,她因为实际上不能回来而感到内疚。另一名受访者认为,不确定性是浪江町恢复最困难的问题,因为当地人民的恢复和生活重建受到他们无法控制因素的严重和反复影响。其中包括给浪江町带来辐射的环境条件,以及当时当局的决定和意图。他们的信息往往没有明确公布给公众,或与公众分享,最重要的是与当地居民分享。

在 2015 年 9 月解除全镇疏散令的奈良,受访者的态度大致分为三类:①返回;②不返回;③没有返回的方式。"不返回"组通常已经在镇外买了房子,比如磐城市,并为他们的日常生活打下了基础,包括解决了学校和工作。"没有返回的方式"的群体包括那些赔偿款用完的人,他们只希望奈良的公共灾害房屋可以使用(见第 11.4.2 节)。只要有应急住房,这群人可能会留在那里,但之后可能会成为一个社会问题。考虑到本节中的这些情况,解除疏散令也可能是一个诱因,将居民分成更多不同的群体,扩大了他们之间的差距。

# 11.6 差异、共性和教训

我们的两个案例研究表明了社会政治制度、财政能力、大规模迁移和不确定性的重要性，它们在灾后时期以不同而又相似的方式影响着当地社区。

切尔诺贝利和福岛灾难事件恢复期间的政治框架非常不同。切尔诺贝利灾难发生在苏联的共产主义制度下，该制度在灾后早期迅速崩溃并转向民主方向。尽管民主变革迅速，但共产主义政治制度避免或大大限制了受灾公民为其恢复和重新安置搬迁进程做出贡献的机会。相比之下，福岛灾难及其恢复和搬迁进程得到了日本政府持续不断的系统回应。与苏联相比，日本政府总体上是民主和相对稳定的，至少为福岛事故中受影响的公民提供了积极参与恢复进程的权利。

在这两种情况下，政府的财政能力也各不相同。由于苏联经济衰退和新国家能力的下降，随着时间的推移，大规模的搬迁和恢复工作越来越受到财政限制。日本经济也无法应对如此大规模的损失。该国的经济已经停滞了 20 年。然而，稳定的政治制度使日本能够维持其提供资金支持和重建的能力。

尽管政治-社会体系和财政能力存在这些差异，但没有聚焦当地社区的政府和政治反应产生，以及扩大的压倒性不确定性进一步影响了受灾公民的生活。苏联在政策制定、预算可得性和搬迁实施方面的不平等受到民主化进程的影响。这些进程摧毁了灾前当地社区，并继续限制新兴社区。缺乏远见也加剧了受灾害影响的福岛当地居民日常生活和生活规划的困难，将最弱势群体推向了更加脆弱的境地。不确定性阻碍了各利益攸关方的分享愿景和努力，他们之间的不理解又增加了不确定性，从而形成了恶性循环。

这种不确定性因其他因素而变得更加复杂。比如突发的大规模搬迁和重新安置的困难。尽管最初在不破坏社区结构的情况下迅速搬迁和重新安置了约九万名公民，但由于可用土地和资源的减少，切尔诺贝利事件的主管部门无法继续提供同等水平的服务，这可能也受到了剧烈的政治变化的影响。福岛，尤其是浪江町，也在有限的土地和住房中挣扎，不得不利用分散的临时避难所，如学校体育馆和汽车旅馆，同时容纳数十万疏散人员。这意味着被疏散者将继续流动，直到临时住房和公共住房安排到位，并造成某些社区房价飙升、土地供应减少以及公共资源和服务紧张。另一个例子是缺乏对辐射威胁真实情况的了解，使得切尔诺贝利当局让公民暴露在高水平辐射下。在福岛，虽然利益攸关方更加了解辐射的测量和潜在风险，但对辐射的基本知识缺乏，如长期存在和影响健康，持续困扰着疏散人员的决策。

不确定性通常被认为是两次核灾难后地方规模恢复的主要挑战。尤其是大规模受影响地区和人口，以及辐射影响的几个未知和未解决的方面大大增加了不确定性，例如无法在现场或附近停留和工作，净化工作的各种影响，需要大量的人力、财力和土地资源。为了避免加剧受灾害影响公民的不确定性和相关的社会损害,在灾害管理过程中以受影响的公民为中心是非常重要的。这些案例研究说明了所有利益攸关方围绕受灾害影响的公民分享想法、提出问题、选择和限制的重要性,使恢复进程和成果帮助社区成员了解他们的社区生活,减少脆弱性,并提高个人和社区层面的韧性。

## 参考文献

18th anniversary of Chernobyl disaster,2004. 18 richnytsya Chornobyl's'koyi katastrofy,Pohlyad u maybutnye(18th anniversary of the Chornobyl disaster. Looking to the future)[R]. Verkhovna rada Ukrayiny,Parliamentary Publishing House,Kiev.

AGUIRRE B E,1994. Planning,warning,evacuation,and search and rescue:a review of the social science research literature[R]. Hazard Reduction Recovery Center.

AHRENS J,RUDOLPH P M,2006. The importance of governance in risk reduction and disaster management[J]. Journal of Contingencies and Crisis Management,14:207-220.

Asahi Shinbun,2017. Bullying against evacuees of nuclear accident[N/OL]. Asahi Shimbun. [2017-03-18]. https://www.asahi.com/articles/ASK385TZVK38ULOB01M.html(Japanese).

BARANOVSKA N,2011. Chornobyl's'ka trahediya,Narysy z istoriyi(Chornobyl tragedy,essays on history)[R]. Institute of Ukrainian History,Kiev.

BEKAR A,2014. State failure:environmental crisis of the Chernobyl accident,its political repercussions and its impacts on the Soviet Collapse[EB/OL]. [2016-01-10]. https://academia.eu.

BELYAKOV S,2003. Lykvydator[EB/OL]. [2016-12-03]. https://lib.ru/MEMUARY/CHERNOBYL/belyakow.txt.

BERKE P R,KARTEZ J,WENGER D,1993. Recovery after disaster:achieving sustainable development,mitigation and equity[J]. Disasters,17:93-109.

BIRD D K,GISLADOTTIR G,DOMINEY-HOWES D,2009. Resident perception of volcanic hazards and evacuation procedures[J]. Nat Hazards Earth Syst Sci,9:251-266.

BIRD D K,GISLADOTTIR G,DOMINEY-HOWES D,2011. Different communities,different perspectives:issues affecting residents' response to a volcanic eruption in southern Iceland[J]. Bulletin of Volcanology,73:1209-1227.

Cabinet Office(of Japan),2013. Regarding the difficult-to-return zone[EB/OL]. [2016-12-03]. https://www.mext.go.jp/b_menu/shingi/chousa/kaihatu/016/shiryo/__icsFiles/afieldfile/2013/10/02/1340046_4_2.pdf(Japanese).

CANNON T,2015. Disasters,climate change and the significance of 'culture'[M]//KRÜGER F,BANKOFF G,CANNON T,et al. Cultures and disasters. London,New York:Routledge.

DAVIDSON C H,JOHNSON C,LIZARRALDE G,et al,2007. Truths and myths about community participation in post-disaster housing projects[J]. Habitat International,31:100-115.

DAVIES T H,POLESE A,2015. Informality and survival in Ukraine's nuclear landscape:living with the risks of Chernobyl[J]. Journal of Eurasian Studies,6:34-45.

Fukushima Minpo,2016. Affected by the rules[EB/OL]. Fukushima Minpo. [2016-03-15]. https://
www. minpo. jp/pub/topics/jishin2011/2016/03/post_13473. html(Japanese).

Fukushima Prefecture,2013. Records and recovery progress of the great East Japan earthquake[EB/
OL]. [2016-03-15]. https://www. pref. fukushima. lg. jp/sec_file/koho/e-book/HTML5/pc. ht-
ml#/page/130(Japanese).

Fukushima Prefecture,2017. Situation of the areas under evacuation order,and support for evacuees
[EB/OL]. [2019-12-02]. https://www. pref. fukushima. lg. jp/site/portal/list271. html (Japa-
nese).

GAILLARD J C,2008. Differentiated adjustment to the 1991 Mt Pinatubo resettlement program a-
mong lowland ethnic groups of the Philippines[J]. Australian Journal of Emergency Manage-
ment, 23: 31-39.

HAALBOOM B,NATCHER D C,2012. The power and peril of "vulnerability": approaching com-
munity labels with caution in climate change research[J]. Arctic, 65: 319-327.

HAYASHI H,2007. Long-term recovery from recent disasters in Japan and the United States[J].
Journal of Disaster Research, 2: 413-418.

HAYNES K,BARCLAY J,PIDGEON N,2008. The issue of trust and its influence on risk commu-
nication during a volcanic crisis[J]. Bulletin of Volcanology, 70: 605-621.

HOWITT R,HAVNEN O,VELAND S,2012. Natural and unnatural disasters: responding with re-
spect for indigenous rights and knowledges[J]. Geographical Research, 50: 47-59.

INGRAM J,FRANCO C,RUMBAITIS-DEL RIO G,et al,2006. Post-disaster recovery dilemmas:
challenges in balancing short-term and long-term needs for vulnerability reduction[J]. Environ-
mental Science and Policy,9: 607-613.

IOFFE G,2007. Belarus and Chernobyl: separating seeds from chaff[J]. Post-Soviet Affairs,23(2):
1-14.

Japan Times,2017. Six years on,Fukushima child evacuees face menace of schoolbullies[N/OL]. [2019-
12-02]. Japan Times, https://www. japantimes. co. jp/news/2017/03/10/national/social-issues/six-
years-fukushima-child-evacuees-face-menace-school-bullies/#. WOW2EEaGNhE(Japanese).

JOSEPHSON P,2010. War on nature as part of the cold war: the strategic and ideological roots of
environmental degradation in the Soviet Union[M]//MCNEIL J,UNGER C. Environmental his-
tories of the cold war. Washington: Cambridge University Press.

LANE D,1992. Soviet society under perestroika[M]. London,New York:Routledge.

LEUKHINA A,2010. Ukrainian environmental NGOs after chernobyl catastrophe: trends and is-
sues[J]. International Journal of Politics and Good Governance,1: 1-13.

MALKO M V,1998. Social aspects of the chernobyl activity in Belarus-research activities about the
radiological consequences of the Chernobyl NPS accident and social activities to assist the suffer-
ers by the accident[EB/OL]. [2019-12-02]. https://www. rri. kyoto-u. ac. jp/NSRG/reports/
kr21/kr21pdf/Malko3. pdf.

MANYENA S B,2006. The concept of resilience revisited[J]. Disasters, 30: 434-450.

MARPLES D R,1988. The social impact of the Chernobyl disaster[M]. Houndmills,Basingstoke,

Hampshire and London: Macmillan press.

MCENTIRE D A,FULLER C,JOHNSTON C W,et al,2002. A comparison of disaster paradigms: the search for a holistic policy guide[J]. Public Administration Review, 62: 267-281.

Namie Town,2012. Namie Town recovery plan[R].

Namie Town,2017. Namie Town at a glance[EB/OL]. [2019-12-02]. https://www. town. namie. fukushima. jp/soshiki/2/namie-factsheet. html(Japanese).

NORRIS F H,STEVENS S P,PFEFFERBAUM B,et al,2008. Community resilience as a metaphor,theory,set of capacities,and strategy for disaster readiness[J]. American Journal of Community Psychology, 41: 127-150.

Nr. 1006-286,1986. Resolution of 22 August 1896. Ob uluchshenii material'nogo polozheniya naseleniya,prozhivayushchego v naselennykh punktakh s ogranicheniyem potrebleniya sel'skokhozyaystvennoy produktsii mestnogo proizvodstva v svyazi s avariyey na Chernobyl'skoy AES(On improving the financial situation of the population living in settlements with limited consumption of locally produced agricultural products in connection with the Chernobyl accident)[R/OL]. [2016-01-10]. https://www. libussr. ru.

Nr. 115,1990. Decision of 21 May 1990. Pro zabezpechennya zhytlom hromadyan,yaki pidlyahayut' dodatkovomu pereselennyu z terytoriy,shcho zaznaly radioaktyvnoho zabrudnennya v rezul'tati avariyi na Chornobyl's'kiy AES(On the provision of housing to citizens subject to additional resettlement from the territories affected by the Chernobyl disaster)[R/OL]. [2016-01-10]. https://zakon. rada. gov. ua.

Nr. 228,1990. Decision of 23 August 1990 Pro orhanizatsiyu vykonannya Postanovy Verkhovnoyi Rady Ukrayins'koyi RSR "Pro nevidkladni zakhody shchodo zakhystu hromadyan Ukrayiny vid naslidkiv Chornobyl's'koyi katastrofy"(On the organization of implementation of the Verkhovna Rada of the Ukrainian SSR "On urgent measures to protect the citizens of Ukraine from the consequences of the Chornobyl disaster")[R/OL]. [2016-01-10]. https://zakon. rada. gov. ua.

Nr. 315,1989. Decision of 14 December 1989. Pro dodatkovi zakhody shchodo posylennya okhorony zdorov'ya ta polipshennya material'noho stanovyshcha naselennya,yake prozhyvaye na terytoriyi, shcho zaznala radioaktyvnoho zabrudnennya v rezul'tati avariyi na Chornobyl's'kiy AES(On additional measures to strengthen health care and improve the financial situation of the population living in the territory,which was the subject of radioactive contamination as a result of the Chernobyl accident. )[R/OL]. [2016-01-10]. https://zakon. rada. gov. ua.

Nr. 333, 1989. Decision of 30 December 1989. Pro pereselennya zhyteliv z naselenykh punktiv Narodyts'koho rayonu Zhytomyrs'koyi oblasti i Polis'koho rayonu Kyyivs'koyi oblasti,a takozh budivnytstvo dlya nykh ob'yektiv sotsial'no-pobutovoho i vyrobnychoho pryznachennya(On the resettlement of residents from the settlements of the Narodychi district of Zhytomyr region and Polissya district of Kiev region,as well as the construction of objects of social,domestic and industrial purpose for them)[R/OL]. [2016-01-10]. https://zakon. rada. gov. ua.

Nr. 886,1989. Resolution of 20 October 1989. O dopolnitel'nykh merakh po usileniyu okhrany zdorov 'ya i uluchsheniyu material'nogo polozheniya naseleniya,prozhivayushchego na territorii,podvergsheysya radioaktivnomu zagryazneniyu v rezul'tate avarii na Chernobyl'skoy AES (On additional measures to strengthen health protection and improve the financial situation of the population living in the territory subjected to radioactive contamination as a result of the Chernobyl accident) [R/OL]. [2016-01-10]. https://www. libussr. ru.

OKADA T, 2017. Acknowledging local sociality in disaster recovery: a longitudinal, qualitative study[D]. Syndey: Macquarie University.

OLIVER-SMITH A, 2013. Catastrophes, mass displacement and population resettlement[M]//BISSEL R. Preparadness and response for catastrophic disasters. Boca Raton, London, New York: CRC Press, Taylor&Francis Group.

PANDEY B, OKAZAKI K, 2005. Community-based disaster management: empowering communities to cope with disaster risks[J]. Regional Development Dialogue, 26.

PATTERSON O, WEIL F, PATEL K, 2010. The Role of community in disaster response: conceptual models[J]. Population Research and Policy Review, 29: 127-141.

PEARCE L, 2003. Disaster management and community planning, and public participation: how to achieve sustainable hazard mitigation[J]. Natural Hazards, 28: 211-228.

PICKETT N R, 2016. The Chornobyl' disaster and the end of the Soviet Union. In krakh radyans'koyi imperiyi: Anatomiya katastrofy. Sotsialistychnyy tabir, SRSR ta postradyans'kyy prostir u druhiy polovyni XX-na pochatku XXI st. (In the collapse of the Soviet Empire: the anatomy of disaster. The socialist camp, the USSR, and the post-Soviet space in the second half of the twentieth-early twentieth centuries)[D]. Gogol, Nizhin, Ukraine: Nizhin State University.

PLOKHY S, 2014. The last empire: the final days of the Soviet Union[M]. New York: Basic Books.

PRISTER B, KLYUCHNIKOV A, SHESTOPALOV V et al, 2013. Problemy bezopasnosti yadernoy energetiki, Uroki Chernobylya (Nuclear safety issues. Chernobyl lessons)[R]. Chernobyl.

Reconstruction Authority, Fukushima Prefecture & Namie Town, 2016. Report of a survey on residents' intention in Namie Town[R].

ROMASHKO E, 2016. Religion and 'radiation culture': spirituality in a post-chernobyl world. material religions[EB/OL]. [2016-04-01]. https://www. materialreligions. blogspot. com. au/2016/05/religionandradiationculture. html.

TANAKA S, HUNABASHI H, MASAMURA T, 2013. True and false in community[R]. The Great Eastern Japan Earthquake and Japanese Sociology.

The Human Consequences, 2002. The human consequences of the Chernobyl nuclear accident-a strategy for recovery[R]. A Report Commissioned by UNDP and UNICEF with the support of UN-OCHA and WHO.

Tomioka Town, 2017. Lifting evacuation orders[EB/OL]. [2019-12-02]. https://www. tomiokatown. jp/living/cat25/2017/03/003374. html(Japanese).

TYKHYI V, 1998. Chernobyl sufferers in Ukraine and their social problems: short outline. research activities about the radiological consequences of the Chernobyl NPS accident and social activities to assist the sufferers by the accident[R/OL]. [2019-12-02]. https://www. rri. kyoto-u. ac. jp/

NSRG/reports/kr21/kr21pdf/Tykhyi. pdf.

USAMAH M,HAYNES K,2012. An examination of the resettlement program at Mayon Volcano: what can we learn for sustainable volcanic risk reduction[J]? Bulletin of Volcanology, 74: 839-859.

VENDLAND A V,2011. Povernennya do Chornobylya. Vid natsional'noyi trahediyi do predmeta innovatsiynykh dystsyplin v istoriohrafiyi ne til'ky Ukrayiny(Return to Chernobyl. From national tragedy to the subject of innovative disciplines in historiography not only of Ukraine)[J]. Ukrayina moderna,18: 151-185.

# 第 12 章　灾难科学专业知识的国际交流
## ——一位日本人的视角

村尾修（Osamu Murao）

**摘要：**在亲身经历了灾难性的 2011 年日本东部大地震和海啸之后，日本仙台的东北大学于 2012 年成立国际灾害科学研究所（IRIDeS）。IRIDeS 的工作人员由很多相关专业人员组成，与许多国家的机构合作开展世界一流的灾害科学和减灾研究。作为 IRIDeS 的成员，国际减灾战略实验室（ISDM）的创始人和管理者，作者已经开展了几个国际合作研究项目。本章简要介绍 IRIDeS 和 ISDM 的活动，并强调成功的国际合作研究和与其他国家交流经验的关键因素。作者讲述了他最初的合作研究经验，研究了中国台湾地区从 1999 年集集地震影响中恢复的长期项目，成为 IS-DM 国际合作研究的基础。本章最后总结了作者参与本研究的宝贵经验。

**关键词：**IRIDeS；集集地震；中国台湾；日本；伙伴关系；地方社区

## 12.1　前言

自然灾害和不幸事件几乎每天都在世界各地出现。在许多情况下，这些都是像暴雨或停电一样的小概率事件。然而，偶尔也会发生直接或间接影响数百万人的大灾害，如 2004 年的印度洋海啸、2011 年的日本东部大地震以及 1999 年的中国台湾集集地震。这些重大事件所造成的破坏情况和灾后恢复情况也不可避免地因地区和社会特点、性质和危害的严重性而有所不同。然而，相似性可以被有效地检验。事实上，从我们在城市和区域灾害方面的经验中吸取教训非常重要。这些经验可以为今后制定和改进、减少灾害风险措施提供参考。对像城市这样的人工环境来说尤其如此。

当开发出可能对消费者构成风险的产品时，制造商会进行反复的测试，直到产品的安全性和可靠性得到保证。一个城市的发展是非常不同的。典型的城市是一个已经形成和不断演变的人工环境，而不是一个经过彻底规划、测试和安全保障交付的产品。在大多数情况下，直到城市面临一场灾难，人们才会逐渐意识到严重的

---

村尾修（Osamu Murao），日本仙台东北大学国际灾害科学研究所。E-mail：murao@irides.tohoku.ac.jp。

安全弱点(参见第9章)。为此,需要仔细审查和分析城市过去的灾害和恢复情况,并从传播的经验中吸取教训,以减少城市灾害风险。

日本社会从过去的灾害中积累了宝贵的知识和经验。基于这一点,联合国分别于1994、2005和2015年在日本横滨、神户和仙台举行了具有影响力的减轻灾害风险国际活动。第三届世界减灾大会出台了《2015—2030年仙台减轻灾害风险框架》(以下简称《仙台框架》)。该框架描述了国际合作在全世界减少灾害风险的重要性:

> 有必要在国家、区域和全球各级减轻灾害风险战略中继续加强善治,
> 改善备灾,协调各国的应灾、恢复和重建,并在强化国际合作模式的支持
> 下,利用灾后复原和重建让灾区"重建得更好"。

《仙台框架》继承了《2005—2015兵库县减轻灾害风险行动框架》,在2005年至2015年期间继续为减轻灾害风险提供全球指南(UNISDR,2005)。《仙台框架》显示,"在克服潜在灾害风险因素、制定目标和优先行动事项、必要时提高各级灾害韧性以及确保采取适当执行手段"等方面存在差距,"需要制定面向行动的框架"(UNISDR,2015)。国际合作和全球伙伴关系被视为实施有效减轻灾害风险措施的重要因素。

国际灾害科学研究所(IRIDeS)旨在缩小《仙台框架》中列出的一些差距。该研究所于2012年4月,由日本化台东北大学(以下简称"东北大学")在经历了2011年日本东部大地震和海啸造成的巨大灾难后成立。IRIDeS的任务是创建一个新的减灾学术领域,将日本东部大地震和海啸的经验教训以及世界一流研究人员的发现纳入其中。研究所旨在建立能够迅速、明智、有效地应对灾害的社会制度,具有韧性地承受逆境,并将经验教训传递和推广到未来的灾害管理中。

研究所致力于协助受灾地区的持续恢复和努力建设,开展以行动为导向的研究,寻求有效的灾害管理,以建设可持续的韧性社会。IRIDeS与许多国家的合作组织和专家一道,在自然灾害科学和减灾方面开展世界级的研究。

## 12.2　IRIDeS 活动

IRIDeS的目标是成为一个研究灾害和减灾的世界中心,从日本和世界各地的灾害管理经验中吸取教训并加以借鉴。为了实现这一目标,IRIDeS开展了一系列以行动为导向的研究和合作活动。

在以行动为导向的研究框架下,IRIDeS一直致力于加强与2011年日本东部大地震和海啸灾区所在地政府开展合作,作为其对恢复和重建贡献的一部分。IRIDeS与受2011年地震影响及随后海啸严重袭击的岩手县(陆前高田市)和宫城县(气仙沼市、石卷市、东松岛市、多贺市、仙台市、名取市、岩沼市、渡日镇、山本镇)的地方政府签订了一系列协议。这些合作的长期目标是建立能够应对与灾害相关的复杂多样

挑战的灾害韧性社会。为此不仅要确定和实施预防措施,还要准备和应对挑战,实现恢复重建。总的来说,我们的目标是建立一种灾后韧性的文化,将其融入我们的社会体系。

IRIDeS(2012)的行动导向研究主要集中在:

(1)研究诸如特大地震、海啸和极端天气等全球范围的灾害物理学。

(2)基于 2011 年日本东部大地震和海啸灾难的教训,重建灾害响应和减灾技术。

(3)创建灾后"受灾地区支撑学"。

(4)提高区域和城市的多重故障安全系统灾害韧性能力和性能。

(5)建立灾害医学和大灾医疗服务体系。

(6)创建灾害韧性社会,开发数字档案系统,传播灾难经验。

与地方政府建立伙伴关系并共同组织向公众开放的研讨会、海啸疏散演习、海啸后恢复计划的设计、与减轻灾害风险相关的教育活动,以及一系列其他活动。基于与当地居民的密切关系,IRIDeS 在气仙沼市开设了一个分支机构,定期组织减轻灾害风险研讨会。

IRIDeS 优先考虑与其他学术组织的合作。这种伙伴关系对于开展前沿研究和收集有关减轻灾害风险的信息至关重要。IRIDeS 与下列机构签订了国际学术交流协议:中国台湾大学天气、气候和灾害研究中心,德国航空航天中心数学和自然科学学院,哈佛大学日本赖肖尔研究所(美国),菲律宾大学科技学院 NOAH 项目,安吉利斯大学基金会(菲律宾),地质和核科学研究所有限公司(新西兰),联合国开发计划署(UNDP),达沃斯全球风险论坛(瑞士)、海啸和减灾研究中心(TDMRC),西雅·吉隆大学(印度尼西亚),亚齐海啸博物馆(印度尼西亚),特里布文大学医学研究所(尼泊尔),美国地质调查局(USGS)和莫勒图沃大学(斯里兰卡)。

IRIDeS 与国际和国内组织合作,调查了 2013 年台风"尤兰达"(海燕)、2015 年尼泊尔地震(图 12.1)、2014 年日本暴雨和 2016 年熊本地震等受影响地区的破坏情况和恢复过程。针对 2013 年的台风"尤兰达"的合作研究是 IRIDeS 的第一个大型国际研究项目。

利用已建立的网络,IRIDeS 有机会在日本和其他国家的从业人员、政府官员、研究人员和普通民众之间分享和交流知识、经验以及从过去的灾害中学到的东西。上文提到的 2015 年 3 月在仙台举行的第三届世界减灾大会是 IRIDeS 较短历史上最具影响力的参与事件之一。东北大学作为 2011 年日本东部大地震中受影响最严重的日本国立大学,与仙台市和日本政府共同赞助和组织了这次会议,产生了两项重要成果。第一,IRIDeS 与联合国人居署成员共同组织了题为"韧性社区:我们的家园,我们的社区,我们的复苏"专题研讨会。研讨会邀请了受 2004 年印度洋海啸、2013 年台风"尤兰达"和 2011 年日本东部大地震影响地区的社区领导者和市长,讨论如何减少当地社区的脆弱性。第二,IRIDeS 宣布建立全球减轻灾害风险中心。设立该中心的目的是发挥重要的协调作用,与联合国开发计划署和国际减灾战略(ISDR)等联

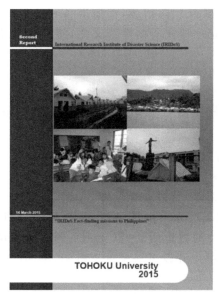

图 12.1　2013 年台风"尤兰达"(左)和 2015 年尼泊尔地震(右)报告

合国机构合作,帮助监测新的全球减灾框架的进展。

　　在 2015 年会议的推动下,IRIDeS 于 2017 年 11 月举办了首届世界博赛论坛
(World Bosai Forum)。它是与达沃斯全球风险论坛、仙台市等合作举办的首个两年
一次国际灾害风险会议系列活动。"Bosai"一词是日本传统术语,意指采取整体的方
法来减少灾害造成的人员和经济损失。活动涉及所有灾害阶段,包括预防、恢复、响
应和缓解。来自 44 个国家的 947 名与会者参加了首届世界博赛论坛,标志着很可能
一系列富有成效会议的成功开始(图 12.2)。

World Bosai Forum:世界博赛论坛　　IDRC 2017 in Sendai:2017仙台世界减灾大会

图 12.2　2017 博赛世界论坛海报(左)、开幕式(右)(仙台,2017,拍摄:Osamu Murao)

由作者创建和管理的国际减灾战略实验室(ISDM)自 2013 年起隶属于 IRIDeS 的区域和城市重建研究室。在此之前,它是日本筑波大学的一部分。ISDM 旨在为减灾、灾后恢复工作提供切实可行的国际战略,并基于实地调查和数据分析开发国际框架来实现这些战略。为了阐明已有的问题,并对未来的减灾提出建议,ISDM 以受灾城市等脆弱地区为案例,研究灾害管理与城市-区域空间的关系。

ISDM 最重要的研究领域之一是城市脆弱性评估。1995 年神户大地震之后,作者在日本东京大学工业科学研究所做助理研究员时,与他人合作利用神户市提供的实际破坏数据,阐明了地震地面运动和建筑破坏之间的关联,并制定了建筑易损性函数(Yamazaki et al.,2000),提出了东京进行建筑倒塌风险评估的方法(Murao et al.,2000),还继续进行城市脆弱性评价的研究活动。

在监测世界受灾害影响地区城市恢复情况的同时,ISDM 也对城市恢复进程进行定量评估,以规划未来减轻灾害风险的战略。国际研究已经在中国(包括台湾地区)、土耳其、斯里兰卡、泰国、印度尼西亚、秘鲁、美国(夏威夷和纽约)、孟加拉国和缅甸实地展开。日本重要的实地研究地点包括神户、东京、神奈川,以及受 2011 年日本东部大地震和海啸影响的三陆沿海地区。这些实地经验,包括与当地居民的广泛交流和为获得关键数据而进行的谈判,为开展国际合作研究提供了重要的经验。

以下部分是作者在筑波大学时对 1999 年台湾集集地震后城市恢复项目中的国际合作研究概要。该项目的经验是目前在 ISDM 国际合作研究工作的基础。

# 12.3  1999 年台湾集集地震恢复过程的合作研究

## 12.3.1  集集镇与 1999 年的地震

集集镇位于台湾中部南投县境内,在 20 世纪初作为交通、商业和政治中心而繁荣起来。这在很大程度上要归功于集集铁路、市政厅的修建以及成功的香蕉产业。该镇有 11 个村庄,人口约 12000 人。

集集地震发生于 1999 年 9 月 21 日,震中在集集附近(参考第 6 章基督城地震及其对人口的影响案例)。地震造成超过全台湾约 106000 座建筑受损,估计有 2500 人伤亡。在集集市,1736 栋建筑严重受损,792 栋建筑中度受损,42 人死亡。这是集集(和台湾)历史上最严重的灾害之一。它破坏了旅游景点中日本风貌的集集车站、历史寺庙、传统陶器和各种重要的公共设施等。这些文化资源代表了该地区独特的历史背景,是集集经济和工业复兴的重要因素。

1999 年 10 月 1 日,地震发生 10 天后,发生了一件对我个人具有重大意义的事情。我和同事来到集集镇开展损坏情况调查。这是我第一次在日本以外的地方进行实地调查,整个城镇到处都是倒塌的建筑物(图 12.3)。我们看到的每一个地方,人们都在应对紧急情况。由于离地震震中很近,这个城镇已被摧毁。

虽然在集集时间很短,访问却对我影响很大。我很想知道这个小镇将如何恢复。就在访问之前,我完成了题为"基于 1995 年兵库县南部地震实际损害数据的建筑物损害估算研究"博士学位论文,并正在寻找下一个研究课题。作为一名有着建筑和城市规划背景的研究人员,我对集集地震的灾后重建立刻产生了兴趣。这一经历触发了后来的灾后恢复研究。

图 12.3　1999 年台湾集集地震造成的倒塌建筑物(左)和武昌宫(右)

## 12.3.2　对集集地震的持续调查和联系建立

2000 年初,日本城市规划学会(CPIJ)成立了城市规划和社区发展减灾研究委员会。作为委员会的成员,我遇到了许多年轻、志同道合的日本研究人员和中国台湾学生王学文,他们对了解台湾城市复兴过程充满了动力。这个成功获得 CPIJ 支持的小组强调了现场实地调查的重要性。

2000 年 4 月,大约在地震发生六个月后,我作为委员会的代表,又到集集镇以及南投县和台中县的其他灾区去考察恢复情况。在这次访问中,我们收集了有关损毁的资料和信息(通过调查、照片记录、访谈和住房存量数据收集的方式),有助于更好地理解恢复情况和正在制定与实施的城市重建战略。

许多受悲剧影响或参与恢复工作的利益相关者和专家参与了调查。利益相关者包括台湾大学和逢甲大学的教职员、政府官员、灾区负责重建社区的非营利组织成员、建筑师、规划师和当地居民。在众多互动中,与台湾大学陈良春教授的会面可能是最重要的。他使我们能够在数年的时间里与台湾的恢复情况保持持续的联系。这些重要的会议都是陈老师安排的,对我们的研究调查起到了至关重要的作用。

2001 年 4 月,委员会获得日本科学促进学会(JSPS)一项为期三年的研究资助,题为"日本阪神、土耳其科卡利及中国台湾集集地震灾害管理及重建战略之比较研究"。1999 年的科卡利地震,又称伊兹米特地震,发生在 1999 年 8 月 17 日,大约比

1999 年的集集地震早一个月。我们的目的是比较科卡利、集集与 1995 年神户(阪神)大地震的恢复过程。

在项目资助下,2014 年 3 月,我们经常前往土耳其、中国台湾和日本的受影响地区,开展特定研究调查,持续收集相关资料和信息。研究涵盖主题广泛,包括城市恢复规划、临时住房、永久住房(图 12.4,左)、建筑方法、经济恢复、废墟管理、社区建设、儿童保育活动(图 12.4,右)等。鉴于灾后城市恢复研究领域在当时仍处于起步阶段,在土耳其和中国台湾与当地政府官员和恢复专家的访谈与讨论对于塑造需要进行深刻比较研究灾后城市恢复的思想是非常有用的。

图 12.4　土耳其科卡利的永久住房(左)和儿童保育活动(右)(Murao,2001)

在这段时间里,我又到集集拜访了几次,见到了两位对推动研究有帮助的关键人物。我们在互联网上搜索能将中文翻译成英文的译员,找到了三田弥生(Yoyo)。她是一名会说多种语言的日本学生,正在台湾"清华大学"学习人类文化学。这是我的巨大财富,因为 Yoyo 成为我调查时不可或缺的合作伙伴。

随即的好运也让我们找到了一个在集集的餐馆老板——大卫。当我们进行实地调查时,在大卫的餐馆吃晚饭。这是一家不起眼的小餐馆,就像我们经常在台湾街头看到的那种。我们很快发现,这家餐厅是一个社区中心。原来大卫是集集社区的领导者,与现任和前任市长以及其他有影响力的当地人员关系密切。从第一天晚上起,大卫的餐厅就成了我在集集进行调查的基地。我在那里的时间让我获得了大量关于整个恢复过程、当地历史、关键人物、政治、文化、人际关系等方面的信息。

项目于 2004 年 4 月结束后不久,我又管理了另一项 JSPS 基金,以"台湾集集地区建筑重建过程与世界城市重建相关档案"为主题,在集集进行研究。这意味着我在集集第一天所形成的研究思路将会继续发展和成熟。

## 12.3.3　集集地震灾后恢复研究

我在集集的研究活动一直持续到 2008 年。在长达 10 年时间里进行的持续不断调查和研究活动,大部分是以试错的方式进行的。灾后恢复研究成果发表在多家学术期刊(Murao,2006a,2006b;Murao et al.,2007)和国际会议论文集上。下面介绍部分研究结果。

通过实地调查监测和记录集集的城市恢复情况,这是一个不断变化的状态。为了清楚地理解集集的转变,有必要拿到一张合适的城镇地图。然而,在 2000—2001 年,这种地图很难得到。因此,我决定创建自己的数字底图。我和实验室的学生们在城里四处走动调查,使用 IKONOS(卫星)图像,对这个研究区域进行数字化,直到完成了一幅合适的地理信息系统(GIS)底图。地图可以按时间顺序记录地震侵袭以来一直在监测的房屋拆迁和重建情况。集集的恢复过程可以形象地表示出来,如图 12.5 中的地图所示。

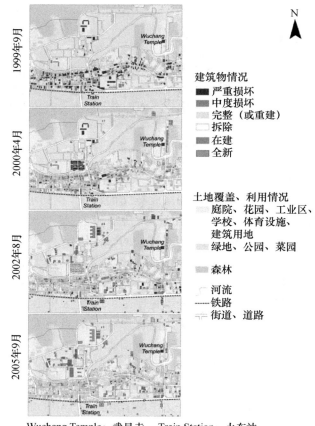

Wuchang Temple:武昌寺    Train Station:火车站

图 12.5    集集地震后恢复情况变化(Murao,2006a;制图:Murao 等,见彩图)

通过中国台湾集集、土耳其科卡利和日本阪神的地震灾害与恢复研究,我与中国台湾、土耳其和日本的合作者比较了具有不同社会背景的灾后城市恢复过程。基于这次合作的经验,我认识到需要制定一种定量的评估方法,如何定量地评估恢复过程。这还没有实现,成为我在集集期间的一个重要研究问题。

这个问题一直困扰着我,直到有一天,在台湾大学的一次研究会议上,我突然想到,可以根据建筑施工数据创建"恢复曲线",来代表恢复的进展。这个过程本质上是计算随着时间的推移各种类型的建筑完成的数量。后来,在翻译和几位官员的支持下,我得以从南投政府那里获得震后建设的统计数据。根据这些数据,我能够创建各种建筑类型(临时房屋、重建建筑和新建筑)的恢复曲线,如图 12.6 所示。

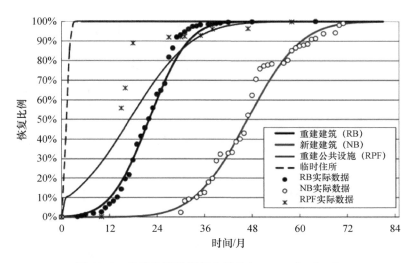

图 12.6　建筑类型的恢复曲线(Murao et al.,2007)

恢复曲线显示,集集的重建工作在地震后约六个月开始,并持续了三年。新建筑物推迟了 1.5 年后才开工。这部分研究很具有挑战性,但构建恢复曲线的方法在斯里兰卡、泰国、印度尼西亚和 2011 年日本东部大地震影响的日本沿海地区等其他研究案例中得到了很好的应用。这种方法便于比较正在研究的四个国家/地区受灾地区的恢复进程。

因为有机会在较长时间内监测重建过程,恢复曲线的应用为集集的研究成果做出了很大贡献。应该指出的是,虽然研究是为了了解集集的恢复过程,但从该地区如建筑重建和住房恢复的物理环境变化,我们也认识到,可见的恢复是人类活动的产物。因此,我经常寻找并采访恢复努力中的关键人物,包括市长、当地政府官员、商店老板和受害者。通过访谈了解他们关于集集的历史和文化背景,从最初的应急响应到重建阶段的个人行为,以及他们所采取的各种恢复策略。根据访谈中居民表达的意见和关注,我采用图 12.7 所示的简化模型对震后恢复过程进行建模。这个系统模型从受害者的角度表明从早期灾难时刻到重新安置到永久住房的连续恢复过程。

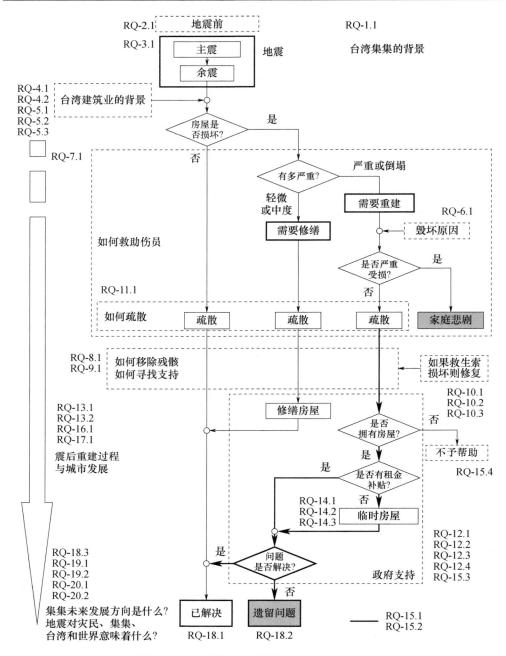

图 12.7  震后恢复过程结构(Murao,2006b)

到 2006 年,我已经监测了集集镇不断变化的情况,并与当地居民广泛交谈了好几年。我开始考虑把非常重要的集集城市灾后恢复过程永久记录下来。那时,我已经收集了大量的图片、视频和其他可观的数据。由此,我萌生了创建一个集集镇数字模型的想法,以保存部分恢复过程。为此,我和实验室的学生一起拍摄了该地区的每一个建筑立面,最终在谷歌地球平台上完成了名为"集集数字城市"的模型。图12.8 的该镇重要设施的恢复情况显示了我们努力的成果。

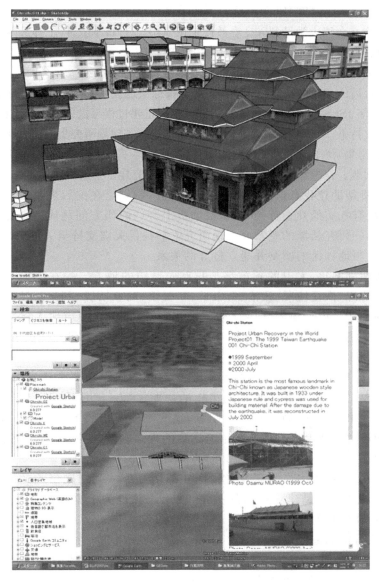

图 12.8　谷歌地球平台上的集集城市恢复数字档案(Murao,2007)

## 12.3.4　集集灾后恢复的经验教训

　　集集的经验为国外长期的灾后研究提供了许多重要的教训。自 1999 年第一次访问集集以来,我们清楚地认识到,进行有效的调查和取得有用的研究成果,需要他人的支持。陈良春教授、大卫和三田弥生的支持至关重要。下面描述了他们的贡献,突出强调了在进行国际灾害研究时寻找可靠的当地合作者的重要性。

(1)寻求与当地专家/研究人员的合作关系

我第一次在台湾大学见到陈良春教授是在 2001 进行日本阪神、土耳其科卡利和中国台湾集集地震灾害管理与重建策略之比较研究时。陈教授毕业于日本早稻田大学,这使得我们很容易就调查的目的和后续的信息要求进行沟通。在第一次会面之后,我们有更多的机会就台湾的重建交换信息和想法。陈教授慷慨地提供了所有需要的信息。

在 2004 年 JSPS 基金项目"台湾集集地区建筑重建过程与世界城市重建相关档案"以及陈教授的支持下,2005 年夏天,我作为台湾大学建筑和规划研究生院的客座研究员在台湾(主要是在集集)待了三个月。在此期间,陈教授解答了有关台湾城市、建筑结构或灾害管理系统的问题。他推荐了有力的教职员,为这项研究建议合适的路径。

他的宝贵帮助让我意识到,在灾后前往灾区,特别是在灾后恢复现场,对于外国人来说,若没有扎实的社会背景知识,很难提出合适的研究问题成功进行实地调查。因此,拥有同一研究领域的专家或本地研究人员提供关键支持至关重要。

(2)成为当地社区的朋友并建立良好的关系

每当我回到集集,大卫的餐馆都是我首先拜访的地方。我在那里吃饭,了解集集镇的最新情况、恢复情况、政治、新市长、新餐馆、商业情况、到集集镇的游客,以及居民个人的现状。由于他的众多社会关系,我得以采访许多当地人,最终形成了镇后重建过程的结构模型(Murao,2006b)。他的关系网为这项研究提供了大量所需的数据和材料。

如前所述,与大卫的相遇纯属偶然,但他对我的研究却非常珍贵。持续去大卫的餐馆很重要,尤其是我在集集长期工作的初期。每一次拜访,我们都交换关于家庭和自己的故事,一起喝酒或者大声唱歌,这些都使我们的关系更加亲密。我们之间建立的融洽关系使得大卫把我介绍给集集的许多利益相关者,这对完成研究起到了关键作用。

当灾害发生时,灾害恢复研究者试图立即调查那些受悲剧影响的人。然而,如果不花时间与当地居民建立牢固的关系,就无法获得关于全面恢复研究的基本信息,包括对社会背景的了解。

(3)寻找可能的最佳伙伴

三田弥生是台湾"清华大学"人类学研究所的一名博士生,当时正在研究居住在台湾南投县日月潭附近的邵族人生存策略。她成为我研究集集的关键人物。我有工程专业背景,主要研究建筑和城市规划。然而,灾后城市恢复活动在某种意义上是社会整体的综合现象。基于这个想法,我在集集的研究中拟采用跨学科的方法,包括社会学和人类学。三田弥生完全理解我的意图,并对当地调查提出了最适合的建议。

作为翻译,三田弥生注意到我不会说且听不懂中文,她经常会向受访者提出比我要求的更多的问题,以便收集我需要的信息。这种能力来自于她的人类学意识和对台湾中部社会的深入了解,以及她对我长期研究目标的深刻理解。作为一名年轻的人类学研究者,三田弥生的知识和本能的补充对我的工作来说是不可或缺的。虽然我是在 2002 年偶然遇到的她,但我研究成果的成功离不开她的建议和支持。

可以说,没有人可以取代她。在海外领域的良好研究有时可以归结为一次愉快的偶遇。这种持续的调查是获得恰当的灾害人口统计数据集的基本活动。

# 12. 4　总结与结论

本章描述了减轻灾害风险的仙台框架,介绍了日本仙台东北大学 IRIDeS 中的 ISDML,并重点介绍了它们的国际合作活动。本章还讨论了作者主持的一些科研活动,并以个人视角展现这段经历,自始至终都强调国际合作和利用机会建立有效伙伴关系的重要性。最后,本章以国际合作为例,介绍了作者在台湾集集进行的灾后广泛恢复研究。

## 参考文献

International Research Institute of Disaster Science(IRIDeS),2012. About IRIDeS[EB/OL]. [2017-12-08]. https://irides. tohoku. ac. jp/eng/outline/index. html.

MURAO O,2006a. Reconstruction process based on the spatial reconstruction model in Chi-Chi area after the 1999 Chi-Chi earthquake[J]. Journal of Architecture and Planning,607: 95-102. (in Japanese)

MURAO O, 2006b. Structure of post-earthquake recovery process after the 1999 Chi-Chi earthquake-a case study of Chi-Chi[R]. Proceedings of the International Symposium on City Planning.

MURAO O,TANAKA H,YAMAZAKI F,2000. Risk evaluation method of building collapse from the experience of the Kobe earthquake[R]. 12th World Conference on Earthquake Engineering (WCEE)(CD-ROM),No. 2312,8p,Auckland,New Zealand

MURAO O,MITSUDA Y,MIYAMOTO A,et al,2007. Recovery curves and digital city of Chi-Chi as urban recovery digital archives[R]. Proceedings of the 2nd International Conference on Urban Disaster Reduction(ICUDR)(CD-ROM).

United Nations International Strategy for Disaster Reduction(UNISDR),2005. Hyogo framework for action 2005-2015: building the resilience of nations and communities to disasters[EB/OL]. [2011-04-06]. https://www. unisdr. org/we/coordinate/hfa,2005.

United Nations International Strategy for Disaster Reduction(UNISDR),2015. Sendai framework for disaster risk reduction 2015-2030[EB/OL]. [2015-07-02]. https://www. unisdr. org/we/co-ordinate/sendai-framework,2015.

YAMAZAKI F,MURAO O,2000. Vulnerability functions for Japanese buildings based on damage data due to the 1995 Kobe earthquake[J]. Implications of Recent Earthquakes on Seismic Risk, Series of Innovation in Structures and Construction,2: 91-102.

# 第13章　灾害研究与人口统计学的本体论实践——范围延伸

大卫·卡拉克松伊(Dávid Karácsonyi)　　安德鲁·泰勒(Andrew Taylor)

**摘要**:本章是对本书的总结以及灾害与人口关系的范围延伸。我们概述了探索灾害与人口关系的益处,并从现有文献的研究中总结出七种研究灾害与人口关系的方法。它们是灾害对人口的影响、脆弱性衡量、大规模迁移、空间/区域方法、气候变化、城市化进程和实际应用等方法。我们试图通过这七种方法强调,人口和灾害之间复杂多样的联系可能不仅仅与脆弱性有关。我们认识到,其他人可能以不同的方式分离或合并其中的部分方法。

**关键词**:灾害-人口关系;气候变化;城市脆弱性;地理可能性;大规模迁移

## 13.1　前言

本章总结了本书中案例的经验教训,并扩大了灾害-人口关系的范围。第一章中概述了对灾害的两种观点:脆弱性学派(社会嵌入性)和整体学派(非常规性)。虽然第一章强调,灾害-人口关系应该是"社会嵌入"观点固有的一部分,但现有人口统计学研究中大部分对灾害持有"非常规性"的观点,并以灾害导致的人口变化为特征形成灾害-人口关系。即使在术语"灾害人口统计学"第一次(根据我们的知识)作为Smith(1996)的著作标题《灾害人口统计学:"安德鲁"飓风后的人口估计》出现时,也是反映人口统计的结果。

Schultz 等(2012)在一份研究美国追溯到 20 世纪 80 年代早期灾害对当地人口影响的文献资料摘要中也观察到了这种联系。此外,Kurosu 等(2010)主编的书籍提

---

大卫·卡拉克松伊(Dávid Karácsonyi,通讯作者),匈牙利科学院(布达佩斯)地理研究所。地址:Geographical Institute,CSFK Hungarian Academy of Sciences,Budaörsi út 45,Budapest 1112,Hungary。E-mail:karacsonyi. david@csfk. mta. hu。

安德鲁·泰勒(Andrew Taylor),澳大利亚查尔斯·达尔文大学北部地区研究所。地址:Northern Institute,Charles Darwin University,Ellengowan Dr. ,Darwin,Casuarina NT 0810,Australia。E-mail:andrew. taylor @cdu. edu. au。

供了一系列过去对环境危机的人口响应案例研究,如农村社会的饥荒和天气波动以及流行病(包括天花和西班牙流感)。然而,这本书没有从案例中得出结论,也没有提供灾害-人口关系的理论含义。在发展中国家,关于灾害-人口关系的案例研究数不胜数,尤其是那些与气候变化引起的大规模重新安置有关的案例。然而,总结大多是政策导向的文件,只有少数例外(Martine et al.,2013)。Donner 等(2008)和Hugo(2011)的两篇关注脆弱性、移民和气候变化的理论性文章,部分填补了文献中总结灾害-人口联系方法的空白。

　　基于以上所述,本书和本章并不是第一个尝试提供灾害-人口关系的框架。尽管如此,我们的目标还是要从"非常规性"(整体)和"社会嵌入性"(脆弱性)两个角度来遍历研究灾害-人口关系。这两种观点涵盖了灾害-人口关系的各种形式,根据现有文献,我们可以区分出七个不同的次级主题,并总结在以下段落和表 13.1 中。

**表 13.1　灾害-人口关系统计方法**

| 方法 | 关键词 | 参考文献 | 章 |
|---|---|---|---|
| 1. 灾害对人口的影响,包括灾害流行病学 | 人口详细记录<br>死亡人数、健康影响<br>生育/移民<br>响应<br>社区、地区、国家的影响灾害导致的延迟或间接影响<br>灾害流行病学<br>创伤后压力引起的自杀率增加 | Frankenberg et al.,2014<br>Nobles et al.,2015<br>Oliver-Smith,2013<br>Lindell,2013<br>Bourque et al.,2007<br>Veenema et al.,2017<br>Lechat,1979<br>Noji,1995<br>Briere et al.,2000(译注:原著未标注)<br>Krug et al.,1999 | 2、3、5、7 |
| 2. 衡量脆弱性(人口是根本原因) | 人口的年龄、性别、种族和社会构成<br>受灾害影响的特殊群体,如残疾人、女性、儿童、老年人或流动人口、难民、游客等<br>生活在危害风险中的人们的适应能力 | Malone,2009<br>Flangan et al.,2011<br>Fothergill et al.,1999,<br>Fothergill et al.,2004<br>Wisner et al.,2004<br>Bolin,2007<br>Enarson et al.,2007<br>Orum et al.,2014<br>Donner et al.,2008<br>Friedsam,1960<br>Jia et al.,2010<br>Stough et al.,2013<br>Peacock et al.,1997<br>Zhou et al.,2014 | 4、8、6 |

| 方法 | 关键词 | 参考文献 | 章 |
|---|---|---|---|
| 3. 大规模迁移 | 被迫迁移、流离失所人员所在的社区、社会凝聚力和(当地)身份 | Oliver-Smith,2013<br>Naik et al. ,2007<br>Cernea et al. ,1993<br>Cernea,2004<br>Gray et al. ,2012<br>Levine et al. ,2007 | 2、11 |
| 4. 空间/区域方法 | 社区和全球之间的发展差异、规模 | Schultz et al. ,2012<br>World Bank,2005<br>Naik et al. ,2007 | 2、4、11 |
| 5. 气候变化 | 气候变化导致的移民脆弱性 | Oliver-Smith,1996,2012,2013<br>Lavell et al. ,2012<br>Lavell et al. ,2013<br>de Sherbinin et al. ,2011<br>Bouwer,2011<br>Martine et al. ,2013 | 8 |
| 6. 城市化进程 | 城市集中及其对危害事件的风险和脆弱性 | Gencer,2013<br>Armenakis et al. ,2013 | 6、9、10、12 |
| 7. 实际应用 | 人口统计技术在应急评估中的替代做法 | Kapuchu et al. ,2013<br>Robinson,2003<br>Wilson et al. ,2016<br>Brown et al. ,2001 | 2、3 |

## 13.2　灾害-人口关系研究的七种方法

第一种,也是最常用的灾害-人口关系研究方法,重点关注灾害的后果。Frankenberg 等(2014)的《灾害人口统计学》阐述了人口统计学学者应当如何研究灾害,同时对灾害影响人口统计过程的各种方式进行了总结。例如,衡量灾害影响的一种简单的人口统计技术是详细记录伤亡人数。Lindell(2013)给出了这种记录的人口平衡方程,基本上是利用灾害事件前后的人口数量减去自然人口增长和人口迁移,得到的差近似于灾害的影响。Nobles 等(2015)详尽说明了更复杂的方法来研究生育和自然生殖响应,特别是婴儿潮和灾后替代生育。在 Bourque 等(2007)的研究中,灾害被理解为一种意外的死亡冲击,因此,人口统计分析的主题是对社区内死亡率的响应,而出生代表着更新和回归"正常"。需要补充的是,根据 Naik 等(2007)的研究,这些灾害主要集中在发展中国家。因为与发达国家相比,发展中国家在灾害中的死亡人数通常更高。

上文讨论过,灾害流行病学也可以理解为"灾害影响"的一部分。应当补充的是,相关文献已经充分地讨论了灾害流行病学及其人口影响(Lechat,1979;Noji,1995)。Veenema 等(2017)对气候变化引起的水文和气象危害事件的相关研究进行了系统综述,指出由于无法获得饮用水这些灾害事件导致了流行病。根据 Bissel(1983)的研究,由于拥挤和不适临时住房或水传病原体,在灾害事件发生几个月后就会出现流行病。这些"延迟的"死亡通常被排除在灾害死亡人数之外。除了灾后流行病,灾后 3～4 年的自杀率也明显上升,这与创伤后压力(Krug et al.,1999)、扭曲的生活轨迹,以及失败、延迟的灾后恢复有关。

引申开来,流行病对人口的影响可被视为更广泛的灾害-人口关系的一部分,例如,艾滋病毒改变了非洲南部国家的人口轨迹(Nicoll et al.,1994;Gould,2005)。艾滋病、鼠疫、霍乱和埃博拉病毒(见 2014 年西非埃博拉病毒紧急事件,Briand et al.,2014)等传染病的存在,可以解释为发展中国家的治理和教育不完善、生活水平低、现代医学缺乏,因而致使全球社会和空间不平等。而抗生素抗性(WHO,2018)和不断变化的社会态度(例如反疫苗接种主义)对未来发达国家的人口统计可能产生影响并构成挑战(Kata,2010;Casey,2015)。

## 框 13.1　暴力冲突与灾害-人口关系的关系

有些人可能会从"灾害后果"方法的第三个角度思考,这不是整体学派的一部分,而是与社会脆弱性范式有关。第三个角度可能与社会失调造成的人口后果有关,特别是在经济危机、暴力和"不良治理"方面(Moore,2001)。在 Wisner 和同事(2004)激进的嵌入观点中,所有的灾害都有与不平等和空间排斥有关的社会失败根源,因此,暴力冲突也被认为是灾害。但我们认为,这些危机(如种族清洗、种族灭绝、蓄意破坏、恐怖主义行动和暴力犯罪)并非灾害-人口关系的内在组成部分。为了解释这一立场,我们以城市犯罪热点地区(Foote,2015)的外迁为例。在 Wisner 等人的逻辑中,这将被视为灾害-人口关系的一部分,因为暴力犯罪是社会失灵的一种表现。但是对犯罪的研究确实与灾害研究领域相差甚远,而且很可能与社会科学而不是灾害研究有关,特别是犯罪学、社会学和城市研究。Dyson 等(2002)提出的"饥荒人口统计"的概念并没有反映出与灾害的直接联系。对饥荒的研究与历史和经济等其他领域联系更紧密。

然而,应该补充的是,暴力的社会衰退和同时发生的强化人口影响的自然危害事件之间往往存在相互作用,进而反映出灾害的复杂性(Robinson,2003;Barton,2005;Cutter,2005)。例如,GortaMór(爱尔兰大饥荒)造成大约一百万人死亡,并引起爱尔兰人口在 1845—1849 年期间大规模从爱尔兰移到北美(Dyson et al.，2002）。这是英国自由资本主义依赖的食物来源以及土地租赁制度与马铃薯晚疫病相互作用的地方。暴力和战争也可能导致除饥荒以外的灾害，例如第一次世界大战之后 1918—1920 年的西班牙大流感，造成的死亡人数超过了战争本身（Johnson et al.，2002）。1953 年荷兰的北海洪水造成超过 2000 人死亡，这是由于第二次世界大战使物理防洪和预警系统处于荒废状态，同时发生极端春潮和风暴潮（Hall，2013）所致。

　　在某些情况下，自然危害事件与暴力的社会衰退相互作用正在（或曾经）被用来掩盖这些事件的责任（Smith，2014）。这一点可以从几个国家殖民时代土著人民高死亡率的科学争论中得到说明，当时整个大陆的种族构成发生了变化。虽然 Crosby（1976）和 McNeil（1976）认为，由于土著居民对欧洲人引入的传染病缺乏免疫力，对于高死亡率"处女地流行病"的影响起到决定性的作用，但他们的观点现在受到了强烈的争议（Jones，2003）。大多数作者通过种族灭绝来解释死亡人数（Lemkin，2012；Curthoys，2005；Jones，2017）以及由于在殖民期间失去生计导致土著人口下降（Smith，1989）。

　　应用人口统计学方法也与"灾害后果"范式紧密相关，但是，与灾害流行病和社会衰退相比，我们将其概念化为一个单独的主题（表 13.1 总结的灾害人口统计七种方法中的第二种）。Robinson（2003）强调了这种应用方法，在著作《人口统计学在应急评估中的原则和使用》中总结了与减灾相关的人口统计学方法。在灾害情况下应用人口统计技术可以帮助衡量灾害对受灾人口的影响。此外，根据 Lindell（2013）的研究，应用人口统计学方法在灾害周期的每个阶段都能使用。尽管人口统计技术被广泛用于灾害研究，Frankenberg 等（2014）强调，由于缺乏适宜的、空间上的和实时的详细数据，通过死亡率和生育率变化将人口统计学和灾害相互关联以提供综合分析的研究并不多。因此，Robinson（2003）概述了在没有适宜数据集的情况下用于评估灾害的替代程序。为了填补关于受影响人口规模直接知识的空白，通常采用地区抽样法来评估发展中国家受影响的人口数量（Brown et al.，2001）。在发达国家，正如 Wilson 等（2016）和第 2 章中讨论的，移动电话位置数据也可以替代适宜的数据集来进行人口的灾害影响评估。在行政管理数据中，学生注册情况可以用来评估人口迁移（Plyer et al.，2010），第 3 章中也有介绍。第 12 章还介绍了有关灾害影响（例如房屋损毁）的纵向实践和补充数据应用。

　　上述对灾害的人口后果评估与非常规性（整体）学派有着密切的联系，第三种方法将人口作为灾害的根本原因显然是"社会嵌入"观点的一部分。作为社会的或者更准确地说是"人口统计嵌入性"的例证，Malone（2009）呼吁人们关注使用人口统计学分析来衡量脆弱性的重要性。事实上，社会造成的脆弱性很难量化（James，2012），因为它们是不同因素的组合（Wisner et al.，2004）。此外，Malone（2009）采用包括人口数据的指标构建脆弱性-韧性指标模型的形式来衡量脆弱性和韧性。Malone建议使用详细的社会人口分析,例如人口分布和密度,不同地区以不同生计为特征的出生率和死亡率。这些人口统计分析揭示了社会背景,使分析人员能够了解家庭是如何构成的,以及影响和破坏功能家庭的因素。研究者还开发了其他类似的指数来衡量社会脆弱性(Flanagan et al.,2011;James,2012)。例如,Zhou等(2014)采用多变量分析和空间分析相结合的脆弱性评估方法,基于人口普查数据,利用因子分析建立了中国县级复杂水平(2361个单元)的灾害脆弱性指数。Zhou和他的合作者还利用局部和全局自相关的因素分析已获取指标值的空间变化,识别危害事件的脆弱性热点。

脆弱性评估往往是大型工业投资规划的一部分。例如,Orum等(2014)利用居住在美国3000多家化工厂周围地区的人口数据进行脆弱性评估。他们主要关注社会地位和种族,发现易受化学设施伤害地区的居民大多属于少数群体(非洲裔或拉丁裔美国人)。与全国平均水平相比,这些人口的贫困率更高,住房更廉价,收入更低,教育水平也更低。"卡特里娜"飓风(2005年,美国新奥尔良)事件也引起了人们对美国种族和民族不平等现象的关注(Bolin,2007),因为较低洼的洪水易发地区主要居住着贫穷的非洲裔美国人。Peacock等(1997)的研究表明,种族隔离也发生在"安德鲁"飓风(1992年,佛罗里达)后的重新安置期间,这导致了社会变化,将非裔美国人群体置于更脆弱的地位。

Peacock的研究表明,人口脆弱性不仅仅是根本原因,它们也会使灾害的后果恶化。例如,种族(Fothergill et al.,1999;Fothergill et al.,2004)、性别(Enarson,2000;Enarson et al.,2007)和年龄构成也会使群体更脆弱。特别是发达国家的人口老龄化正在建立与年龄有关的脆弱性人口飞地(Fernandez et al.,2002)。例如,Isoda(2011)指出,在2011年的日本东部大地震和海啸中,老年人在海啸来袭时通常待在家里,无法逃脱,死亡人数更高。这是因为海啸是在工作时间袭击日本的,与学校和工作场所相比,私人住宅既没有抵御海啸的设计,也无法提供避难所。因此,人口构成中老年人所占比例较高的沿海农村社区,死亡人数一般较高。在2008年的中国四川地震中,老年人的死亡人数也很高(Jia et al.,2010)。Friedsam(1960)在他的早期文献中概述了美国灾害和第二次世界大战中欧洲轰炸事件的直接影响(由于有限的流动性,年纪大的人更有可能被袭击)和间接或继发效应(紧急情况下,有需要的人缺乏医疗救治或医疗水平很差)。此外,间接影响还包括缩短糖尿病和血液透析或需要任何形式常规治疗患者的预期寿命(Fonseca et al.,2009),具有讽刺意味的是,尽管老年人的死亡人数更高,但他们最有可能是"灾后返回者",因为他们在更长的生活经历中对原居住地有着更强烈的依恋(见第2和第10章)。

除了前两段总结的静态人口统计学因素,如年龄、种族和性别组成,动态人口统计学因素,特别是移民情况,在脆弱性讨论时也应该考虑。例如,流动者,如难民、国内流离失所者或游客,特别容易受到危害(Robinson,2003;Donner et al.,2008)。

在 2004 年印度洋海啸中,大批游客受到影响,因为那时是圣诞节旺季,游客在沿海地区高度集中(Becken et al.,2014)。当然,由于其社会地位,难民通常比游客更容易受到伤害。根据 Naik 等(2007)的研究,额外人口比如游客,由于缺乏应对计划,很容易在灾害发生时成为"被遗忘的群体"。

第四种灾害-人口关系综合方法与流动人群的脆弱性有关,关注移徙和大规模迁移。根据 Hugo(2008)的研究,迁移一直是人们面对灾害时最重要的生存策略之一。为了说明 Hugo 的观点,第 6 章强调了新奥尔良("卡特里娜"飓风)、基督城(2011 年地震)和因尼斯法尔(2006 年和 2011 年飓风)案例中灾害后向外迁移造成的人口损失。Lavell 等(2013)指出,整个区域的人口分布可能在很长一段时间内由于灾害导致的大规模迁移而发生变化。此外,这些大规模的迁移可以是短距离或长距离的,暂时的或永久的(Cernea et al.,1993;Cernea,2004)。Levine 等(2007)在对灾后长期长距离迁移的研究中指出,由于缺乏数据,而且对此类迁移进行跟踪存在困难,相关研究存在空白。

此外,Oliver-Smith(1996)强调了大规模迁移的非自发特性:搬迁或安置受灾人口是规划者在灾后重建努力中所采取的一项共同战略。基于脆弱性考虑,迁移也是有选择性的,而且迁移和危害影响之间的联系并不总是清楚的。例如,Gray 等(2012)提出,那些直接受到灾害影响的家庭与那些在灾害易发地区没有直接受到影响的家庭相比,更不可能搬迁出去。这是因为后者有办法为他们的迁移提供资金,而前者可能已经失去了一切,被"困在"了灾害易发地区。必须补充的是,迁移不仅与灾害有关,而且是一种更广泛且普遍的现象。也就是说,灾害的发生、气候变化导致的环境变化(第 8 章)、暴力冲突或项目开发都可能导致迁移(Oliver-Smith,2013)。此外,Oliver-Smith 以及 Scudder 等(1982)强调,开发项目造成的迁移人数远超过所有灾害的总和。

第五种方法引入了灾害诱发的空间移动,即在空间地理背景下的灾害-人口关系。空间地理学方法起源于 20 世纪上半叶通过环境适应理论(Alexander,2001)开展的灾害研究(White,1945)。环境适应反映了地理可能性的理念,这是 20 世纪上半叶人文地理学的一个主导范例,其本身根植于法国的区域地理学(Vidal 1911)。地理可能性的概念是指自然环境的多样性提供了不同的机会和约束,使人们对环境作出响应并做出选择。这些选择,包括生活方式,是他们的文化在维达利亚地区的地理表现。

地理和空间在灾害的社会嵌入视角中也起着重要的作用。但与现在过时的地理可能性不同,它与新马克思主义的批判地理范式有关(Harvey,1996)。在嵌入观中,由于人口分布不均衡,空间被理解为一种分布不均衡的资源,并因此导致社会内部资源分配不均衡。Wisner 等(2004)对此进行了如下描述:"人们生活在不利的经济环境中,迫使他们居住在可能受到自然危害影响的地区和地方"。Wisner 等(2004)强调,不同群体出于自身经济需要而自愿或非自愿地承担风险以获取利益。

例如,他们冒着山体滑坡的风险在山坡上建房子以获得更好的景观,或者住在城市斜坡上的简陋非正式定居点,以获得更好的工作机会。前者强调了自愿行为增加的风险,而后者表明为了(经济)生存而"被迫"接受风险。

此外,根据 Cutter(2005)的研究,全球范围的风险并没有在所有地方或所有社会群体中平均分配。第 5 章强调了这种空间不平等的方法,即大饥荒(1867—1868 年的瑞典饥荒)"…被视为欧洲最后一次由自然事件导致的饥荒"。然而,Carson 等也强调,瑞典北部的丰富矿产和森林资源促进了瑞典北部定居点的发展。1867 年,低温夏天导致的作物歉收尤其影响了那些向北发展的定居地,并造成了饥荒。Wisner认为,饥荒是朝北到人口稀少地区推进的结果,而不是低温的夏季(造成这场灾害的自然因素)。但 Carson 也强调,改善食品供应链并减少对当地粮食生产的依赖,有助于人口稀少的北部领域避免后来的饥荒,因此,饥荒是当时不利的经济模式造成的。

根据 Lavell 等(2013)的说法,经济发展、更好的技术和生活水平的提高正在全球范围内降低脆弱性。然而,Alexander(2005)强调,由于世界各地社会经济不平等和两极分化日益加剧,脆弱性的复苏永无止境。Alexander 的观点也得到了 Naik 等(2007)的认同。因为建筑质量差,不太遵守建筑法规,没有或不适用土地登记和其他监管机制,灾害对发展中国家的影响是不成比例的。此外,根据 Naik 等(2007)的研究,灾害对发展中国家和发达国家的影响在损失类型方面存在显著的差异:与发达国家相比,发展中国家有更高的死亡人数,但发达国家一定有更大的经济损失,因为更高的经济资产集中在该地区。这一点也得到了 Robinson(2003)的支持,他指出,1991—2000 年,约 300 万人死于灾害,其中只有 2% 来自高度发达国家,60% 来自非洲。

前几段强调的关于空间-地理背景的例子表明,空间分配的含义根据其"本地"或"全球"内涵而略有不同。但是 Cutter 和 Wisner 在解释空间分配在脆弱性中所起的作用时,他们的观点倾向于交替使用。然而规模是重要的,因为前者突出了当地的社会不平等,后者突出了全球地理多样性和国家间的不平等。因此,所考虑面积单元的大小会影响我们所观察到的现象(参见第 5 章和 Koch 等(2012)关于可修改面积单元问题)。

在全球范围内,自然环境的空间多样性提供了不同类型的环境机遇和风险,因此,发展和援助机构高度重视对自然危害热点地区的全球评估(Nadim et al. ,2006;Strömberg,2007)。例如,世界银行(World Bank,2005)对自然危害热点地区进行研究,评估了各国因灾害造成的 GDP 损失和死亡率。该研究根据灾害的"自然"特征区分并分析了八种类型的灾害:干旱、风暴、洪水、地震、火山、热浪、滑坡和野火。因此,世界银行使用了单一危害热点和多重危害热点两种措辞,研究了不同国家对这些风险的暴露和脆弱性。另一个例子是 Schultz 等(2012)的工作,使用人口普查和危害数据库来评估美国县级灾害的人口后果。他们发现,20 世纪 90 年代累积的危害影响与当地人口数量的变化之间呈正相关。危害风险评估的例子还有全球洪水风险(Winsemius et al.,2013)、全球滑坡和雪崩风险(Nadim et al.,2006)、热带气旋风险评估(Peduzzi et al.,2012)及其对人口和 GDP 的影响。

尽管对自然危害热点地区评估的需求很大,但此类研究的数量相对较少,在基于社会学灾害研究方面尚属空白。这可能是因为"社会嵌入"灾害学派否认了之前讨论的地理可能性的概念。尽管如此,空间-环境多样性仍然很重要,特别是在出现气候变化(或者更明确地说,全球面临的气候紧急情况)的过程中,突出了我们的政治、社会和技术系统的低韧性,以及在应对"自然"时人类社会的约束和限制。

实际上,确需特别注意气候变化的影响和对气候变化的适应,它构成了人口-灾害关系研究的第六种方法。气候变化将灾害、空间-地理多样性和迁移联系在一起。作为例证,根据 de Sherbinin 等(2011)的研究,气候变化引起的大规模迁移是一种在政治上有争议且具有社会敏感性的适应策略,但在不久的将来似乎是不可避免的。除此之外,Oliver-Smith(2013)总结了气候变化影响期间可能导致大规模迁移的潜在力量,例如由于迅速发生的事件(台风、洪水)而造成的疏散,迫使迁移的缓慢驱动因素(干旱、沙漠化),或因缓解气候变化项目(从沿海地区、水库或海岸防御大坝等大型建筑迁居)而造成的迁移。

虽然气候变化可能通过强迫迁移产生广泛影响,但直到最近,这种关系在国际层面都一直被忽视(Hansen et al.,2012;Jankó et al.,2018)。Hugo(2008)认为,这是因为此类事件主要影响发展中国家。除此之外,Bouwer(2011)的文献综述指出,目前气候变化造成的损失并不显著,但在不久的将来就会更显著。在此基础上,Zander 和同事提出,为适应气候变化导致的迁移(因与气候变化有关的热浪而有意迁移)也出现在发达国家,如澳大利亚(见第 7 章)。然而,其他人(McLeman et al.,2010;Carson et al.,2016)强调,在发达国家,天气引发的大规模迁移主要是季节性、暂时性的。包括北美的雪鸟和澳大利亚的灰色游牧民族,他们季节性地在各自大陆的热带-亚热带和温带地区之间迁移。

Lavell 等(2013)和 Hugo(2011)让人们关注到,迄今为止,大多数由环境变化引起的气候变化迁移都发生在国家内部。根据 McLeman 等(2010)的研究,到目前为止,气候变化导致的内部和区域内的迁移(在国家的地区内部)是暂时的。Hugo(2011)强调,气候变化导致的极端天气事件的发生只是影响迁移决策的众多因素之一,因此,自然危害本身并不会自动导致迁移(Piguet et al.,2011)。

此外,根据 IOM(2012)的说法,气候变化导致的迁移既是一种挑战,也是一种解决问题的方法,因为人们会迁移到受影响较小的地区。根据 Piguet 等(2011)的研究,迁移是一种适应策略,不应该被认为是一种需要避免的消极结果。例如,根据 Naik 等(2007)的研究,环境迁移不仅会对发展产生消极影响(大批高技能人才的外流、劳动力丧失、人才流失等),但迁移可以缓解对环境的压力,而汇款和有经验的人回国也可以刺激经济和促进发展。此外,Naik 等(2007)重点研究了移民流动和移民社区如何受到灾害的影响,以及灾害过后,来自海外的亲属关系和支持如何影响移民社区(例如通过援助和技术支持)。

Lavell 等(2013)利用概率风险模型评估了灾害导致流离失所迁移的可能性,并量化了面临迁移风险的人数,以此来说明气候变化导致的迁移潜在规模。估算显示,由于气候变化,每年在中美洲和加勒比地区,大约每百万人中就有 3000 人迁移,相当于每年 30 万人。事实上,未来环境导致的迁移潜在规模才是争论的焦点,其影响在世界各地有显著差异(Piguet et al. ,2011),因为影响不仅取决于绝对暴露和暴露人口的规模,还取决于他们的韧性和脆弱性情况(Oliver-Smith,2012)。基于这些复杂的相互作用,Oliver-Smith(2012)质疑,我们是否真的是在谈论由气候变化直接导致的迁移? 这种直接联系可能存在于太平洋小国受到海平面上升直接影响的情况,他们被认为是气候变化的第一批受害者(Farbotko et al. ,2012)。但根据 Hugo(2011)的研究,人口热点地区(人口激增的地方和国家)和气候变化热点地区空间上重叠的地方(非洲、南亚和东南亚以及中美洲和加勒比地区),与迁移产生复杂的相互作用,会增加未来的流动性,也影响将发达国家作为目的地(Reuveny,2007)。

气候变化、人口激增和空间不平等的相互作用推动了发展中国家从农村向城市的迁移和城市化热潮(Hugo,2011)。因此,根据 Gencer(2013)的研究,灾害研究应特别关注城市脆弱性和减轻灾害风险,将灾害、全球城市化趋势(Clark,1996;Seto et al. ,2011)和气候变化联系起来。因此,灾害-人口关系研究的第七种方法与城市脆弱性有关。Donner 等(2008)强调,发展中国家快速发展的沿海大城市,如雅加达、达卡和拉各斯,城市脆弱性的增加尤为明显(Tacoli et al. ,2015;Di Roucco et al. ,2015)。更普遍地说,农村向城市迁移是指人们从经济机会低但受到危害影响可能性也较低的农村地区迁移到高危害风险城市地区(Hugo,2011)。经验证据表明,城市地区地震造成的人均死亡人数高于农村地区(Donner et al. ,2008)。Wisner 及其同事(2004)认为,城市化是脆弱性增长的主要因素,特别是对生活在发展中国家违章居住区中的低收入家庭而言。这些非正式定居点由于其施工方法或位于危害风险区域而暴露在物理脆弱性中。在这些非正式定居点中,社会脆弱性和排斥与危害风险暴露密切相关,如洪水(Amoako et al. ,2018)或滑坡(Chardon,1999;Alves et al. ,2013)。因此,城市化和人口的迅速增长共同导致人口集中在容易发生危害的城市地区,从而使更多的人处于危险之中。

虽然似乎很明显,城市脆弱性的情况主要与发展中国家有关,但情况并不完全如此。例如,大流行病也可以在全球发达国家的城市中迅速传播(Alirol et al. ,2010;Grais et al. ,2003),例如 2002—2003 年 SARS 冠状病毒(在东亚)和 2009 年 H1N1 流感病毒(在北美)的流行(McLafferty,2010)。Armenakis 等(2013)强调,在发达国家的城市地区,与某些行业(核、化学或生物技术设施、天然气供应系统)有关的技术灾害风险也很高。为了应对这些危害风险,需要根据地理、人口规模、分布、组成和脆弱性合理设计快速疏散系统(Kendra et al. ,2008)。第 10 章强调,随着城市化的发展,会有更复杂、相互关联(因此也更脆弱)的生命线网络面临风险(Tielidze et al.，2019）。此外，第12章指出，城市可以被视为工程"产品"，然而，与其他产品不同的是，人们开始在日常生活中使用之前，它们从未经过测试。第9章指出，城市景观、工程、社会和社区方面与城市灾害韧性联系在一起，并对女性产生不同的结果。此外，由于发达国家城市地区老年人的数量不断增加，代表了一个面对灾害风险的高度脆弱群体（Donner et al.，2008），因此有必要发展"对老年人友好的城市"（Buffel et al.，2012）。综合来看，我们特别介绍了城市的脆弱性，很明显，这种灾害-人口关联的方法与其他方法紧密相关，比如人口脆弱性和气候变化。

# 13.3　结论

本章列出了灾害研究领域中明显存在的灾害与人口统计学之间的联系，并绘制了该领域的重大历史范式变化。当然，这种分类是主观的，其他人可能以不同的方式分割或合并这些方法。本书收集的案例研究进一步展开了这种联系，强调了人口和灾害之间复杂多样的联系，而这些联系可能不仅仅与脆弱性有关。例如，灾害前的人口情况可能是造成严重影响的原因（例如，丧失生命），还可能反映城镇或地区人口更长期和更局部的结构性变化。本书中部分章节提到，就人口后果而言（第2和5章），灾害可能会加速现有的人口趋势，例如从农村向城市的迁移。因此，"遗留下来的"人口结构可能与灾前完全不同。但是，如果没有对灾前人口结构的详细研究，就很容易认为，灾害从根本上"造成"了地方层面上新人口结构的形式。

从更广泛的人口统计学角度来看，它超越了对人口的统计分析，使我们能够脱离以人口为基础的灾害研究的经典范围。在这些研究中，灾害习惯上被简化为人口转变的根本原因（非常规事件方法）。本书试图建立更广泛的人口统计视野，以扩展灾害科学研究。

## 参考文献

ALEXANDER D，2001. Natural disasters[M]. New York：Taylor & Francis Group.

ALEXANDER D，2005. An interpretation of disaster in terms of changes in culture，society and international relations[R]//PERRY R W，QUARANTELLI E L. What is a disaster? New answers to old questions. International Research Committee on Disasters.

ALIROL E，GETAZ L，STILL B，et al，2010. Urbanisation and infectious diseases in a globalised world[J]. The Lancet Infectious Diseases，11(2)：131-141.

ALVES H P F，OJIMA R，2013. Environmental inequality in São Paulo city：an analysis of differential exposure of social groups to situations of environmental risk. [R]//BOONE C，FRAGKIAS M. Urbanization and Sustainability. Human-Environment Interactions.

AMOAKO C，INKOOM D K B，2018. The production of flood vulnerability in Accra，Ghana：Rethinking flooding and informal urbanisation[J]. Urban Studies,55(13):2903-2922.

ARMENAKIS C,NIRUPAMA N,2013. Estimating spatial disaster risk in urban environments[J]. Geomatics Natural Hazards and Risk,4(4):289-298.

BARTON A H,2005. Disasters and collective stress[R]//PERRY R W,QUARANTELLI E L. What is a disaster? New answers to old questions. International Research Committee on Disasters.

BECKEN S,MAHON R,RENNIE H G,et al,2014. The tourism disaster vulnerability framework: an application to tourism in small island destinations[J]. Natural Hazards,71:955-972.

BISSEL R,1983. Delayed-impact infectious disease after a natural disaster[J]. The Journal of Emergency Medicine,1(1):59-66.

BOLIN B,2007. Race,class,ethnicity,and disaster vulnerability[M]//RODRÍGUEZ H,QUARANTELLI E L,DYNES R R. Handbook of disaster research. New York: Springer.

BOURQUE L B,SIEGEL J M,KANO M,et al,2007. Morbidity and mortality associated with disasters[M]//RODRÍGUEZ H,QUARANTELLI E L,DYNES R R. Handbook of disaster research. New York: Springer.

BOUWER L M,2011. Have disaster losses increased due to anthropogenic climate change[J]? Bulletin of the American Meteorological Society,92(1):39-46.

BRIAND S,BERTHERAT E,COX P,et al,2014. The international ebola emergency[J]. The New England Journal of Medicine,371:1180-1183.

BROWN V,JACQUIER G,COULOMBIER D,et al,2001. Rapid assessment of population size by area sampling in disaster situations[J]. Disasters,25(2):164-171.

BUCKLE P,2005. Disaster: Mandated definitions,local knowledge and complexity[R]//PERRY R W,QUARANTELLI E L. What is a disaster? New answers to old questions. International Research Committee on Disasters.

BUFFEL T,PHILIPSON C,SCHARF T,2012. Ageing in urban environments: Developing 'age-friendly' cities[J]. Critical Social Policy,32(4):597-617.

CARSON D A,CLEARY J,DE LA BARRE S,et al,2016. New mobilities-new economies? Temporary populations and local innovation capacity in sparsely populated areas[M]//TAYLOR A,CARSON D B,ENSIGN P C,et al. Settlement at the edge. Cheltenham,Northampton: Edward Elgar Publishing.

CASEY S,2015. Love in the age of measles: The anti-vaccination movement in America[D]. Arkansas: Arkansas State University.

CERNEA M,2004. Impoverishment risks,risk management,and reconstruction: a model of population displacement and resettlement[R]. Presented at UN Symposium on Hydropower and Sustainable Development,27 to 29 October: Beijing,China.

CERNEA M,GUGGENHEIM S,1993. Anthropological approaches to involuntary resettlement: Policy,practice,and theory[M]//CERNEA M,GUGGGENHEIM S. Anthropological approaches to resettlement: Policy,practice and theory. Boulder: Westview Press.

CHARDON A C,1999. A geographic approach of the global vulnerability in urban area: case of Manizales,Colombian Andes[J]. GeoJournal,49(2):197-212.

CLARK D,1996. Global world,global city[M]. London：Routledge.

CROSBY A W,1976. Virgin soil epidemics as factor in the aboriginal depopulation in America[J]. The William and Mary Quaterly,33(2):289-299.

CURTHOYS A,2005. Raphaël Lemkin's 'Tasmania'：an introduction[J]. Patterns of Prejudice,39 (2):162-169.

CUTTER S L,2005. Are we asking the right question? [R]//PERRY R W,QUARANTELLI E L. What is a disaster? New answers to old questions. International Committee on Disasters.

DE SHERBININ A,CASTRO M,GEMENNE F,et al,2011. Preparing for resettlement associated with climate change[J]. Science,334(6055):456-457.

DI ROUCCO A,GASPARINI P,WEETS G,2015. Urbanisation and climate change in Africa：setting the scene[J]//PAULEIT S et al. Urban vulnerability and climate change in Africa. Future City,4:1-35.

DONNER W,RODRÍGUEZ H,2008. Population composition,migration and inequality：the influence of demographic changes on disaster risk and vulnerability[J]. Social Forces, 87 (2): 1089-1114.

DYSON T,Ó GRÁDA C,2002. Famine demography- Perspectives from the past and present[M]. Oxford ：Oxford University Press.

ENARSON E,2000. Gender and natural disasters. Working paper[EB/OL]. [2019-12-06]. Recovery and reconstruction department, Geneva. https://www. ilo. int/wcmsp5/groups/public/---ed _ emp/---emp_ent/---ifp_crisis/documents/publication/wcms_116391. pdf.

ENARSON E,FOTHERGILL A, PEE L,2007. Gender and disaster：foundations and directions [M]//RODRÍGUEZ H,QUARANTELLI E L,DYNES R R. Handbook of disaster Research. New York：Springer.

FARBOTKO C,LAZRUS H,2012. The first climate refugees? Contesting global narratives of climate change in Tuvalu[J]. Global Environmental Change,22(2):382-390.

FERNANDEZ L S,BYARD D,LIN C C,et al,2002. Frail elderly as disaster victims：emergency management strategies[J]. Prehospital and Disaster Medicine,17(2):67-74.

FLANAGAN B E,GREGORY E W,HALLISEY E J,et al,2011. A social vulnerability index for disaster management[J]. Journal of Homeland Security and Emergency Management,8(1):1-17.

FONSECA V A,SMITH H,KUHADIYA N,et al,2009. Impact of a natural disaster on diabetes. Exacerbation of disparities and long-term consequences[J]. Diabetes Care,32(9):1632-1638.

FOOTE A,2015. Decomposing the effect of crime on population changes[J]. Demography,52: 705-728.

FOTHERGILL A,MAESTAS E G M,DEROUEN DARLINGTON J A,1999. Race,ethnicity and disasters in the United States：a review of the literature[J]. Disasters,23(2):156-173.

FOTHERGIL L,A. PEEK L A,2004. Poverty and disasters in the United States：a Review of recent sociological findings[J]. Natural Hazards,32:89-110.

FRANKENBERG E, LAURITO M, THOMAS D, 2014. The demography of disasters [R]// SMELSER N J,BALTES P B. International encyclopedia of the social and behavioral sciences,

2nd edition(Area 3). North Holland, Amsterdam.

FRIEDSAM H J, 1960. Older persons as disaster casualties[J]. Journal of Health and Human Behavior, 1(4): 269-273.

GENCER E A, 2013. Chapter 2: Natural disasters, urban vulnerability, and risk management: a theoretical overview[J]//The Interplay between Urban Development, Vulnerability, and Risk Management. Springer Briefs in Environment, Security, Development and Peace, 7: 7-43.

GOULD W T S, 2005. Vulnerability and HIV/AIDS in Africa: from demography to development [J]. Population, Space and Place, 11: 473-484.

GRAISR F, ELLIS J H, GLASS G E, 2003. Assessing the impact of airline travel on the geographic spread of pandemic influenza[J]. European Journal of Epidemiology, 18(11): 1065-1072.

GRAY C L, MUELLER V, 2012. Natural disasters and population mobility in Bangladesh[J]. PNAS, 109(16): 6000-6005.

HALL A, 2013. The North Sea Flood of 1953. Environment & Society Portal, Arcadia, no. 5[R]. [2019-12-15]. Rachel Carson Center for Environment and Society. https://www. enviro nmentandsociety. org/arcadia/north-sea-flood-1953.

HANSEN J, SATO M, RUEDY R, 2012. Perception of climate change[J]. PNAS, 109(37): 2415-2423.

HARVE Y D, 1996. Justice, nature and the geography of difference[R]. Wiley-Blackwell.

HUGO G, 2008. Migration, development and environment[R]. IOM Migration Research Series, Geneva.

HUGO G, 2011. Future demographic change and its interactions with migration and climate change [J]. Global Environmental Change, 21: 21-33.

IOM, 2012. Climate change, environmental degradation and migration[R]. International Dialogue on Migration.

ISODA Y, 2011. God's taste victims' attributes based on the list of victims[R]. The 2011 East Japan Earthquake Bulletin of the Tohoku Geographical Association.

JAMES H, 2012. Social capital, resilience and transformation among vulnerable groups in the Burmese delta after Cyclone Nargis[R]. Conference paper. ARC Discovery Project on "Demographic Consequences of Asian Disasters: Family Dynamics, Social Capital andMigration Patterns", April 2012, ANU.

JANKÓ F, Bertalan L, Hoschek M, et al, 2018. Perception, understanding, and action: attitudes of climate change in the Hungarian population [J]. Hungarian Geographical Bulletin, 67 (2): 159-171.

JIA Z, TIAN W, LIU W, et al, 2010. Are the elderly more vulnerable to psychological impact of natural disaster? A population-based survey of adult survivors of the 2008 Sichuan earthquake[J]. BMC Public Health, 10: 172.

JOHNSON NPAS, MUELLER J, 2002. Updating the accounts: global mortality of the 1918-1920 "Spanish" Influenza Pandemic[J]. Bulletin of the History of Medicine, 76(1): 105-115.

JONES D S, 2003. Virgin soils revisited[J]. The William and Mary Quarterly, 60(4): 703-742.

JONES A, 2017. Genocide. A comprehensive introduction. 3rd edition[M]. London, New York:

Routledge.

KAPUCHU N,ÖZERDEM A,2013. Managing emergencies and crises[R]. Jones & Bartlett Learning,Burlington,USA.

KATA A,2010. A postmodern Pandora's box: anti-vaccination misinformation on the Internet[J]. Vaccine,28(7):1709-1716.

KENDRA J,ROZDILSKY J,MCENTIRE D A,2008. Evacuating large urban areas: challenges for emergency management policies and concepts[J]. Journal of Homeland Security and Emergency Management,5(1): 22.

KOCH A,CARSON D,2012. Spatial,temporal and social scaling in sparsely populated areas—Geospatial mapping and simulation techniques to investigate social diversity[R]//JEKEL T,CAR A, STROBL J,et al. GI Forum 2012: Geovizualisation,society and learning. Herbert Wichmann Verlag,Berlin,Offenbach.

KRUG E G,KRESNOW M,PEDDICORD J P,et al,1999. Suicide after natural disasters[J]. The New England Journal of Medicine,338(6):373-378.

KUROSU S,BENGTSSON T,CAMPBELL C,2010. Demographic responses to economic and environmental Crises[R]. Proceedings of the IUSSP Seminar. Kashiwa,Japan,Reitaku University.

LAVELL A,OPPENHEIMER M,DIOP C,et al,2012. Climate change: new dimensions in disaster risk,exposure,vulnerability,and resilience[M]//FIELD C B,BARROS V,STOCKER T F,et al. Managing the Risks of Extreme Events and Disasters to Advance Climate Change Adaptation A Special Report of Working Groups I and II of the Intergovernmental Panel on Climate Change (IPCC). Cambridge,UK,and New York,NY,USA: Cambridge University Press.

LAVELL C,GINNETTI J,2013. Technical Paper: The risk of disaster-inducted displacement. Central America and the Caribbean[R]. Internal Displacement Monitoring Centre(IDMC). Geneva. Norwegian Refugee Council.

LECHAT M F,1979. Disasters and public health[J]. Bulletin of the World Health Organisation,57 (1):11-17.

LEMKIN R,2012. Lemkin on genocide[M]. Plymouth: Lexington Books.

LEVINE J N,ESNARD A M,SAPAT A,2007. Population displacement and housing dilemmas due to catastrophic disasters[J]. Journal of Planning Literature,22(1):3-15.

LINDELL M K,2013. Disaster studies[J]. Current Sociology,61(5-6):797-825.

MALONE E L,2009. Vulnerability and resilience in the face of climate change: Current research and needs for population information[R]. Prepared for Population Action International.

MARTINE G,SCHENSUL D,2013. The demography of adaptation to climate change[R]. New York,London and Mexico City: UNFPA,IIED and El Colegio de México.

MCLAFFERTY S,2010. Placing pandemics: Geographical dimensions of vulnerability and spread [J]. Eurasia Geography and Economics,51(2):143-161.

MCLEMAN R A,HUNTER L M,2010. Migration in the context of vulnerability and adaptation to climate change: insights from analogues[J]. WIREs Climate Change,1:450-461.

MCNEIL W H,1976. Plagues and peoples[M]. New York: Anchor Press/Doubleday,Garden City.

MOORE N,2001. Political underdevelopment. What causes 'bad governance' [J]. Public Management Review,3(3):385-418.

NADIM F,KJEKSTAD O,PEDUZZI P,et al,2006. Global landslide and avalanche hotspots[J]. Landslides,3:159-173.

NAIK A,STIGTER E,LACZKO F,2007. Migration,development and natural disasters: Insights from the Indian Ocean Tsunami[R]. IOM. Geneva.

NICOLL A,TIMAEUS I,KIGADYE R M,et al,1994. The impact of HIV-1 infection on mortality in children under 5 years of age in sub-Saharan Africa: a demographic and epidemiologic analysis [J]. Aids,8(7):995-1005.

NOBLES J,FRANKENBERG E,THOMAS D,2015. The effects of mortality on fertility: Population dynamics after a natural disaster[J]. Demography,52(1):15-38.

NOJI E K,1995. Disaster epidemiology and disease monitoring[J]. Journal of Medical Systems,19 (2):171-174.

OLIVER-SMITH A,1996. Anthropological research on hazards and disasters[J]. Annual Review of Anthropology,25:303-328.

OLIVER-SMITH A,2012. Debating environmental migration: society,nature and population displacement in climate change[J]. Journal of International Development,24:1058-1070.

OLIVER-SMITH A,2013. Catastrophes,mass displacement and population resettlement[M]//BISSEL R. Preparedness and response for catastrophic disasters. Boca Raton,London,New York: CRC Press,Taylor&Francis Group.

ORUM P,MOORE R,ROBERTS M,et al,2014. Who's in danger? Race,poverty and chemical disasters. A demographic analysis of chemical disaster vulnerability zones[R]. Environmental Justice and Health Alliance for Chemical Policy Reform.

PEACOCK W G,MORROW B H,GLADWIN H,1997. Hurricane Andrew. Ethnicity,gender and the sociology of disasters[M]. London and New York: Routledge.

PEDUZZI P,CHATENOUX B,DAO H,et al,2012. Global trends in tropical cyclone risk[J]. Nature Climate Change,2:289-294.

PIGUET E,PÉCOUD A,DE GUCHTENEIRE P,2011. Migration and climate change: an overview [J]. Refugee Survey Quarterly,30(3):1-23.

PLYER A,BONAGURO J,HODGES K,2010. Using administrative data to estimate population displacement and resettlement following a catastrophic U. S. disaster[J]. Population Environment,31:150-175.

REUVENY R,2007. Climate change-induced migration and violent conflict[J]. Political Geography, 26:656-673.

ROBINSON C,2003. Overview of disaster[R]//ROBINSON C,HILL K. Demographic methods in emergency assessment a Guide for practitioners. Center for International Emergency,Disaster and Refugee Studies (CIEDRS) and the Hopkins Population Center; Johns Hopkins University Bloomberg School of Public Health,Baltimore,Maryland.

SCHULTZ J,ELLIOTT J R,2012. Natural disasters and local demographic change in the United

States[J]. Population and Environment, 34(3):293-312.

SCUDDER T, COLSON E, 1982. From welfare to development: a conceptual framework for the analysis of dislocated people[M]//HANSEN A, OLIVER-SMITH A. Involuntary migration and resettlement. Boulder, CO : Westview Press.

SETO K C, FRAGKIAS M, GÜNERALP B, et al, 2011. A meta-analysis of global urban land expansion[J]. PLoS ONE, 6(8):e23777.

SMITH A B, 1989. Khoikhoi susceptibility to virgin soil epidemics in the 18th century[J]. South African Medical Journal, 75(1):25-26.

SMITH S K, 1996. Demography of disasters: Population estimates after Hurricane Andrew[J]. Population Research and Policy Review, 15:459-477.

SMITH R W, 2014. Genocide denial and prevention[J]. Genocide Studies International, 8 (1): 102-109.

STOUGH L M, MAYHORN C B, 2013. Population segments with disabilities[J]. International Journal of Mass Emergencies and Disasters, 31(3):384-402.

STRÖMBERG D, 2007. Natural disasters, economic development, and humanitarian aid[J]. Journal of Economic Perspectives, 21(3):199-222.

TACOLI C, MCGRANAHAN G, SATTERTHWAITE D, 2015. Urbanisation, rural-urban migration and urban poverty[R]. IIED-IOM working paper.

TIELIDZE L G, KUMLADZE R M, WHEATHE R D, et al, 2019. The Devdoraki Glacier catastrophes, Georgian Caucasus[J]. Hungarian Geographical Bulletin, 68(1):21-35.

VEENEMA T G, THORNTON C P, PROFFITT LAVIN R, et al, 2017. Climate change-related water disasters' impact on population health[J]. Journal of Nursing Scholarship, 49(6):625-634.

VIDAL DE LA BLACHEP, 1911. Les genres de vie dans la géographiehumaine(Ways of life in the human geography)[J]. Annales de Géographie, 111:193-212.

WHITE G F, 1945. Human adjustment to floods[D]. Chicago: The University of Chicago.

WHO, 2018. Antibiotic resistance[EB/OL]. [2019-12-15]. https://www.who.int/news-room/factsheets/detail/antibiotic-resistance.

WILSON R, ZUERBACH-SCHOENBERG E, ALBERT M, et al, 2016. Rapid and near real-time assessments of population displacement using mobile phone data following disasters: The 2015 Nepal earthquake[EB/OL]. [2016-02-24]. [2019-12-09]. https://www.ncbi.nlm.nih.gov/pmc/articles/PMC 4779046/? report=printable.

WINSEMIUS H C, VAN BEEK L H P, JONGMAN B, et al, 2013. A framework for global river flood risk assessments[J]. Hydrology and Earth System Sciences, 17(5):1871-1892.

WISNER B, BLAIKIE P, CANNON T, et al, 2004. At risk. Natural hazards, people's vulnerability and disasters[M]. London-New York: Routlege.

World Bank, 2005. Natural disaster hotspots[R]. A Global Risk Analysis. Disaster Risk Management Series.

ZHOU Y, LI N, WU W, et al, 2014. Local spatial and temporal factors influencing population and societal vulnerability to natural disasters[J]. Risk Analysis, 34(4):614-639.

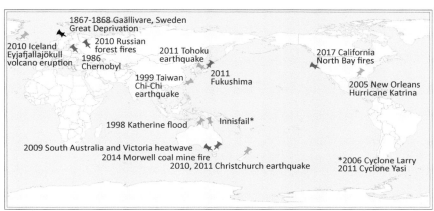

审图号:GS(2016)1665号                                          自然资源部 监制

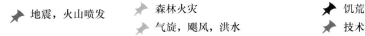

2017 California North Bay fires：2017年加州北湾火灾
2005 New Orleans Hurricane Katrina：2005年新奥尔良"卡特里娜"飓风
2010 Iceland Eyjafjallajökull volcano eruption：2010年冰岛埃亚菲亚德拉冰盖火山爆发
1867-1868 Gällivare，Sweden Great Deprivation：1867—1868年瑞典耶利瓦勒饥荒
1986 Chernobyl：1986年切尔诺贝利
2010 Russian forest fires：2010年俄罗斯森林火灾
2011 Tohoku earthquake：2011年日本东北地震
1999 Taiwan Chi-Chi earthquake：1999年台湾集集大地震
2011 Fukushima：2011年福岛
1998 Katherine flood：1998年凯瑟琳洪水
Innisfail：因尼斯菲尔
2006 Cyclone Larry：2006年"拉里"飓风
2011 Cyclone Yasi：2011年"雅斯"飓风
2009 South Australia and Victoria heatwave：2009年南澳大利亚州和维多利亚州热浪
2014 Morwell coal mine fire：2014年莫韦尔矿井火灾
2010,2011 Christchurch earthquake：2010、2011年克赖斯特彻奇地震

图 1.2   本书讨论的灾害位置和引发事件

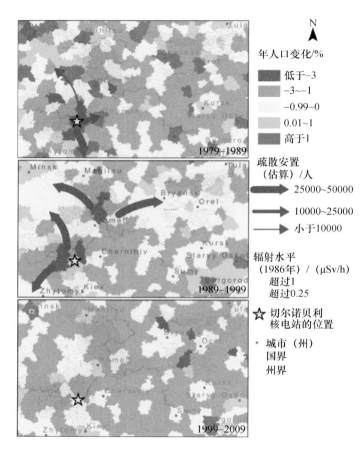

图 2.2　按地区分列的年平均人口变化(作者和制图:Karacsonyi,根据 1979 年与 1989 年苏联、
2001 年乌克兰、1999 年与 2009 年白俄罗斯和 2002 年与 2010 年俄罗斯人口普查
以及 2010 年乌克兰的法定人口计算)

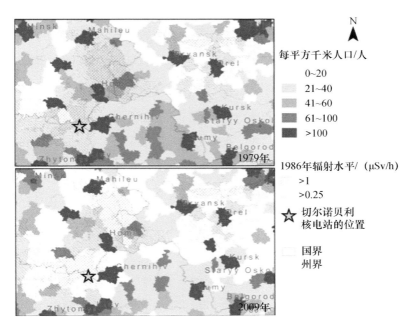

图 2.3 按地区分列的人口密度(作者和制图：Karácsonyi，基于 1979 年苏联、2009 年白俄罗斯、2010 年俄罗斯人口普查以及 2009 年乌克兰法定人口计算)

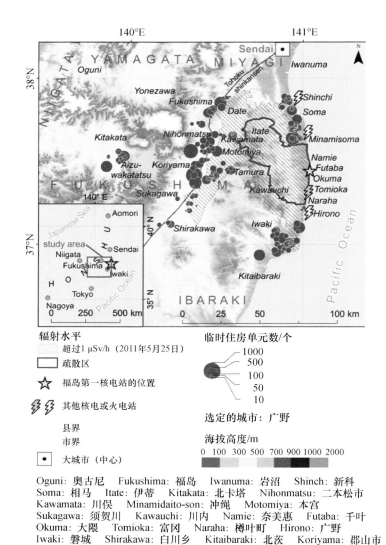

辐射水平
超过1 μSv/h（2011年5月25日）
疏散区
福岛第一核电站的位置
其他核电或火电站
县界
市界
大城市（中心）

临时住房单元数/个
1000
500
100
50
10

选定的城市：广野

海拔高度/m
0  100  300 500  700 900 1000 2000

Oguni: 奥古尼    Fukushima: 福岛    Iwanuma: 岩沼    Shinch: 新科
Soma: 相马    Itate: 伊蒂    Kitakata: 北卡塔    Nihonmatsu: 二本松市
Kawamata: 川俣    Minamidaito-son: 冲绳    Motomiya: 本宫
Sukagawa: 须贺川    Kawauchi: 川内    Namie: 奈美惠    Futaba: 千叶
Okuma: 大隈    Tomioka: 富冈    Naraha: 樽叶町    Hirono: 广野
Iwaki: 磐城    Shirakawa: 白川乡    Kitaibaraki: 北茨    Koriyama: 郡山市

图 2.4    福岛县临时住宅综合体的分布（作者：Hanaoka，图 Hanaoka 和 Karácsonyi，
　　　　数据来源 www. pref. fukushima. lg. jp/sec/41065d/juutakutaisaku001. html）

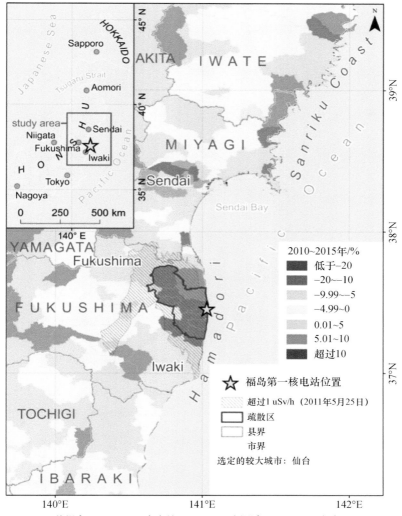

Sapporo：札幌市　Aomori：青森县　Niigata：新潟市　Nagoya：名古屋
Fukushima：福岛　Iwaki：岩城　Tokyo：东京　Sendai：仙台

图 2.5　各城市人口总量变化（作者及制图：Karácsonyi，
基于 2010 年、2015 年日本人口普查计算）

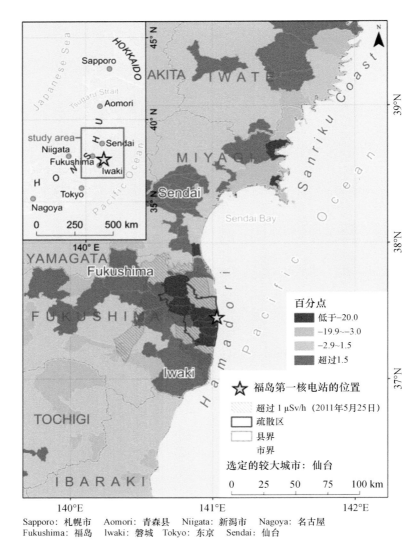

图 2.6  2011 年后人口变化动态(2005—2010 年与 2010—2015 年人口变化差异)
(作者及制图:Karácsonyi,基于 2005 年、2010 年、2015 年日本人口普查数据计算)

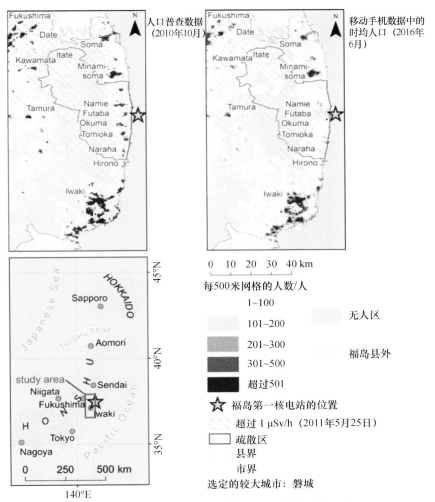

图 2.7 人口普查和移动手机数据中的人口分布（作者：Hanaoka；
制图：Hanaoka 和 Karácsonyi）

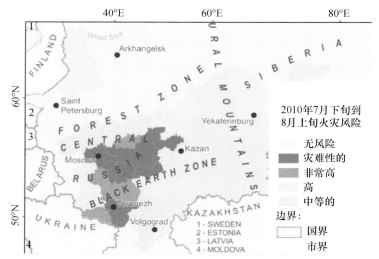

FINLAND：芬兰　BELARUS：白俄罗斯　UKRAINE：乌克兰　White Sea：白海
Arkhangelsk：阿尔汉格尔斯克　Saint Petersburg：圣彼得堡　FOREST ZONE：林区
CENTRAL RUSSIA：俄罗斯中部　Moscow：莫斯科　BLACK EARTH ZONE：黑土区
Varanezh：沃罗涅日　Volgograd：伏尔加格勒州　URAL MOUNTAINS：乌拉尔山脉
Yekaterinburg：叶卡捷琳堡　Kazan：喀山　KAZAKHSTAN：哈萨克斯坦
1-SWEDEN：1-瑞典　2-ESTONIA：2-爱沙尼亚　3-LATVIA：3-拉脱维亚
4-MOLDOVA：4-摩尔多瓦　SIBERIA：西伯利亚

图 4.1　2010 年俄罗斯夏季大火风险(作者：Nefedova；制图：Karacsonyi)

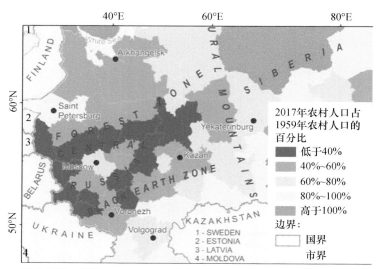

FINLAND：芬兰　BELARUS：白俄罗斯　UKRAINE：乌克兰　White Sea：白海
Arkhangelsk:阿尔汉格尔斯克　Saint Petersburg：圣彼得堡　FOREST ZONE：林区
CENTRAL RUSSIA：俄罗斯中部　Moscow：莫斯科　BLACK EARTH ZONE：黑土区
Varanezh：沃罗涅日　Volgograd：伏尔加格勒州　URAL MOUNTAINS：乌拉尔山脉
Yekaterinburg：叶卡捷琳堡　Kazan：喀山　KAZAKHSTAN：哈萨克斯坦
1-SWEDEN：1-瑞典　2-ESTONIA：2-爱沙尼亚　3-LATVIA：3-拉脱维亚
4-MOLDOVA：4-摩尔多瓦　SIBERIA：西伯利亚

图 4.2　俄罗斯农村人口减少(作者：Nefedova,制图：Karacsonyi)

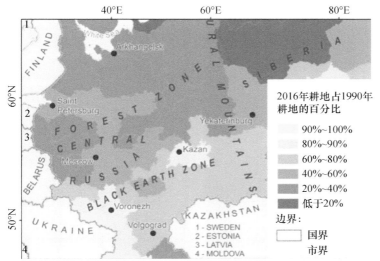

图 4.3 俄罗斯土地利用变化(作者:Nefedova,制图:Karacsonyi)

FINLAND：芬兰　BELARUS：白俄罗斯　UKRAINE：乌克兰　White Sea：白海
Arkhangelsk:阿尔汉格尔斯克　Saint Petersburg：圣彼得堡　FOREST ZONE：林区
CENTRAL RUSSIA：俄罗斯中部　Moscow：莫斯科　BLACK EARTH ZONE：黑土区
Varanezh：沃罗涅日　Volgograd：伏尔加格勒州　URAL MOUNTAINS：乌拉尔山脉
Yekaterinburg：叶卡捷琳堡　Kazan：喀山　KAZAKHSTAN：哈萨克斯坦
1-SWEDEN：1-瑞典　2-ESTONIA：2-爱沙尼亚　3-LATVIA：3-拉脱维亚
4-MOLDOVA：4-摩尔多瓦　SIBERIA：西伯利亚

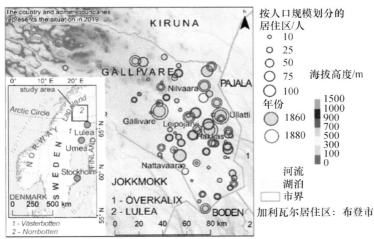

The country and admin boundaries represents the situation in 2019：2019年国家和行政边界
KIRUNA：基律纳市　GALLIVARE：耶利瓦勒　Nilvaara：尼利瓦拉　PAIALA：巴佳拉
Gallivare：加利瓦尔　Leipojarvi：莱登加维　Hakkas：哈卡斯　Ullatti：乌拉提
Nattavaara：纳塔瓦拉　JOKKMOKK：约克莫克　1-ÖVERKALIX：1-上卡利克斯市
2-LULEA：2-吕勒奥市　BODEN：布登市　studyarea：研究区域　Arctic Circle：北极圈
Lap land：拉普兰德　NORWAY：挪威　Lulea：吕勒奥　SWEDEN：瑞典
Umea：于默奥　Stockhoim：斯德哥尔摩　FINLAND：芬兰　DENMARK：丹麦
Northern Sea：北海　Baltic Sea：波罗的海　1-Västerbottern：1-西博滕
2-Norrbotten：2-北博滕

图 5.2　1860 年和 1880 年加利瓦尔居住区(制图:Karácsonyi)

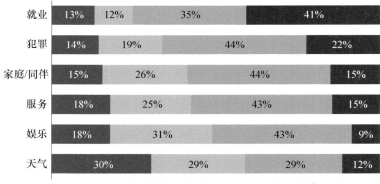

图 8.2 先前搬迁中的不同因素的重要性（受访者总人数 N＝1839）

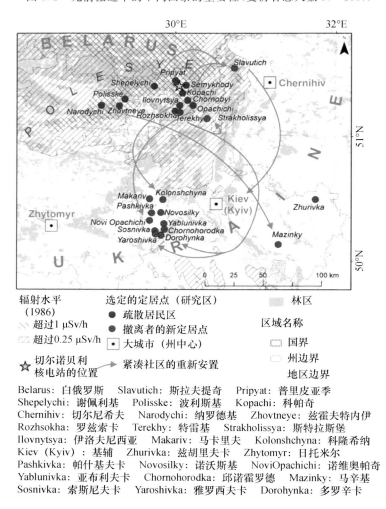

图 11.1 乌克兰的研究区域（作者：Cholii，Karácsonyi；制图：Karácsonyi）

辐射水平

超过1 μSv/h（2011.05.25）

疏散区

☆ 福岛第一核电站的位置

县边界
市界

*Soma* 所选城市名

选定的定居点（研究区）

● 疏散安置点/社区

● 社区的新位置

▣ 大城市（县中心）

海拔

0 100 300 500 700 900 1000 2000 m

Sendai：仙台市　Iwanuma：岩沼市　Shiroishi：白石市　Yonezawa：米泽市
Fukushima：福岛市　Oguni：小国町　Date：伊达　Kitakata：喜多方市
Nihonmatsu：野村市　Kawamata：川俣町　Soma：相马市
Minamisoma：南相马市　Namie：浪江町　Tomioka：富冈町　Naraha：奈良
Tamura：田村　Aizuwakatatsu：会津若松　Sukagawa：须贺川　Koriyama：郡川市
Shirakawa：白川市　Iwaki：磐城市　Otawara：大田原市　Kitaibaraki：北茨城市
Tochigi：栃木县　Utsunomiya：宇都宫　Ibaraki：茨城县

图 11.2　日本的研究区域（制图：Karácsonyi）

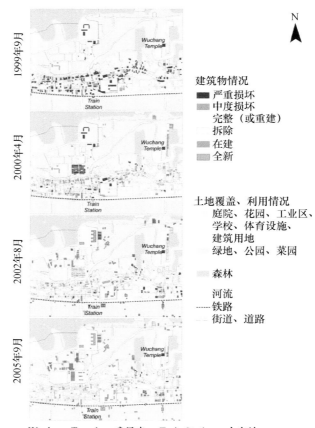

建筑物情况
■ 严重损坏
▦ 中度损坏
　完整（或重建）
　拆除
▤ 在建
▥ 全新

土地覆盖、利用情况
　庭院、花园、工业区、
　学校、体育设施、
　建筑用地
　绿地、公园、菜园

▨ 森林
　河流
----- 铁路
—— 街道、道路

Wuchang Temple：武昌寺　　Train Station：火车站

图 12.5　集集地震后恢复情况变化（Murao，2006a；制图：Murao 等）